普通高等教育系列教材
浙江省普通高校“十二五”优秀教材

Android 应用程序开发

第 2 版

汪杭军　张广群　吕锋华　编著

机　械　工　业　出　版　社

本书是浙江省普通高校“十二五”优秀教材，是适合 Android 初学者进行移动平台开发的基础教程。全书从实用的角度出发，介绍了开发 Android 应用需具备的基础知识，包括 Android 简介、开发环境搭建、开发 Android 应用所需的 Java 和程序设计基础、用户界面开发、Service 和 Broadcast 广播消息、图形图像和多媒体开发、数据存储、网络与通信编程，并在最后用两个综合案例具体介绍了 Android 应用程序的整个开发流程，包括前期功能需求、数据库设计、系统实现以及应用程序的发布和推广。

本书配套“博课”和“我是校园”等教学辅助平台，通过手机扫描二维码即可获得教学课件、视频、参考答案和源代码，并可在线测试相关知识点，一方面有助于教师教学，另一方面也可以让不同的学习主体轻松掌握所学内容，具有将“教、学、练”融为一体的优势，以培养和提高读者自主学习、探究学习的能力。

本书既可作为高等院校计算机类专业的教材、各大专院校相关专业的学习用书，又可作为 Android 培训教材和 Android 初学者、程序员的参考书。

本书配套授课电子课件，需要的教师可登录 www. cmpedu. com 免费注册，审核通过后下载，或联系编辑索取（微信：15910938545。电话：010－88379739）。

图书在版编目(CIP)数据

Android 应用程序开发／汪杭军，张广群，吕锋华编著．—2 版．—北京：机械工业出版社，2018. 1(2021. 2 重印)
普通高等教育系列教材
ISBN 978－7－111－58826－9

Ⅰ. ①A…　Ⅱ. ①汪…　②张…　③吕…　Ⅲ. ①移动终端－应用程序－程序设计－高等学校－教材　Ⅳ. ①TN929. 53

中国版本图书馆 CIP 数据核字(2018)第 003242 号

机械工业出版社(北京市百万庄大街 22 号　邮政编码　100037)
策划编辑：郝建伟　　责任编辑：郝建伟　胡　静
责任校对：张艳霞　　责任印制：常天培

固安县铭成印刷有限公司印刷

2021 年 2 月第 2 版 · 第 3 次印刷
184mm×260mm · 19. 25 印张 · 465 千字
4201－5200 册
标准书号：ISBN 978-7-111-58826-9
定价：79. 00 元

电话服务
客服电话：010－88361066
　　　　　010－88379833
　　　　　010－68326294

网络服务
机　工　官　网：www. cmpbook. com
机　工　官　博：weibo. com/cmp1952
金　　书　　网：www. golden－book. com
机工教育服务网：www. cmpedu. com

前　言

Android是Google基于Linux平台的开源手机操作系统，它具有的开放性、丰富的硬件平台支持、自由的第三方软件市场以及无缝结合优秀的Google服务，使得它从诞生之日起就受到了广泛的关注。2011年第一季度，Android在全球的市场份额首次超过Symbian系统，跃居全球第一。在2016年第一季度，全球Android智能手机的份额已经上升到了84.1%。除了智能手机，Android Wear被用户带到了手腕上，Android Auto成为下一代连接智能手机与汽车系统的桥梁，另外在照相机、厨具、打印机等领域也已经可以见到Android系统的身影。随着云计算、大数据和人工智能的兴起，未来Android将不会仅仅局限于移动平台和可穿戴设备领域。因此当前对于Android各方面的开发人才的需求正日渐趋大。

本书第一版是Android在中国不断取得成长以及Google通过其大学合作部与中国的大学开展Android合作项目，包括联合科研、课程建设和学生项目等背景下编写的。2014年4月在机械工业出版社出版以后，本书得到了广大教师和读者的肯定，被20多所包括985和211在内的院校选作相关课程教材。在2017年5月本书第一版被评为浙江省普通高校“十二五”优秀教材。鉴于Android的不断发展，以及原书中存在的疏漏之处，此次我们进行了再版的修订，以便使读者更好地学习Android内容。

本次修订最大的特点是本书配套“博课”（boke. 54xy. cc）和“我是校园”（54xy. cc）教学辅助平台，为教师授课和学生学习提供了极大的方便。

1. 本书配套的资源（包括教学课件、视频、习题答案、微测试和源代码等）均通过“博课”以二维码的形式提供，读者只要用微信扫描即可免费进行学习。

2. 使用本教材的学校和教师，可免费在“我是校园”教学辅助平台上开通教学，同时拥有教材中所有二维码对应的资源，随时掌握学生观看视频，下载源代码、教学课件和习题答案，或者在线测试的情况。有需要者可直接与作者联系（whj@ zafu. edu. cn）。

本书从实用的角度出发，充分考虑了Android初学者在进行移动平台开发时所需要掌握的基础知识。其内容包括：

第1章Android简介，介绍了Android背景、特点和发展趋势；第2章Android开发环境搭建，介绍了Android开发环境的搭建和Android项目的创建、运行；第3章Android开发Java基础，介绍了开发Android所需的Java语言基础；第4章Android程序设计基础，介绍了Android程序的结构、框架和调试方法；第5章用户界面开发，介绍了界面布局、常用界面控件、对话框和菜单的开发；第6章Service和Broadcast广播消息，介绍了Service和Broadcast广播消息的实现；第7章Android图形图像和多媒体开发，介绍了Canvas、Drawable、ShapDrawable、Bitmap和BitmapFactory图形图像类，Media Play、Media Recorder、Video View音频和视频类，以及OpenGL ES编程；第8章Android数据存储，介绍了Share Preference、Files、数据库和数据共享等几种数据存储方式；第9章Android网络与通信编程，介绍了HTTP、Socket和Wi－Fi通信技术；第10章和第11章以两个综合案例具体介绍了Android应用程序的整个开发流程，包括前期功能需求、数据库设计和系统实现以及应用程序的发布和推广。

本书内容力求在讲解知识点上溯本求源，由浅入深。考虑到没有Java基础的读者，特意安排一个章节介绍 Android 开发中所需的基本语法知识。书中实例的选择考虑了实用性和可操作性，做到有的放矢，引导学生学习基本的知识点，在实践中理解其原理。同时，在图形图像多媒体、数据存储和网络等章节中加入了综合应用，以使相关的知识点能够得到全面、清晰的展现。最后两章的综合案例则更加接近于实战，从 Android 应用程序开发的设计、数据库阶段到系统的实现，以及最后应用程序的发布和推广都进行了清晰的描述和讨论。希望通过这些内容，读者能够尽快熟悉实际 Android 应用程序开发中所要涉及的一些关键步骤和过程，从而更好地从事 Android 应用程序的开发。本书附录中列出了 Android 课程及开发资源以供读者参考，包括了课程资源、Android 开发、Android 竞赛、广告/推广、Android 应用网站和 Android 市场6个方面。

在本次修订中，第 1、2 章由吕锋华完成，第 11 章由张广群完成，其他章节由汪杭军完成。在书稿的校对、各种资源的准备、系统平台的调试过程中，崔坤鹏、鲁尝君、宋广佳、王慧婷、王威拓、徐锦绣、陆佳俊、张经纬、周瑞慧、李樟取、黄邵威等做了大量的工作。另外，机械工业出版社的郝建伟编辑，以及很多热心的读者给我们提出了许多宝贵的意见和建议，在此一并向他们表示衷心的感谢！

因编者水平有限，书中难免存在错误和不妥之处，敬请读者批评指正。若有需要请联系作者 Email：whj@ zafu. edu. cn。另外，我们会及时将教材勘误表刊登于我们的教材网站和微信（http://boke. 54xy. cc，微信号：博课网）上，欢迎读者给我们发送电子邮件或在网站上留言，提出宝贵意见。

编　者

目　录

第1章　Android简介

Android（中文俗称安卓）是一个以Linux为基础的开源操作系统，主要用于移动设备，由Google公司成立的开放手机联盟（Open Handset Alliance，OHA）持续领导与开发。

Android自诞生之日起就受到了广泛的关注，众多知名企业，例如HTC、Motorola、LG、Samsung、Acer、联想、华硕，包括近几年的小米、华为、步步高等企业都推出了各自品牌的多款Android系统手机，Android的市场占有率也在不断攀升。2016年第一季度，Android在中国的市场占有率达到了77%，同比增长6个百分点。而苹果手机在全球市场面临激烈竞争，大量新兴厂商的出现让智能手机的门槛一再降低，在各种低价机的冲击下，iOS系统很难再保持原有地位。

教学课件PPT

本章将介绍Android的诞生及其发展历程，并探讨是什么原因使它具有如此巨大的魅力，以及Android的发展趋势。

1.1　Android背景

2003年10月，安迪·鲁宾（Andy Rubin）在美国加利福尼亚州帕洛阿尔托创建了Android科技公司。Google公司在2005年8月17日通过收购将Android科技公司成为旗下的一部分而正式进入移动领域。借助Google的合作平台，Android的发展进入了一个广阔的天地，并引发了智能手机操作系统以及手机制造、手机芯片和移动运营等相关企业的革命性变革。

1.1.1　手机操作系统

后PC时代中，手机已成为使用最为广泛的终端。在PC产业链中，虽然CPU极其重要，但Windows操作系统和Office办公系统则是执产业之牛耳。在手机产业中，手机操作系统的重要性更甚于计算机操作系统。

从手机用户的需求来看，目前手机操作系统原生应用模式居主要地位。手机操作系统紧密关联应用商店，控制了从应用需求、应用开发到提供应用服务、手机产业商业模式等一个完整的链条。同时手机作为移动终端也是移动互联网的入口，是整个产业链中至关重要的一个环节。

市场上主要的手机操作系统有诺基亚的Symbian、Google的Andriod、微软的Windows Phone、Apple的iOS、Palm的Palm WebOS以及RIM针对Blackberry手机的Blackberry OS等。按照源代码、内核和应用环境等的开放程度划分，手机操作系统可分为开放型平台和封闭型平台两大类：Andriod属于开放型平台，Windows Phone、iOS、Blackberry OS等都是封闭型平台，而Symbian则处于从封闭向开放的转型阶段。近年来，经过不断发展，基本形成了目前iOS、Android和Windows Phone三足鼎立的竞争格局。

1. Symbian

在手机操作系统发展史上，Symbian无疑是一个最成功的操作系统，在长达十余年时间内，没有任何一个操作系统能够撼动其地位。它是 Symbian 公司为手机而设计的操作系统，前身是英国 Psion 公司的 EPOC 操作系统。该系统包含联合的数据库、使用者界面架构和公共工具的参考实现。作为一款已经相当成熟的操作系统，它具有以下特点：提供无线通信服务，将计算技术与电话技术相结合，操作系统固化，相对固定的硬件组成，低功耗，高处理性能，系统运行安全、稳定，多线程运行模式，多种 UI，简单易操作，具有开放而专业的开发平台，支持 C ++ 和Java 语言。2008 年 12 月 2 日，随着 Symbian 公司被诺基亚收购，Symbian 也成为了诺基亚旗下的操作系统并逐步走向开源。

在 Symbian 的发展阶段中，出现了三个分支：分别是 Crystal、Pearl 和 Quarz。前两个主要针对通信市场，也是出现在手机上最多的。第一款基于 Symbian 系统的手机是于 2000 年上市的爱立信 R380 手机。而真正较为成熟的且同时引起人们注意的则是 2001 年上市的诺基亚 9210，它采用了 Crystal 分支的系统。2002 年推出的诺基亚 7650 与 3650 则是 Pearl 分支的机型，其中 7650 是第一款基于 2.5G 网络的智能手机产品，它们都属于 Symbian 6.0 版本的机型。随后索尼爱立信推出的一款机型也使用了 Symbian 的 Pearl 分支，版本已经发展到 7.0，是专为 3G 网络而开发的。

Symbian 操作系统曾经是手机领域中应用范围最广的操作系统，占据了手机市场的半壁江山。图 1-1 所示的是 Symbia 的用户界面。但是，2011 年 12 月 21 日，诺基亚官方宣布放弃 Symbian 品牌；2012 年 5 月 27 日，诺基亚彻底放弃开发 Symbian 系统；2013 年 1 月 24 日晚间，诺基亚宣布，今后将不再发布 Symbian 系统的手机，这意味着 Symbian 在长达 14 年的历史之后迎来了谢幕。

图 1-1　Symbia 界面

2. Palm OS

Palm OS 是早期由 U. S. Robotics（其后被 3Com 收购，再独立改名为 Palm 公司）研制的专门用于其掌上电脑产品 Palm 的操作系统。这是一种 32 位的嵌入式操作系统，主要运用于移动终端上。Palm OS 与同步软件 HotSync 相结合可以使移动终端与计算机上的信息实现同步，把台式机的功能扩展到移动设备上。Palm OS 操作系统完全为 Palm 产品设计和研发，其产品在推出时就已超过了苹果公司的 Newton 而获得了极大的成功，Palm OS 也因此声名大噪。其后也曾被 IBM、Sony、Handspring 等厂商取得授权。Palm OS 在 PDA 市场占有主导地位，操作系统更倾向于 PDA 的操作系统。

Palm OS 操作系统以简单易用为大前提，对硬件的要求很低，因此在价格上能很好地控制。系统运作需求的内存与处理器资源较小，系统耗电量也很小，速度也很快。图 1-2 所示的是 Palm OS 5.3 的界面。Palm 系统最大的优势在于出现时间较早，有独立的 Palm 掌上电脑经验，所以其第三方软件极为丰富，商务和个人信息管理方面功能出众，并且系统十分稳定。但是该系统不支持多线程，长远的发展受到限制。Palm OS 版权现由 Palm Source 公司拥有，并由 Palm Source 开发及维护。2005 年 9 月 9 日，Palm Source 被日本软件开发商爱可信收购，之后改名为 Access Linux Platform 并继续开发。

图 1-2　Palm OS 5.3 界面

3. Linux

Linux 操作系统的内核由林纳斯·本纳第克特·托瓦兹（Linus Benedict Torvalds）在 1991 年 10 月 5 日首次发布，它是一种类 UNIX 操作系统，也是自由软件和开放源代码软件发展中最著名的例子。只要遵循 GNU 通用公共许可证，任何个人和机构都可以自由地使用 Linux 的所有底层源代码，也可以自由地修改和再发布。

Linux 在 2008 年进入到移动终端操作系统，就以其开放源代码的优势吸引了越来越多的终端厂商和运营商对它的关注，包括摩托罗拉和 NTT DoCoMo 等知名的厂商。已经开发出的基于 Linux 的手机有摩托罗拉的 A760、A768，CEC 的 e2800 和三星的 i519 等。图 1-3 所示为 Linux 的手机界面。我国的大唐电信也将 Linux 作为其 TD - SCDMA 3G 手机操作系统。相比其他操作系统，Linux 虽是个后来者，却具有其他系统无法比拟的优势：其一，具有开放的源代码，能够大大降低成本；其二，既满足了手机制造商根据自身实际情况有针对性地开发 Linux 手机操作系统的要求，又吸引了众多软件开发商对内容应用软件的开发，丰富了第三方应用。然而，Linux 操作系统有其先天的不足之处：入门难度高、熟悉其开发环境的工程师少、集成开发环境较差。由于微软 PC 操作系统源代码的不公开，基于 Linux 的产品与 PC 的连接性较差。尽管目前从事 Linux 操作系统开发的公司数量较多，但真正具有很强开发实力的公司却很少，而且这些公司之间是相互独立地进行开发，因此很难实现更大的技术突破。尽管 Linux 在技术和市场方面有独到的优势，但是目前来说还无法与一些主流的手机操作系统进行抗衡，想在竞争日益激烈的手机市场中站稳脚跟、抢夺市场份额决非易事。

图 1-3　Linux 手机界面

4. iOS

iOS 是苹果公司开发的手持设备操作系统。苹果公司最早于 2007 年 1 月 9 日在 Macworld 大会上公布这个系统，最初仅供苹果公司推出的手机产品 iPhone 使用，因此它的原名也叫 iPhone OS。像 Mac OS X 操作系统一样，它也是以 Darwin 为基础的，因此同样属于类 UNIX 的商业操作系统。随着发展，后来陆续应用到 iPod touch、iPad 和 Apple TV 等苹果产品上。直到 2010 年 6 月 7 日在苹果电脑全球研发者大会（Apple Worldwide Developers Conference，WWDC）上，它才正式更名为 iOS，同时还获得了思科 iOS 的名称授权。iOS 的系统架构分为 4 个层次：核心操作系统层（Core OS Layer），核心服务层（Core Services Layer），媒体层（Media Layer），可触摸层（Cocoa Touch Layer）。图 1-4 所示为 iOS 手机的界面。它的成功得益于苹果巨大的品牌力量以及感召力，使得 iOS 系统能够在初期迅速瓜分 Symbian、Windows Mobile 等传统智能手机系统的市场份额。但是，随着 Android 系统的出现，iOS 的增长也开始乏力。据 IDC 的《全球手机季度跟踪报告》指出，2016 年第一季度全球的智能机市场，iOS 在移动操作系统方面下降到 14.8%。

图 1-4　iOS 手机界面

5. Android

Android 是 Google 公司于 2007 年 11 月 5 日宣布的基于 Linux 平台的开源手机操作系统。该平台由操作系统、中间件、用户界面和应用软件组成，不存在任何以往阻碍移动产业创新的专有权障碍，号称是首个为移动终端打造的真正开放和完整的移动软件。Android 具有显著的开放性、丰富的硬件平台支持、自由的第三方软件市场以及无缝结合优秀的 Google 服务等明显的优势。Android 最初主要支持手机，被谷歌注资后逐渐扩展到平板电脑等其他移动终端。图 1-5 所示的是使用 Android 4.1 系统的手机界面。2011 年第一季度，Android 在全球的市场份额首次超过老牌霸主 Symbian 系统，跃居全球第一。2016 年第一季度，全球 Android 智能手机的份额已经上升到了 84.1%。

图 1-5　Android 4.1 手机界面

6. Windows Phone

Windows Phone 是微软公司传统的手机操作系统 Windows Mobile 退出市场后的继承者。Windows Mobile 是微软进军移动设备领域的重大品牌调整，其前身是 Windows CE。它将 Windows 桌面扩展到了个人设备中，是微软用于 Pocket PC、Smartphone 以及 Media Centers 的软件平台。其中 Pocket PC 针对无线 PDA，Smartphone 专为手机。

2010 年 10 月 11 日，微软公司正式发布了 Windows Phone 智能手机操作系统的第一个版本 Windows Phone 7（WP7），它将微软旗下的 Xbox Live 游戏、Xbox Music 音乐与独特的视频体验整合至手机中。之后又相继发布了 WP 7.5 和 WP 8（如图 1-6 所示）。自 WP 7 推出后，迅速吸引了很多应用开发者，其应用商店 Market Place 在发布两个月内就已拥有了 4000 个应用程序。根据市场研究公司 Strategy Analytics 发布的 2013 年第二季度全球智能手机调查报告，Windowss Phone 在 2013 年第二季度出货量为 890 万台，而 2012 年同期为 560 万台，涨幅超过 77%，在各大智能手机平台中增幅是最高的；在第二季度的 Windows Phone 手机出货量中，诺基亚占了 82%。

图 1-6　Windows Phone 8

7. Blackberry OS

BlackBerry OS 是由 Research In Motion（RIM，现为 BlackBerry）为其智能手机产品 BlackBerry（黑莓手机）开发的专用操作系统。BlackBerry 是加拿大的一家手提无线通信设备品牌，于 1999 年创立。该操作系统具有多任务处理能力，并支持特定的输入设备，如滚轮、轨迹球、触摸板以及触摸屏等。BlackBerry 平台最著名的莫过于它处理邮件的能力。该平台通过 MIDP 1.0 以及 MIDP 2.0 的子集，在与 BlackBerry Enterprise Server 连接时，以无线的方式激活并与 Microsoft Exchange，Lotus Domino 或 Novell GroupWise 同步邮件、任务、日程、备忘录和联系人。同时，该操作系统还支持 WAP 1.2。

据统计，在 2010 年末，BlackBerry 操作系统 BlackBerry OS 在市场占有率上已经超越称霸逾十年的诺基亚，仅次于 Google 操作系统 Android 及苹果公司操作系统 iOS，成为全球第三大智能手机操作系统。近几年来，该操作系统也一直保持在这个位置上。2013 年，BlackBerry 宣布，将使用基于 QNX 的 BlackBerry Z10（如图 1-7 所示）取代现有的 BlackBerry OS。

图 1-7　BlackBerry Z10

在上面所述的手机操作系统中，目前 Android 和 iOS 系统不仅仅在智能手机市场份额中维持领先，而且这种优势仍在不断增加。Windows Phone 与 Windows 系统绑定的优势不容忽视，但最近的 Windows Phone 的市场份额已经跌到 1% 以下，以及像移动消息应用 WhatsApp、流媒体音乐服务 Spotify 宣布停止支持 Windows Phone 系统，其市场前景令人堪忧。

1.1.2　Android 的诞生

Android 一词最早出现于法国作家利尔亚当（Auguste Villiers de l'Isle - Adam）在 1886 年发表的科幻小说《未来夏娃》（L'ève future）中。他将外表像人的机器起名为 Android。后来 Android 即指仿真机器人，以模仿真人作为目的制造的机器人。

而将 Android 引入手机领域是与安迪·鲁宾（Andy Rubin）（如图 1-8 所示）分不开的。鲁宾是美国计算机技术专家和成功的企业家，他领导开发了 Android 操作系统，现任 Google 移动和数字内容高级副总裁。

图 1-8　安迪·鲁宾

1986 年，鲁宾在取得纽约州尤蒂卡学院计算机学士学位后，加入以生产光学仪器而知名的卡尔·蔡司公司担任机器人工程师。1989 年，26 岁的鲁宾加入了苹果公司，成为一名开发者。之后又加入了三名苹果公司的元老成立 Artemis 研发公司，参与开发交互式互联网电视 WebTV 的工作，并获得了多项通信专利。该产品拥有几十万用户，年收入超过 1 亿美元。1997 年，Artemis 公司被微软收购，鲁宾留在微软，继续探索自己的机器人项目。1999 年，鲁宾离开微软，不久后便成立了一家名为“危险”（Danger）的公司，开发出名为 T - Mobile Sidekick 的手机产品，并将无线接收器和转换器加入这一设备，把它打造成为可上网的智能手机。2003 年鲁宾离开 Danger，并于同年 10 月在美国加利福尼亚州帕洛阿尔托创建了 Android 科技公司（Android Inc.），与利奇·米纳尔（Rich Miner）、尼克·席尔斯（Nick Sears）、克里斯·怀特（Chris White）共同发展这家公司，并打造了 Android 手机操作系统。图 1-9 所示的是 Android 系统的标志。鲁宾本人也被誉为“Android 之父”。

但在同年，创办不久的 Android 很快就“断炊”了，鲁宾为 Android 科技公司花光了所有的钱，项目面临解散风险。在此危急关头，科技界传奇人物史蒂夫·帕尔曼（Steve Perlman）借给鲁宾 1 万美元，帮助他暂时渡过难关。后来，帕尔曼又多次出钱，累计投入 10 万美元。帕尔曼商业眼光出众，不仅帮助鲁宾完成 Android 项目的前期开发，还为公司前途出谋划策。在帕尔曼看来，Android 最好的出路是依傍一家气质相投的大公司。

图 1-9　Android LOGO

在 2002 年初，鲁宾曾应邀到斯坦福大学给硅谷工程师做演讲，而此次演讲也为之后的被收购创造了条件。这次演讲的听众中有两个不平凡的人物——谷歌创始人拉里·佩奇和谢尔盖·布林。演讲间隙，拉里·佩奇找到鲁宾与他攀谈，并试用了他的手机，发现 Google 已经被列入为默认的搜索引擎。鲁宾在斯坦福授课之际，具备手机功能的手提设备也已经初具雏形。于是，佩奇很快就有了开发一款谷歌手机和一个移动操作系统平台的想法。之后，谷歌果断向这两个领域进军，而安迪·鲁宾也就成了项目的负责人。

2005 年 8 月 17 日，Google 收购了 Android 科技公司，包括利奇·米纳尔、克里斯·怀特等所拥有的全资子公司，所有 Android 科技公司的员工都被并入 Google。Google 正是借助此次收购正式迈进了移动领域。

在 Google，鲁宾领导着一个负责开发基于 Linux 内核移动操作系统的团队，这个开发项目便是 Android 操作系统。Google 平台为 Android 提供了广阔的市场，并给予各大硬件制造商、软件开发商一个灵活可靠的系统升级承诺，保证将给予它们最新版本的操作系统。

2007 年 11 月 5 日，在 Google 的领导下，组织成立了开放手机联盟（Open Handset Alliance，OHA）来共同研发、改良 Android 系统（如图 1-10 所示），以便创建一个更加开放自由的移动电话环境，引导移动技术更新，在减少成本的同时提升用户体验。最早的一批成员包括 Broadcom、HTC、Intel、LG、Marvell 等 34 家涉及移动运营商、半导体芯片商、手机硬件制造商、软件厂商和商品化的公司。

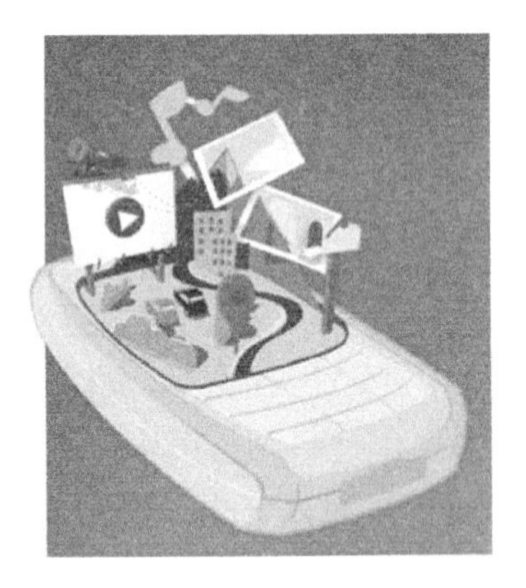
图 1-10　开放手机联盟徽标

随后 Google 以 Apache 开源许可证的授权方式，发布了 Android 的源代码。Google 对 Android 所使用的 Linux 内核以 Apache 开源条款 2.0 中所规定的内容进行了修改，包括添加智能手机网络和电话协议栈等智能手机所必需的功能，使它们能更好地在移动设备上运行。同时，根据第二版 GNU 条款中所规定的内容对修改的 Linux 内核信息进行公布。Google 也不断发布问卷和开放修改清单、更新情况和源代码来让所有人看到并且提出意见和评论，以便按照用户的要求改进 Android 操作系统。由于 Android 操作系统完全是开源免费的，任何厂商都可以不经过 Google 和开放手机联盟的授权来随意使用 Android 操作系统。但是制造商不能随意地在自己的产品上使用 Google 的标志和 Google 应用程序，除非 Google 证明其生产的产品设备符合 Google 兼容性定义文件（CDD），这样才能在智能手机上预装 Google Play Store、Gmail 等应用程序。获得 CDD 的智能手机厂商也可以在其生产的智能手机上印上“With Google”的标志。

同时，一个负责持续发展 Android 操作系统的开源代码项目 AOSP（Android Open Source Project）成立了。除了开放手机联盟之外，Android 还拥有全球各地开发者组成的开源社区来专门负责开发 Android 应用程序和第三方 Android 操作系统，以此来延长和扩展 Android 的功能和性能。

1.1.3 Android 发展历程

Android 于 2007 年 11 月正式公布。Google 也在同一天宣布建立一个由移动运营商、半导体芯片商、手机硬件制造商、软件厂商和商品化公司组成的全球性开放手机联盟来共同研发改良 Android 系统。该联盟支持 Google 可能发布的手机操作系统或者应用软件，并共同开发 Android 的开放源代码的移动系统。之后 Android 就备受广泛关注，市场占有率也不断攀升。图 1-11 所示为 2009 ~ 2011 年间 Android 设备激活的数量。在 2013 年 5 月召开的 Google I/O 开发者大会上宣布 Android 设备激活量已经达 9 亿。

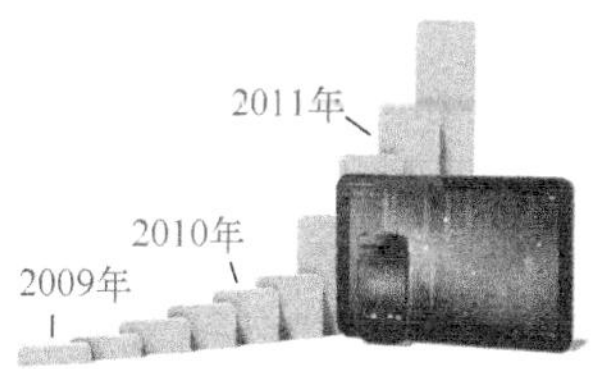

图 1-11　Android 设备激活数量的增长

Android 在正式发行之前，拥有两个内部测试版本，并且以著名的机器人名称来对其进行命名，它们分别是阿童木 Astro（Android Beta）和发条机器人 Bender（Android 1.0）。后来由于涉及版权问题，Google 将 Android 操作系统的代号由机器人系列转变为用甜点名称作为它们系统版本的代号的命名方法。甜点命名法的使用开始于 Android 1.5 发布的时候。随着系统的更新发展，作为每个版本代表的甜点的尺寸也就越变越大，并按照 26 个字母排序：1.5 版叫作 Cupcake（纸杯蛋糕）、1.6 版为 Donut（甜甜圈）、2.0/2.1 版为 Éclair（闪电泡芙）、2.2 版为 Froyo（冻酸奶）、2.3 版为 Gingerbread（姜饼）、3.0 版为 Honeycomb（蜂窝）、4.0 版为 Ice Cream Sandwich（冰激凌三明治）、4.1/4.2/4.3 版称为 Jelly Bean（果冻豆）、4.4 版为 Key Lime Pie（酸橙派）、5.0 版为 Lollipop（棒棒糖）、6.0 版称为 Marshmallow（棉花糖）以及 7.0 版 Nougat（牛轧糖）。具体的 Android 发展历程如表 1-1 所示。

表 1-1　Android 发展历程

时　间	事　件
2007 年 11 月 5 日	Google 宣布组建开放手机联盟
2007 年 11 月 12 日	Google 发布 Android SDK 预览版，这是第一个对外公布的 Android SDK，以此为发布正式版收集用户反馈
2008 年 4 月 17 日	Google 举办 Android 开发者竞赛，共收到 1788 件作品，使 Android 平台在短时间内积累了大量优秀的应用程序。在 8 月 28 日开通了 Android Market 并提供应用程序的分发和下载
2008 年 9 月 23 日	发布 Android 操作系统中的第一个正式版本：Android 1.0，代号为阿童木（Astro）。同年 10 月 22 日，全球第一台 Android 设备 HTC Dream（G1）搭载 Android 1.0 操作系统在美国上市
2009 年 2 月 2 日	Android 1.1 Bender 正式发布。该版本修正了 1.0 版本遗留的许多应用程序 bug 和系统 bug，改进了 API 接口和添加了新的特性，但只被预装在 T-Mobile G1 上。2 月 17 日，第二款 Android 手机 T-Mobile G2（HTC Magic）正式发售
2009 年 4 月 17 日	Android 1.5 Cupcake 正式推出，提升并修正了之前版本里的许多功能，如屏幕虚拟键盘、拍摄/播放视频并支持上传到 Youtube、GPS 性能大大提高、应用程序自动旋转等
2009 年 9 月 15 日	Android 1.6 Donut 的正式版发布，并且推出了搭载 Android 1.6 正式版的手机 HTC Hero（G3）。凭借着出色的外观设计以及全新的 Android 1.6 操作系统，HTC Hero（G3）成为当时全球最受欢迎的手机
2009 年 10 月 26 日	Android 2.0/2.0.1/2.1 Eclair 发布。其中引入了大量的新特性，如优化硬件速度、支持更多的屏幕分辨率和改良用户界面、新的浏览器用户接口和支持 HTML、改进 Google Maps 3.1.2、支持内置相机闪光灯、数码变焦、改进的虚拟键盘等。2010 年 1 月 6 日，Google 初次发布了自主品牌的 Android 手机 Google Nexus One，搭载 Android 2.1 系统

（续）

时　间	事　件
2010年5月20日	Android 2.2/2.2.1 Froyo 发布，主要更新如下：3G 网络共享功能、Flash 的支持、全新软件商店以及更多的 Web 应用 API 接口的开发等
2010年12月6日	Android 2.3 Gingerbread 发布，主要更新如下：增加新的垃圾回收和优化处理事件、原生代码可直接存取输入和感应器事件、EGL/OpenGL ES、OpenSL ES、新的管理窗口和生命周期的框架、提供了新的音频效果器、支持前置摄像头、简化界面、更快更直观的文字输入、改进电源管理系统等。同时发布第二款自主品牌 Android 手机 Google Nexus S，并搭载 Android 2.3 系统
2011年2月22日	专用于平板电脑的 Android 3.0 蜂巢正式发布。它是第一个 Android 平板操作系统。全球第一个使用该版本操作系统的设备是摩托罗拉公司于 2011 年 2 月 24 日发布的 Motorola Xoom 平板电脑。随后，5 月 10 日发布的 Android 3.1 和 7 月 15 日发布的 Android 3.2 都进行了一些改进
2011年10月19日	发布 Android 4.0 Ice Cream Sandwich 和全球首款搭载 Android 4.0 的 Galaxy Nexus 智能手机。该版本的主要更新如下：同时支持智能手机、平板电脑、电视等设备，取消底部物理按键、具有全新的 UI、Chrome Lite 浏览器、截图功能、更强大的图片编辑功能、新增流量管理工具等
2012年6月28日	Android 4.1 Jelly Bean 以及搭载 Android 4.1 的 Nexus 7 平板电脑一起发布。该版本具有更快、更流畅、更灵敏、特效动画的帧速提高、增强通知栏、全新搜索、桌面插件自动调整大小、加强无障碍操作等。而原本预计 2012 年 10 月 29 日于纽约发布 Android 4.2，因为飓风桑迪被取消，而改以新闻稿发布，以“一种新口味的果冻豆”（A New Flavor of Jelly Bean）作口号。首款搭载 Android 4.2 的手机 LG Nexus 4 及平板电脑 Nexus 10 于 2012 年 11 月 23 日上市
2013年9月3日	Google 在 Android.com 上宣布下一版本命名为 KitKat“奇巧”，版本号为 4.4，原始开发代号为 Key Lime Pie“酸橙派”。此外，Google 在此版本封锁了 Flash Player，用户由 Android 4.3 升级到 Android 4.4 会变得无法播放 Flash。Adobe 早在 2012 年宣布停止支持 Flash Player，Android 4.0 是最后一个支持版本，用户需要到官方网站下载 APK，才能在 Android 4.1 到 Android 4.3 上播放 Flash
2014年6月25日	Google I/O 2014 大会上发布 Developer 版（Android L），之后在 2014 年 10 月 15 日正式发布且名称定为 Lollipop（棒棒糖）
2015年5月28日	Google I/O 2015 大会发布代号为 Marshmallow（棉花糖）的 Android 6.0 系统。Nexus 系列手机这次依然是首批升级 Android 6.0 的手机产品。Android 6.0 对软件体验和运行性能进行了大幅度优化，流畅性进一步提高，且更省电
2016年5月18日	谷歌 2016 年的 I/O 开发者大会在 2016 年 5 月 18 日召开，新版的 Android N 系统正式发布。谷歌官方已开放安装包镜像，支持 Nexus 6P、Nexus 5X、Nexus 6、Pixel C、Nexus 9 以及 Nexus Player 这几款设备。功能方面，Android 7.0 新功能以实用为主，比如分屏多任务、全新设计的通知控制栏等

1.2 Android 特点

Android 自诞生起，发展就非常迅速。在 2010 年第四季度，根据相关数据显示，Android 就占据了全球智能手机操作系统市场 33% 的份额，首次击败了 Symbian 系统成为全球第一大智能手机操作系统。

Android 的成功和流行与 Google 收购 Android 后所采取的各种支持措施是分不开的。Google 作为著名的网络公司，其开发的 Android 内部集成了大量的 Google 应用，如 Gmail、Reader、Map、Docs、Youtube 等，涵盖了生活中各个方面的网络应用，这对长期使用网络、信息依赖度比较高的人群十分合适。各种网络应用也正逐步从以桌面 PC 为中心转变到以互联网为中心上来。

除此之外，Google 全面的计算服务和丰富的功能支持，使 Android 应用已拓展到手机以外的其他领域。Android 平台的通用性可以适用于不同的屏幕、有线和无线设备。Android 系统和应用程序开发人员将更多地涉足多媒体、移动互联网设备、数字视频和家庭娱乐设备、汽车、医药、网络、监测仪器、工业管理和机顶盒等众多新领域，这些都预示着 Android 必定具有相当广阔的市场和发展前景。

1.2.1　Android 优点

1. 开放性

Android 是由 Google 为首成立的“开放手机联盟”共同研发的，其中全球各地的手机制造商和移动运营商都将基于该平台来开发手机的新型业务，应用程序之间的通用性和互联性将最大程度得到保证。开发商也会得到新的开放级别，更方便协同合作。这种开放平台允许任何移动终端厂商加入到 Android 联盟中来，使其拥有更多的开发者，从而积累人气，把更多的消费者和厂商包含进来。对于消费者来说，最大的受益就是拥有丰富的软件资源。同时，开放的平台也会带来更多竞争，使得消费者可以用更低的价位购得心仪的手机。

2. 网络接入自由

在过去很长的一段时间，特别是在欧美地区，手机应用往往受到运营商的制约，包括功能和接入的网络等。自 iPhone 上市以来，用户便可以更加方便地连接网络，运营商的制约逐步减少。目前，Android 系统的手机已可以摆脱运营商的束缚，随意接入任何一家运营商的网络。

3. 丰富的硬件支持

由于 Android 的开放性，Android 系统对硬件的兼容性非常好，这就为终端厂商提供了多种选择，他们会推出千奇百怪、功能特色各具特色的产品。虽然功能上各有差异和特色，但不会影响到应用程序的数据同步，甚至软件的兼容。例如，不同手机的换用，可以很方便地将原有优秀的软件、联系人等资料进行转移。这也表明了应用程序无界限。Android 上的应用程序可以通过标准 API 访问核心移动设备功能，通过互联网，应用程序可以声明其功能可供其他应用程序使用。

4. 方便开发

Android 平台提供给第三方一个十分宽泛、自由的开发环境，因此开发者不会受到各种因素的约束和限制。这极大地促进了更多新颖别致的软件以及大量的 Android 应用程序的诞生。而这些应用程序是在平等的条件下创建的，移动设备上的应用程序可以被替换或者扩展，即使是像拨号程序这样的核心组件。

移动市场相关研究公司的研究报告指出，到 2012 年第一季度上传至 Android Market 的应用程序数量就已经超过 50 万，该数字已经紧追同期 App Store 的 60 万数量。而 2012 年 11 月 Android 应用程序总数已经达到 70 万余款，与苹果 App Store 上的应用程序数量不相上下（如图 1-12 所示）。

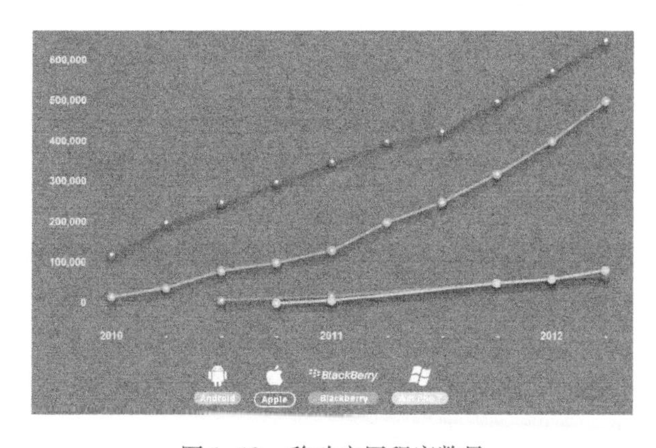

图 1-12　移动应用程序数量

5. 无缝结合 Google 应用

从搜索巨人到全面的互联网渗透，Google 服务如地图、邮件、搜索等已经成为连接用户和互联网的重要纽带。而 Android 也将无缝结合这些优秀的 Google 服务并在手机平台上进行广泛的应用。

1.2.2　Android 缺点

Android 在发展的过程中也存在一些不足之处，主要表现如下。

1. 应用程序质量参差不齐，恶意程序数量加速增长

Android 平台给开发者提供了一个十分宽泛、自由的环境，但这同时也具有两面性，例如如何控制血腥、暴力和情色等方面的程序和游戏内容正是 Android 需要解决的难题之一。

据市场调研机构 G DATA 的数据显示，2015 年第一季度 Android 平台就出现了 50 万个新增的恶意应用程序，平均每 18 s 就会“诞生”一款新的恶意程序，每天有近 5000 款左右。很多恶意应用程序被下载超过 70 万次后才被 Google 从应用商店中删除，这在一定程度上助长了恶意应用程序在 Android 平台上肆虐。与 iOS 平台相比，Android 平台更容易被嵌入恶意程序或应用。互联网安全公司 FireEye 表示，网络上有 96% 的恶意软件都指向了 Android 系统，有超过 50 亿个被下载的 Android 应用有被黑客攻击的风险。

目前来看，Android 平台恶意应用程序的数量还将保持增长，因此 Google 需要即时采取一些措施来解决这一问题。

2. 版本过多，升级过快

由于 Android 具有开放式的特点，所以很多厂商都推出了定制的界面，如 HTC Sense、MOTO Blur、三星 TouchWiz 等。这在提供给客户丰富选择的同时，也造成了版本过多，而厂商升级较慢的情况发生。Google 推出 Android 系统的升级速度很快，而厂商要推出新固件需要经过深度的研发，就带来了升级滞后等一系列问题。

3. 用户体验不一致

由于 Android 在不同的厂商和配置下均有机型，所以会造成有些机型运行 Android 系统流畅，而有些则会出现缓慢、卡顿等问题。

4. 系统费电严重，系统续航能力不足

应用程序的实时更新会产生网络流量，这些更新活动也将导致手机电量的浪费。而且退出的应用程序依然会占用系统内存，并继续在后台操作，这也会浪费用户的一定电量。

1.3　Android 发展趋势

智能手机现在已被用户广泛接受，手机操作系统已成为手机厂商间的竞争重点。手机操作系统市场受到终端厂商参与力度、应用丰富程度、运营商的支持和全球 3G、4G 甚至 5G 网络普及所激发的用户对移动数据业务需求等因素的影响。

平台大战的第一个阶段已经结束，苹果和谷歌都是赢家。未来，该市场将会继续扩张，智能手机将占据几乎所有的手机销售，苹果市场份额较 Android 少，但将统治高端市场，凭借其市场定位和出色的执行力，它在高端市场的流量、内容和创收上占据了大量的份额。而 Android 凭借着其开放性，得到了广大厂商的热烈追捧，选择以 Java 语言作为应用开发语言，也得到广大的开发者的青睐，因此它将主导其余的市场。

Android 手机的疯狂发展，离不开 Google 的开放式政策，包括操作系统源代码、第三方配件的硬件设计和系统 API。借助这个平台，第三方应用软件和配件层出不穷，并且均可得到 Android 设备的兼容

支持。接下来的若干年，Android 将会在家用化、虚拟化和智能化方面做出自己的贡献。

在家庭自动化方面，Google 已经开发了一套完整的协议来搭建整个自动化框架，让所有 Android 设备和第三方配件进行连接和沟通。比如，洗衣机会根据手机中的日程安排自动运行，灯光照明会根据用户玩游戏的情绪调整照明，温控系统则通过手机里的天气预报信息来控制温度等。Google 曾用自行车来进行演示，通过骑自行车来控制 Android 手机玩游戏。可以推测未来将会有更多的有趣的设备出现，比如 Android 音箱、闹钟甚至电饭煲、电冰箱等。Google 已经设计了一个可控的 Tungsten 照明插座，它可以用手机调明暗。另外还有支持 NFC 标签的 CD，在用手机或者平板电脑读取信息之后，会把专辑加入到播放列表中，自动从云端下载整张专辑。再结合 Google TV，家中的所有电器设备都将会通过 Android 手机、平板电脑、电视机进行集中控制。在第三方配件标准出台后，会吸引家电厂商推出各种各样的 Android 系统电器产品，Android 将不仅仅是一个移动应用系统平台。

以 2014 年 Facebook 以 20 亿美金收购 Oculus 为代表，诸如三星、谷歌、索尼、HTC 等国际消费电子巨头均宣布自己的虚拟现实（VR）设备计划。今后随着互联网普及，计算能力、3D 建模等技术进步将大幅提升 VR 体验，虚拟现实商业化、平民化将有望得以实现。而 VR 行业现在最缺的是平台，缺操作系统。谷歌将会推出 VR 版的安卓操作系统，降低 VR 硬件研发的门槛，也会统一 VR 软件的开发标准。对于 VR 来说，移动 VR 的想象力要比 PC 或者主机 VR 的想象力更大，安卓推出 VR 版，可以在操作系统层面建成一套 VR 环境，有助于移动 VR 体验的统一。

对于 Google 来说，2016 年不得不提的就是阿尔法围棋（AlphaGo）。这个程序在 2016 年 3 月与围棋世界冠军、职业九段选手李世石进行人机大战，并以 4∶1 的总比分获胜。2017 年初，AlphaGo 化身神秘网络棋手 Master 击败包括聂卫平、柯洁、朴廷桓、井山裕太在内的数十位中日韩围棋高手，在 30 s 一手的快棋对决中无一落败，拿下全胜战绩，在棋界和科技界引发剧震。对于 Google 来说，今后将会使用相同的方式来改进 Android 手机的智能水平，提升服务人类的能力。2016 年多个品牌已推出或被传将推出人工智能语音助理设备，如谷歌 Assistant AI、亚马逊 Alexa 和三星收购的 Viv。据分析，安卓厂商如 HTC、索尼和大部分其他商家将与 Google 合作，而 LG 和三星或将自行开发人工智能助理，加入竞争。

1.4　思考与练习

1. 主流的手机操作系统有哪些？调查这些手机操作系统主要运用在哪些手机和型号上。
2. Android 为什么能够在短短的几年里脱颖而出，占据市场的首位？
3. 简述 Android 的优势。
4. 你是如何看待 Android 今后的发展的？
5. 比较 iOS 与 Android 的优缺点。

第2章　Android开发环境搭建

在开始Android开发之前，首先需要做好一些准备工作。Android的内核是基于Linux系统的，应用程序的开发也采用了Java。Google提供的Android SDK以及Java的集成开发环境使得初学者能够快速熟悉Android的开发。

本章主要介绍在Windows环境下搭建Android开发环境，包括开发包和工具的下载、安装和配置，以及Android项目的创建和管理。这些内容是开发Android应用程序的第一步，也是深入理解Android系统的重要途径。

教学课件PPT

2.1　Android开发软硬件要求

学习Android应用程序设计，首先需要了解使用Android SDK进行开发的硬件和软件需求。在硬件方面，要求CPU和内存尽量大，建议采用酷睿i5、4GB内存以上配置。Android SDK大概需要4GB硬盘空间。另外Android中的每个模拟器都需要比较大的硬盘空间进行存储，因此建议硬盘空间在500GB以上。由于开发过程中需要反复重启模拟器，而每次重启都会消耗几分钟的时间，因此使用高配置的机器，特别是使用SSD固态硬盘能够给开发者节约不少时间。

软件方面，Android SDK对操作系统的要求如表2-1所示。

表2-1　支持Android SDK的操作系统

操作系统（OS）	要　求
Windows	Windows XP（32位）
	Windows 7（32位或64位）
	Vista（32位或64位）
Mac OS	10.5.8或更新（仅支持x86）
Linux	需要Glibc 2.7或更新在Ubuntu系统上；需要8.04或者更新64位版本，必须支持32位应用程序

Android开发所需软件的版本及其下载地址如表2-2所示。其中，JDK是Java的开发包；Eclipse是Android开发环境IDE；Android SDK是Android开发包；ADT为Android Development Tools，是Eclipse支持Android开发的插件。

表2-2　开发所需软件的版本及其下载地址

软件名称	所用版本	下载地址
JDK	8	http://www.oracle.com/cn/index.html
Eclipse	4.6.2	http://www.eclipse.org
Android SDK	24.1.2	https://developer.android.com/studio/releases/sdk-tools.html
ADT	23.0.7	https://developer.android.com/studio/tools/sdk/eclipse-adt.html

2.2　开发包及其工具的安装和配置

Android 以 Java 作为开发语言。JDK（Java Development Kit）是进行 Java 开发时必需的开发包。Eclipse 是一款非常优秀的开源集成开发环境，功能强大且易于使用。在大量插件的“配合”下，完全可以满足从企业级 Java 应用到手机终端 Java 游戏的开发。Google 官方也提供了基于 Eclipse 的 Android 开发插件（Android Development Toolkit，ADT），它可以简化 Android 应用程序的开发、运行和调试过程。接下来详细介绍 JDK 的安装、Eclipse 的安装，以及 Android SDK 和 ADT 插件的安装。

2.2.1　安装 JDK 和配置 Java 开发环境

为了能够很好地进行 Java 开发，首先需要对 Java 运行环境有透彻的了解。

由于 Android 应用程序是用 Java 语言编写的，因此需要 Java 运行环境（Java Runtime Environment，JRE）才能运行。在安装 Eclipse 之前需要确认已经安装了 JRE。运行 Java 应用程序需要 JRE，但如果需要进一步完成 Java 应用程序开发，则应直接安装 JDK。JDK 中包含了 JRE。

JDK 可从 Oracle 公司的官方网站（http://www. oracle. com/index. html）上下载最新版 JDK（这里为 8 Update 111 版），具体步骤如下。

1）打开浏览器，在地址栏中输入：http://www. oracle. com/index. html 进入 Oracle 的官方主页，如图 2-1 所示。

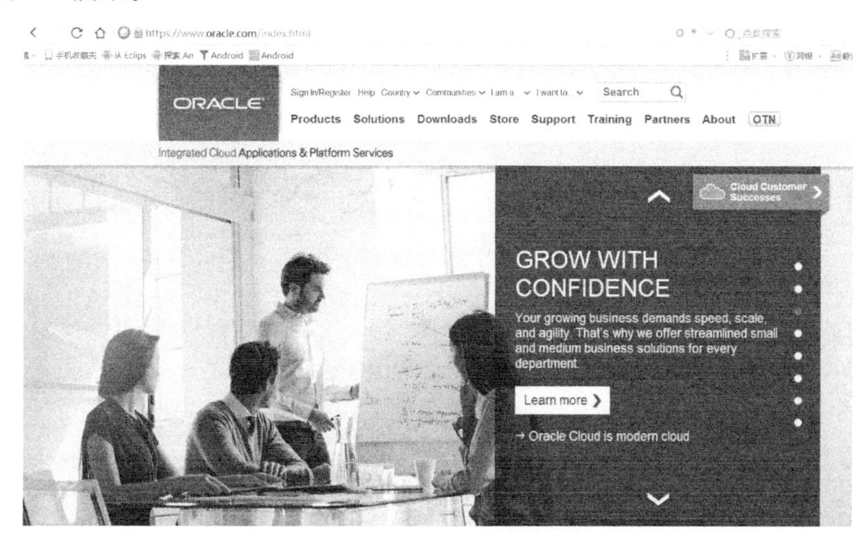

图 2-1　Oracle 官方主页

2）单击“Downloads”选项卡，然后选择“Java”→“Java SE”→“JDK（Downloads）”命令，如图 2-2 所示。

3）在打开的新页面中，选择“Accept License Agreement”（同意协议），并根据本地计算机硬件和系统选择适当的版本进行下载，如图 2-3 所示。

4）安装 JDK。安装包中包含了 JDK 和 JRE 两部分，建议将它们安装在同一个盘符下。双击安装程序，选择安装的目录，单击“下一步”按钮后，等待程序自动完成安装即可。

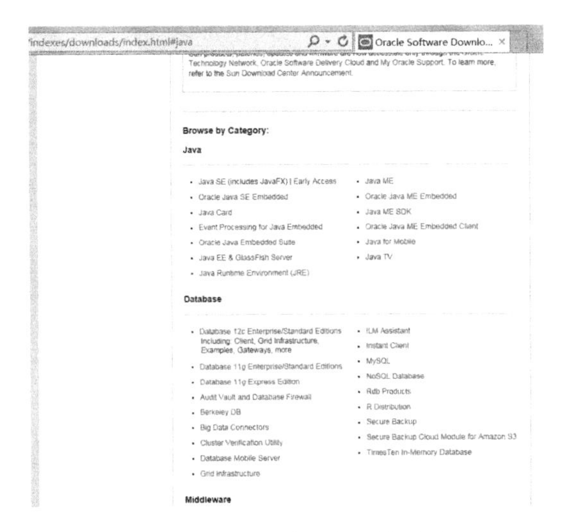

图 2-2　Java 开发资源下载页面

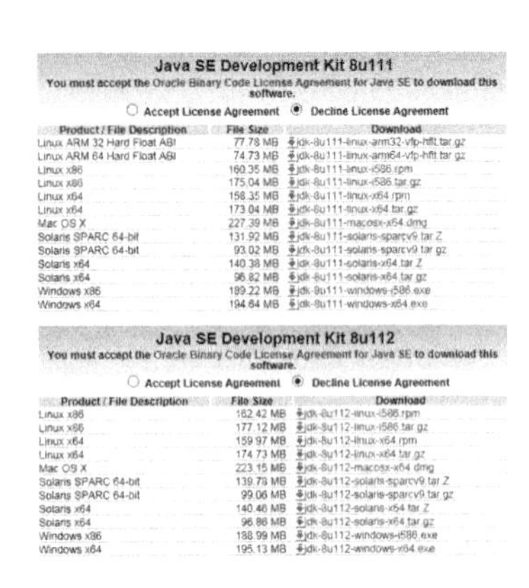

图 2-3　JDK 下载页面

Windows 系统下 JDK 的安装步骤如下。

双击下载的 JDK 程序，弹出如图 2-4 所示的对话框。根据提示，单击“下一步”按钮。

在如图 2-5 所示的对话框中，选择 JDK 安装目录后，单击“下一步”按钮。

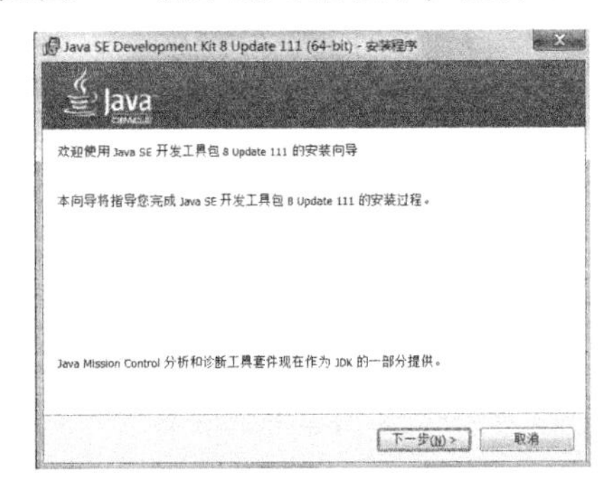

图 2-4　JDK 安装向导

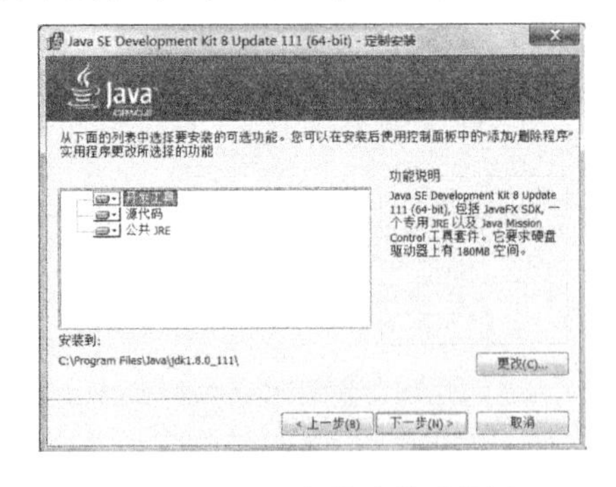

图 2-5　JDK 安装功能及位置

弹出如图 2-6 所示的对话框，其中显示了 JRE 安装路径，一般采用默认安装路径，直接单击“下一步”按钮后即可完成 JDK 的安装。

5）安装 JDK 后，需要进行 Java 开发环境的配置。

右击“我的电脑”，选择“属性”→“高级”→“环境变量”命令，找到系统变量中“Path”变量名（如果没有，则新建一个），单击“编辑”按钮，在变量值栏里添加 JDK 安装目录中“bin”文件夹路径。注意与上一个变量值间要用“;”隔开，如图 2-7 所示，然后单击

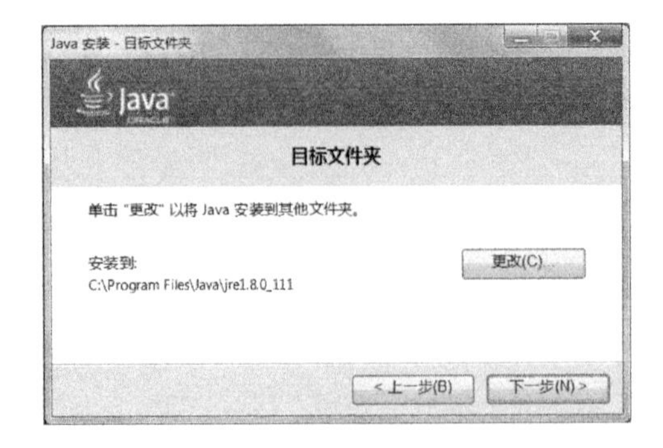

图 2-6　JRE 安装路径选择

图 2-7　JDK 的 Path 更改

"确定"按钮完成。再找到"CLASSPATH"变量（如果没有，同样进行新建），输入 JDK 安装目录中"lib"以及"demo"路径，如图 2-8 所示，单击"确定"按钮完成配置。

6）安装配置完成之后，需测试是否安装成功。单击 Windows 的"开始"按钮，选择"运行"，输入"cmd"。打开命令行模式后，输入命令"java - version"，检测 JDK 是否安装成功，如果运行结果如图 2-9 所示，能够正常显示 JDK 的版本信息，即表示安装成功。

图 2-8　JDK 的 CLASSPATH 更改

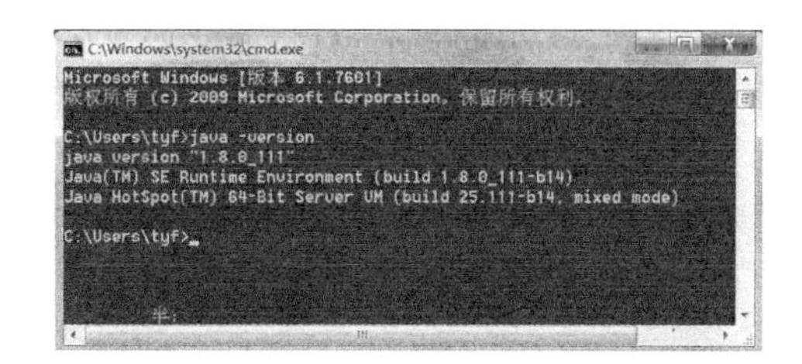

图 2-9　"java - version"测试命令

2.2.2　Eclipse 的安装

在浏览器地址栏中输入 http://www.eclipse.org/downloads/可进入到 Eclipse 的下载页面。单击 Eclipse IDE for Java Developers 后，根据自身操作系统和硬件情况选择下载相应版本的 Eclipse，如图 2-10 所示。

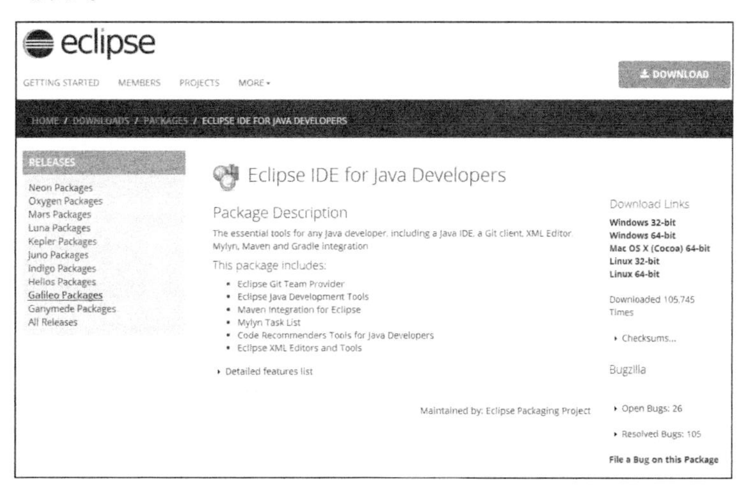

图 2-10　Eclipse 下载页面

此处以 Windows 7 的 64 位系统为例，下载 Eclipse Neon 版本的 Zip 文件为"eclipse - java - neon - 2 - win32 - x86_64.zip"。Eclipse 的安装非常简单，直接将下载的压缩包解压至指定的目录中即可。双击"eclipse.exe"文件，出现 Eclipse 集成开发环境的启动运行界面即表示安装成功，如图 2-11 所示。

Eclipse 启动时会提示用户选择默认工作目录，以保存以后创建的工程项目，如图 2-12 所示。

旧版本的 Eclipse 的多国语言项目只更新到 3.2.1 版本。Eclipse 发布了一个名为 Babel project 的项目，这个项目是用来解决国际化的问题，旨在为每一个插件提供独立的语言包。这样仅对需要的语言进行打包即可。

图 2-11　Eclipse Neon 启动画面

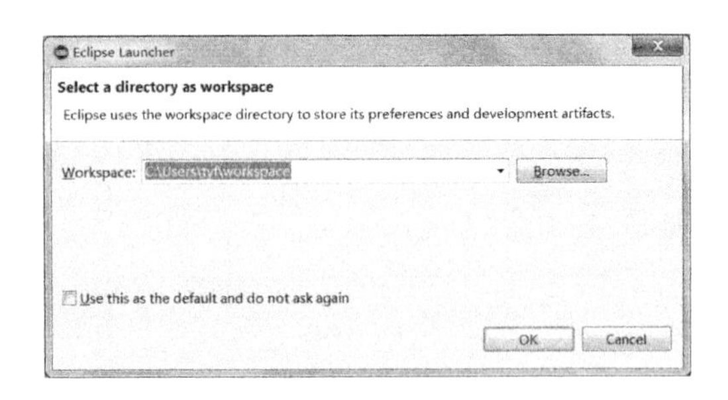

图 2-12　默认工作目录设置

Babel 的安装方法和步骤如下。

1）启动 Eclipse 开发工具，选择“Help”→“Install new software”命令，进入“Avaliable Software”菜单。接着单击“Add Site”按钮，在“Location”文本框中输入 babel 更新地址“http：//download. eclipse. org/technology/babel/update - site/R0. 10. 1/juno”，然后单击“OK”按钮，如图 2-13 所示。

2）选择“Simplified Chinese”语言包后，单击“Next”按钮，等待 Eclipse 处理，如图 2-14 所示。

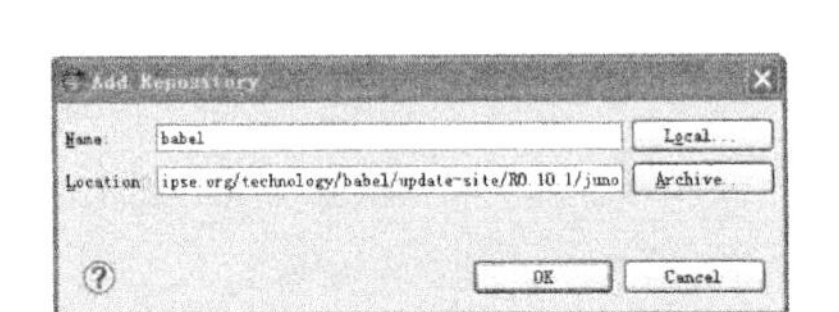

图 2-13　添加语言包更新地址

图 2-14　语言包选择

3）根据提示安装。安装完毕后，重新启动 Eclipse 即可完成全部汉化过程。

如果重启 Eclipse 后不显示中文，则请用命令行“eclipse. exe - nl zh_CN”重新启动 Eclipse。

至此，JDK 和 Eclipse 已经全部安装完毕，但在创建 Android 应用程序之前，还需要安装 Android SDK 和 ADT 插件。

2. 2. 3　Android SDK 和 ADT 插件的安装和配置

微视频

Android SDK 是由 Google 提供的作为 Android 应用程序辅助开发的工具、开发文档和程序范例。而 ADT（Android Development Tools）插件则是为在 Eclipse 开发环境下开发 Android 应用程序而定制的插件，可以快速建立 Android 工程并调试、发布程序。

1. Android SDK 安装

1）打开浏览器，在地址栏输入“http://developer. android. com/sdk/index. html”，进入 Android SDK 下载页面，如图 2-15 所示。如果官方网站不在维护，可百度有关镜像网站下载，例如：http://tools. android - studio. org/index. php/sdk/。

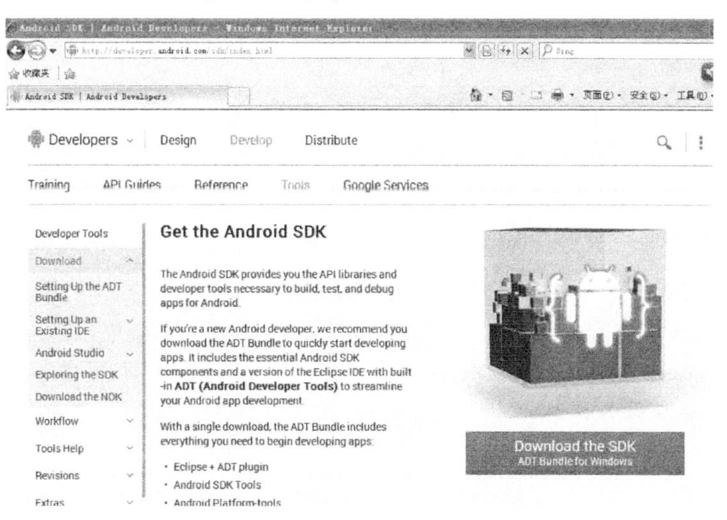

图 2-15　Android SDK 下载页面

2）根据系统情况，选择合适的版本进行下载，并解压。

3）在解压文件夹中双击“Android SDK Manager”，如图 2-16 所示，从对话框的选项中选择需要的 Android API 版本。

4）单击“Install package”按钮，安装选中的软件包。在弹出的对话框中依次单击“Accept”按钮和“Install”按钮，开始下载所选择的安装包。如图 2-17 所示，下载完成之后，根据提示即可完成后续的安装操作。

📖 该过程安装时间视当前网络情况和所选择的 API 数量而定，一般在一两个小时以上。

到这里，就已完成了 Android SDK 的安装，接下来进行 Android SDK 配置。

2. Android SDK 配置

将 Android SDK 安装目录 tools 文件夹路径添加到环境变量，操作步骤如下。

1）右击“我的电脑”，选择“属性”→“高级”→“环境变量”命令，如图 2-18 所示。

2）选择“系统变量”→“Path”命令，单击“编辑”按钮，将 Android SDK 文件夹下的 tools 和 platform - tools 文件夹路径同时加入到“Path”选项中，如图 2-19 所示为 tools 的加入情况。

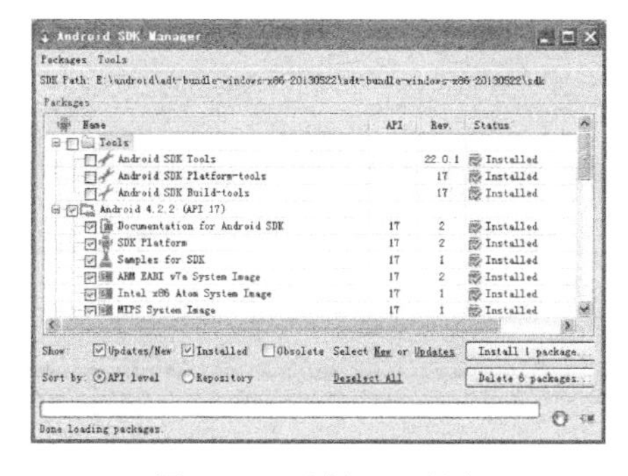

图 2-16　选择 API 版本

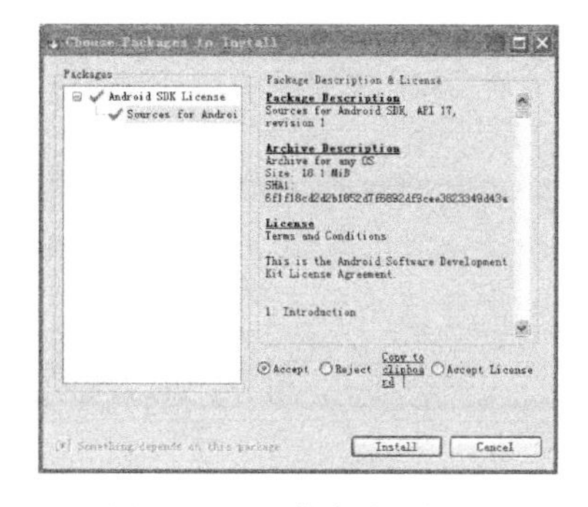

图 2-17　下载完成后提示

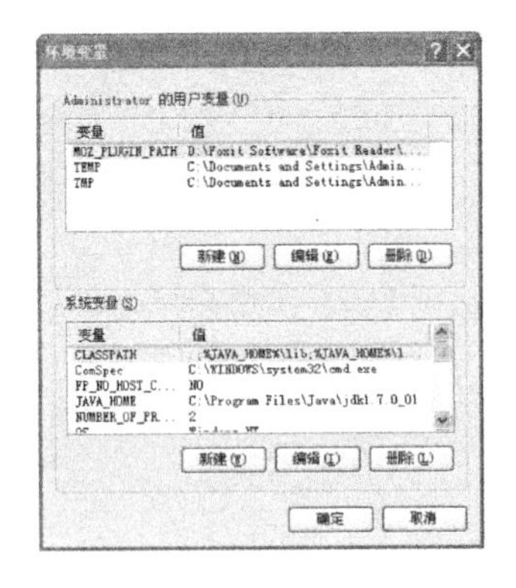

图 2-18　“环境变量”对话框　　　　图 2-19　“编辑系统变量”对话框

3）依次单击“确定”按钮，完成环境变量的配置。

3. 安装和配置 ADT

在正确安装 Eclipse 和 Android SDK 后，就可以安装和配置 ADT 插件了。ADT 的安装分为在线安装和手动安装两种方式。

在线安装步骤如下。

1）启动 Eclipse，单击“help”命令，在弹出的对话框中选择“Install New Software”。

2）在弹出的“Available Software”对话框中单击“Add”按钮，如图 2-20 所示。

3）在弹出的“Add Repository”对话框中输入 ADT 插件的下载地址，如图 2-21 所示。

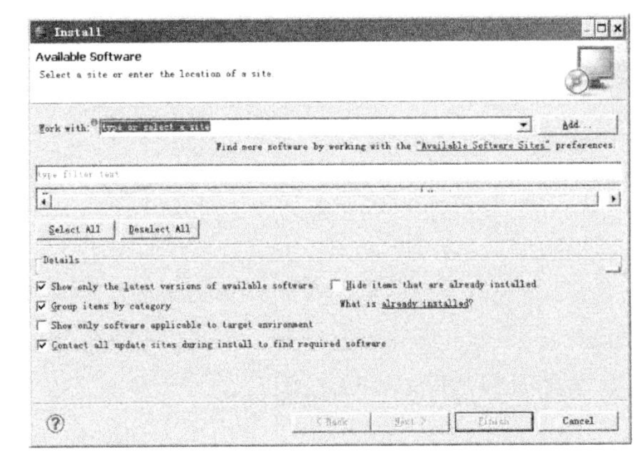

图 2-20　“Available Software”对话框

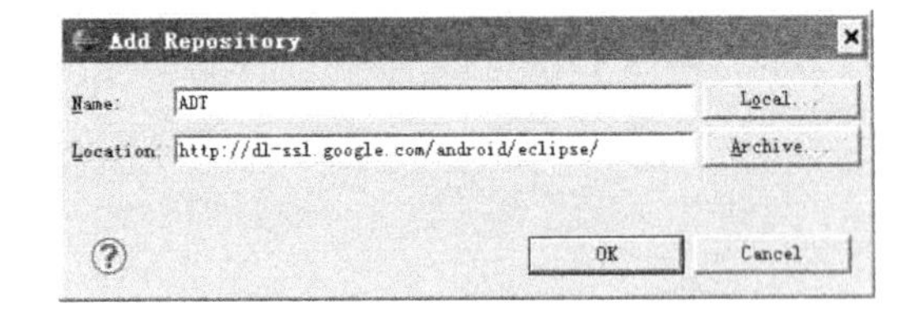

图 2-21　“Add Repository”对话框

在“Name”文本框中输入“ADT”，“Location”文本框中输入：https://dl - ssl. google. com/android/eclipse/”，如果不支持 https 可输入“http://dl - ssl. google. com/android/eclipse/”，然后单击“OK”按钮。

4）此时 Eclipse 会搜索指定 URL 的资源，如果搜索无误，会出现“Developer Tools”的复选框，选中此复选框。单击“Next”按钮，如图 2-22 所示。

5）在弹出的“Install Details”对话框中单击“Next”按钮。

6）在弹出的“Review Licenses”对话框中，选择“I accept the terms of the license agreements”复选框，如图 2-23 所示。单击“Finish”按钮。

7）进入下载及安装过程。期间可能会弹出“Security Warning”对话框，单击“OK”按钮继续安装即可。

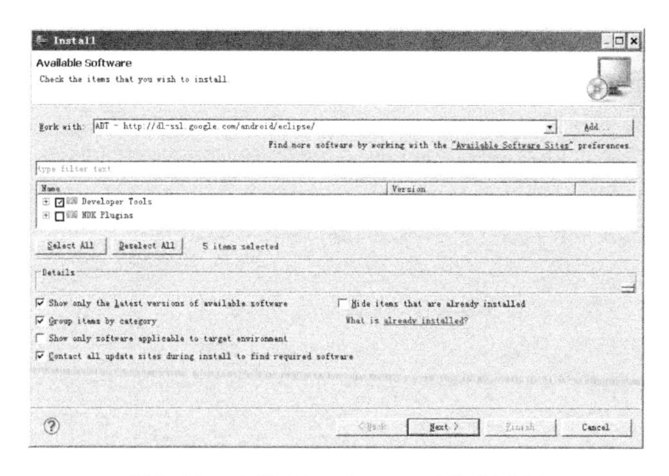

图 2-22 出现“Developer Tools”复选框

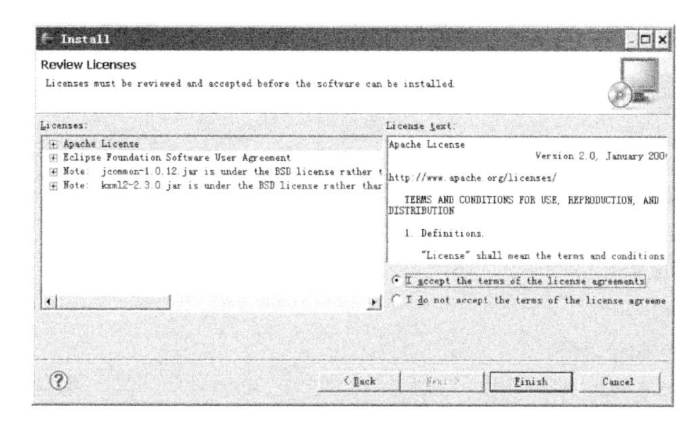

图 2-23 “Review Licenses”对话框

8）安装成功后，将会弹出对话框提示重启 Eclipse，执行后即完成整个安装过程。

离线安装步骤如下。

1）访问 http://developer.android.com/tools/sdk/eclipse-adt.html 获取当前最新版本的 ADT Eclipse 离线安装包。例如，2013 年 5 月发布的 ADT 22.0.1，下载地址为：http://dl.google.com/android/ADT-22.0.1.zip。

2）开始 Eclipse 插件的本地安装。在 Eclipse 中，单击“help”命令，选择“Install New Software”。打开 Eclipse 的插件安装界面后，单击“Add”按钮，弹出“Add Repository”对话框，如图 2-21 所示。此时单击“Archive”按钮，选择 ADT 插件压缩包下载在本地磁盘的位置。接下来整个过程和在线安装类似，不再重复介绍。

无论采用哪种方式安装 ADT 插件，完成安装后，需要进行 ADT 的配置，即设置 Android SDK 的安装路径。

选择“Window”→“Preferences”命令，在左侧树形控件中选择“Android”，打开 Android 配置界面。然后在“SDK Location”文本框中输入本地 Android SDK 所在的目录，单击“Apply”按钮使设置生效，而且可看到安装的 SDK 包，如图 2-24 所示。

至此，Eclipse + ADT 的集成开发环境就已安装配置完毕。

📖 由于国内访问 Google 服务器经常会出现无法连接的情况，因此在使用 SDK Manager 更新时会出现以下问题。

Failed to fetch URL https://dl-ssl.google.com/android/repository/repository-6.xml, reason: Connection to https://dl - ssl. google. com refused

Failed to fetch URL http://dl - ssl. google. com/android/repository/addons_list - 1. xml, reason: Connection to http://dl - ssl. google. com refused

Failed to fetch URL https://dl - ssl. google. com/android/repository/addons_list - 1. xml, reason: hostname in certificate didn't match: <dl - ssl. google. com> ! = <www. google. com>

在更新 ADT 时也可能无法解析 https://dl - ssl. google. com/android/eclipse。

解决办法如下：

第一种方法一劳永逸，直接配置 VPN 或合适的跨越防火墙的工具。

另一种方法是使用 http 而不是 https 协议：在 SDK Manager 下选择 "Tools" → "Options" 命令，打开 SDK Manager 的 "Settings" 设置对话框，选中 "Force https://··· sources to be fetched using http://···"，强制使用 http。

而在更新 ADT 插件的时候则可使用网址 http://dl - ssl. google. com/android/eclipse，而不是 https://dl - ssl. google. com/android/eclipse，这个在官方开发文档里也有介绍。

还有一种方法就是修改 hosts 文件，更新速度较快。Windows 在 C:\WINDOWS\system32\drivers\etc 目录下，Linux 用户可打开/etc/hosts 文件。

打开文件后添加以下内容：

#Google 主页

203. 208. 46. 146 www. google. com

74. 125. 113. 121 developer. android. com

#更新的内容从以下地址下载

203. 208. 46. 146 dl. google. com

74. 125. 237. 1 dl - ssl. google. com

203. 208. 46. 146 dl - ssl. google. com

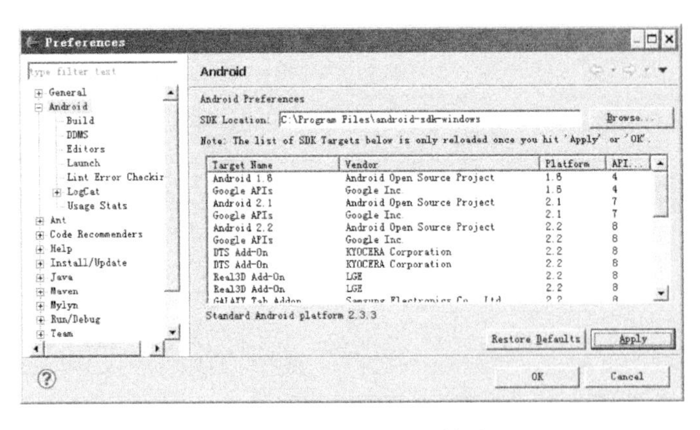

图 2-24　Eclipse 配置界面

2.2.4　Android Studio 安装

微视频

2013 年 5 月 16 日，在 I/O 大会上，谷歌推出新的 Android 开发环境——Android Studio 作为官方的 Android 开发工具，并建议开发者转向 Android Studio。2015 年底 Google 宣布将终止 Eclipse Android 工具的开发与支持，包括 ADT 插件、Ant 构建系统、DDMS、Traceview 与其他性能和监控工具。但开发者可以将自己的项目从 Eclipse 迁移至 Android Studio 环境。谷歌表示，Eclipse 用户不用担心，因为 Eclipse 上的所有特性都已成为 Android Studio 中的一部分。同时，Android Studio 推出已经 3 年的时间，开发环境比最初要稳定得多，所以开发者们可以选择转换到 Android Studio 上，以支持更丰富的功能。

为了兼顾本书第一版，在后续章节中本书以使用 Eclipse 为主。但是考虑到 Android Studio 已是今后的主流开发工具，本书也会尽量在适当的时候介绍 Android Studio 的相关应用，也建议初学者尽量采用 Android Studio 为工具开发 Android 应用。

相比 Eclipse，Android Studio 的安装轻松很多。在浏览器中输入 Android Studio 官方网址：https://developer.android.com/studio/index.html，在首页中就可以找到当前最新的 Android Studio 的下载按钮，如图 2-25 所示。

图 2-25　Android Studio 官方首页

出现下载页面后，选择同意条款和条件后就可以单击下载了，如图 2-26 所示。

双击下载的安装文件，即可开始安装。首先是选择需要安装的组件，其中 Android Stdudio 是必选项，SDK 和 AVD 是可选项，如果是第一次安装，则都要安装，如图 2-27 所示。

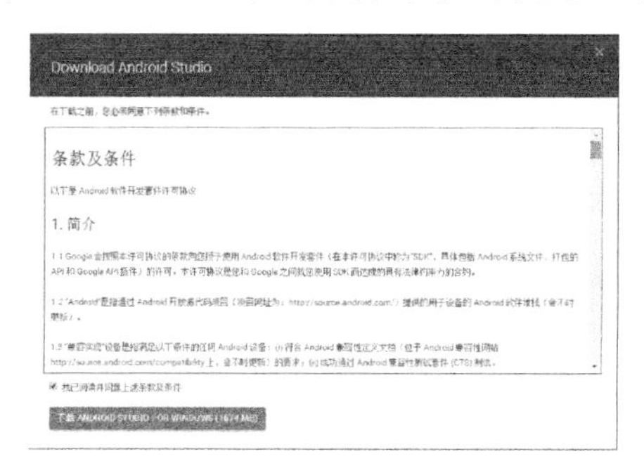

图 2-26　Android Studio 下载条款及条件

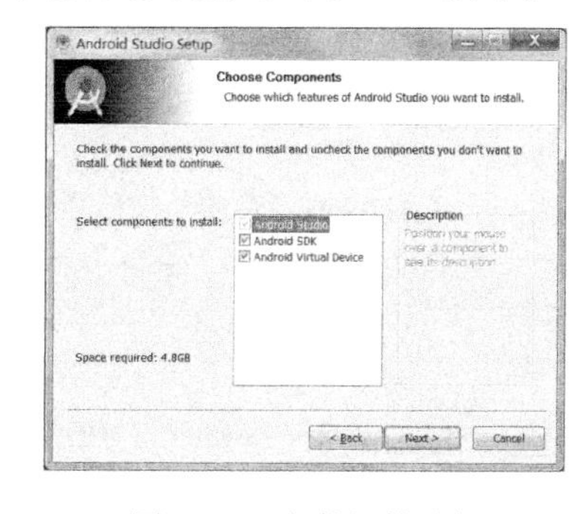

图 2-27　安装组件选择

单击“Next”按钮后，需要同意安装许可协议。单击“I Agree”按钮后，如图 2-28 所示。这里需要选择 Android Studio 和 Android SDK 的安装路径。选择后即可开始整个系统的安装。

安装完成后，如图 2-29 所示。双击 Android Studio 图标，打开应用程序就可以开始 Android 的开发之旅了。

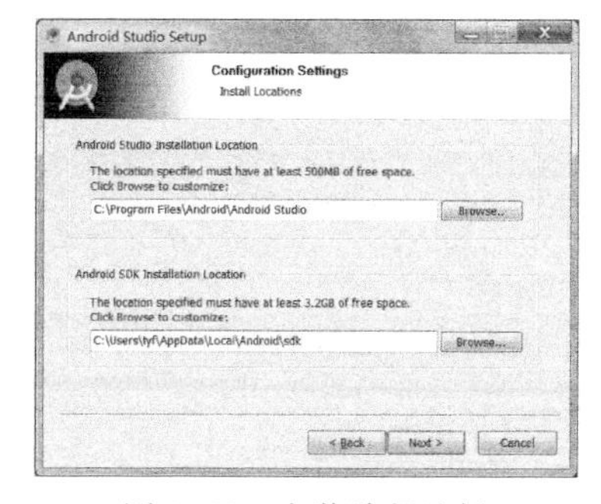

图 2-28　安装路径选择

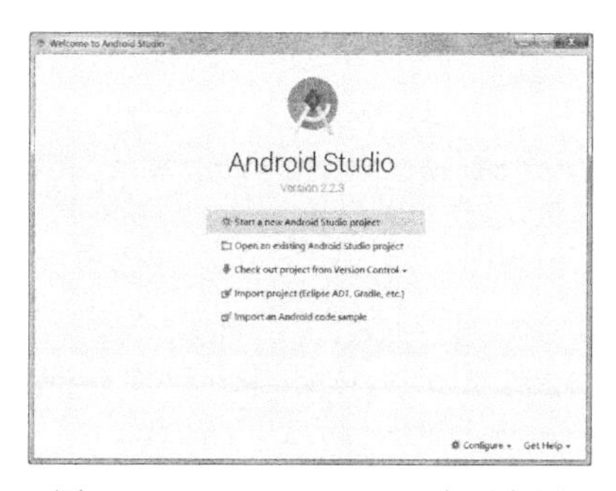

图 2-29　Android Studuio 应用向导

2.3　Android 项目创建和运行

微视频

为了便于读者能够在安装完成 Android 开发环境后可以对 Android 应用程序开发的整个过程有所了解，并能动手创建和管理应用项目，在本章将介绍一个简单的实例项目——Hello World 的创建和运行过程。而关于程序代码及其说明等详细信息将在第 4 章中给出。

2.3.1　创建 Android 项目

ADT 提供了一种方便生成 Andriod 应用框架的功能，使得开发者能够很快进入到应用程序本身的内容之中，而无需拘泥于语言的规范和框架，从而提高了 Android 应用程序的开发效率。

以下使用 ADT 通过 Eclipse 创建一个 Android 工程，其步骤如下。

1）打开 Eclipse 开发工具，新建一个项目，在弹出的“New Project”对话框的列表中单击“Android”选项，然后选择“Android Application Project”子项，如图 2-30 所示。

2）单击“Next”按钮，输入新建项目参数。

在“Project name”文本框中输入“helloWorld”；在“Application Name”文本框中输入应用程序名称“hello World”；在“Package Name”文本框中输入包名称“edu. zafu. helloworld”。接下来是选择 3 个 SDK 标本：“Minimum Required SDK”是程序最低支持的 SDK 版本，目前一般设定为 8 或者 10；“Target SDK”是程序的目标 SDK 版本；“Compile SDK”是程序的编译 SDK 版本，一般为默认或者同 Target SDK，如图 2-31 所示。

📖 应用程序名称是 Android 程序在手机或模拟器中显示的名称，程序运行时显示在屏幕顶部。
包名称是包的命名空间，需要遵循 Java 包的命名方法。详细内容可参见 3.3.4 节。

3）单击“Next”按钮，并根据需要设置 Activity 的名字和 Custom Launcher Icon（自定义启动器图标）。最后单击“Finish”按钮，Eclipse 会自动完成 Android 项目的创建工作。创建结束后，Eclipse 开发平台左边的导航器（Package Explorer）中会显示刚创建的项目“helloWorld”，如图 2-32 所示。

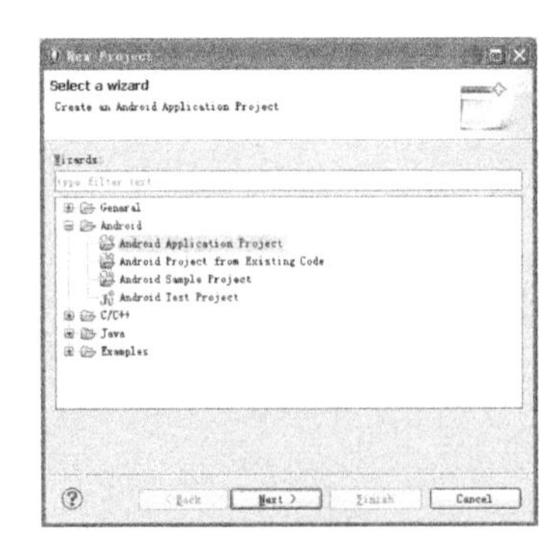

图 2-30　新建一个 Android 工程

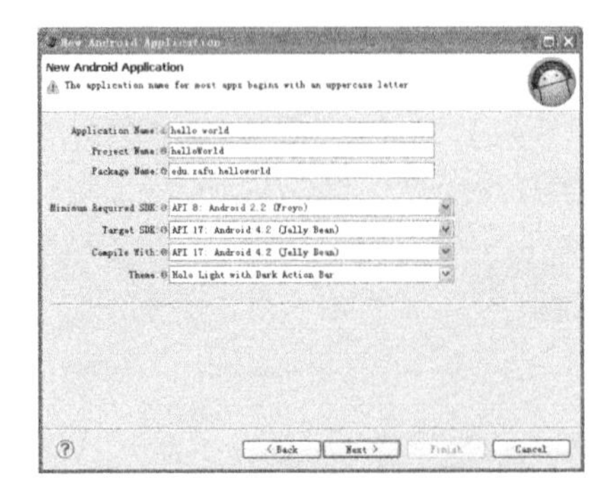

图 2-31　新建工程参数设置

到这里，Hello World 项目就已经创建好了。这个项目是由前面安装的 ADT 插件自动生成的，所以不用再编写任何代码即可直接运行。下面将介绍如何在模拟器中运行 Hello World 项目。

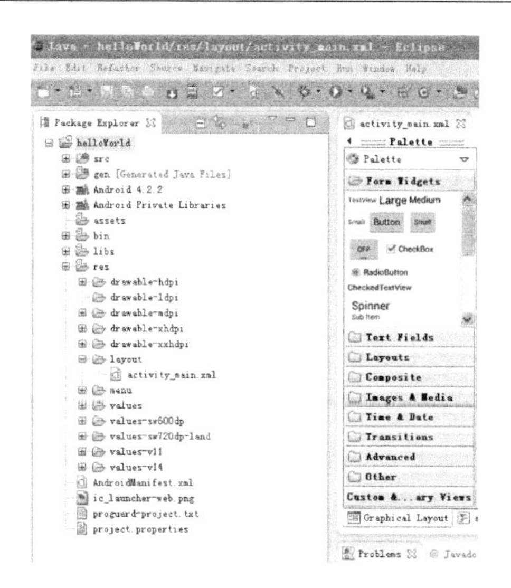

图 2-32　新建工程界面

2.3.2　模拟器创建和 Android 项目运行

在运行通过 Eclipse 创建的 Android 项目之前，首先需要了解模拟器的使用和配置。

Google 公司从 Android 1.5 开始便引入了 Android 虚拟设备（Android Virtual Device，AVD）的概念。它是一个经过配置的模拟器。因此，在运行 Android 项目之前先要建立 AVD。

AVD 是对 Android 模拟器进行自定义的配置清单，创建 AVD 时可以配置的选项包括：模拟器外观、支持的 Android 版本、触摸屏、轨迹球、摄像头、屏幕分辨率、键盘、GSM、GPS、Audio 录放、SD 卡支持和缓存区大小等。配置 Android 模拟器的具体步骤如下。

1）首先在 Eclipse 中选择“Windows”→“Android Visual Device Manager”命令，或者在 Android SDK 的安装文件夹“android - sdk - windows”中双击“AVD Manager. exe”来打开。出现 AVD 管理器，如图 2-33 所示。

在 AVD 管理器中，用户可以看到目前已经创建的模拟器。例如，本例中有 3 个模拟器：“QVGA400x320”“android22”和“14”。

2）单击左边的“Virtual Devices”选项，再单击右边的“New”命令，弹出如图 2-34 所示的对话框，可在其中新建一个 AVD。

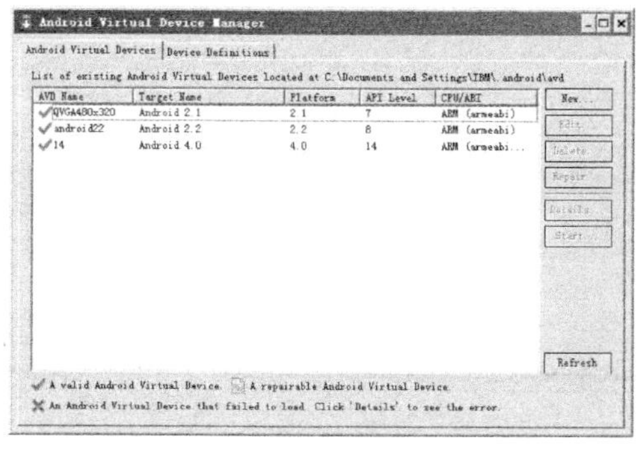

图 2-33　AVD 管理器

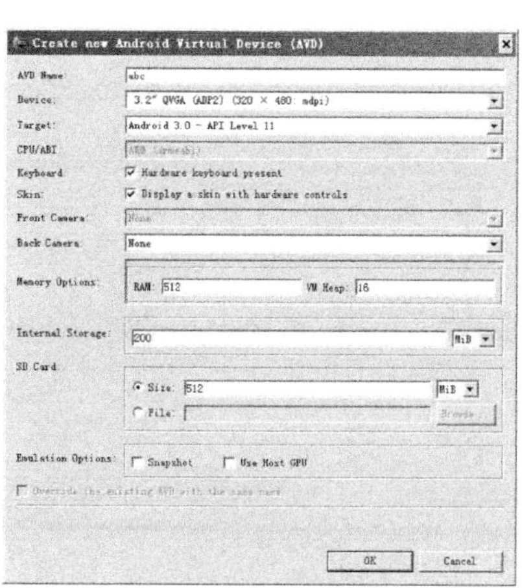

图 2-34　创建 AVD

在“AVD Name”文本框中输入 AVD 的名称，用以区分不同的 AVD；在“Device”下拉列表中选择模拟器模拟的设备，包括屏幕尺寸和支持的分辨率；在“Target”下拉列表中选择支持的 Android API 等级；设置“Memory Options”（存储选项），在“RAM”右侧的文本框里输入运行内存大小（如 512，即 512 MB）；然后在“VM Heap”右侧的文本框里输入缓存大小（如 16，即 16 MB）；填写“Internal Storage”（内部存储），即手机自带存储空间大小；然后继续填写“SD Card”（SD 存储卡）大小，可以选择右侧的下拉列表以改变数值的存储单位，还可以从已有的文件中选择 SD 卡。

其他选项可以保持默认，选中“Snapshot”复选框表示开启快照功能，选中“Use Host GPU”复选框表示使用主机的 GPU。所有的设置完成后，单击“OK”按钮保存设置。

创建 AVD 成功后，从 AVD 中就可以找到所创建的模拟器。选择该模拟器，单击“Start”按钮，然后在弹出的对话框单击“Launch”按钮，可启动该模拟器，如图 2-35 所示。也可以通过单击“Edit”和“Delete”按钮对创建的模拟器进行配置修改和删除操作。

创建 AVD 后，就可以运行第一个 Android 项目了。

首先配置项目运行的 AVD。操作步骤如下：选择“Run”→“Run Configurations”命令，弹出“Run Configurations”对话框，如图 2-36 所示。

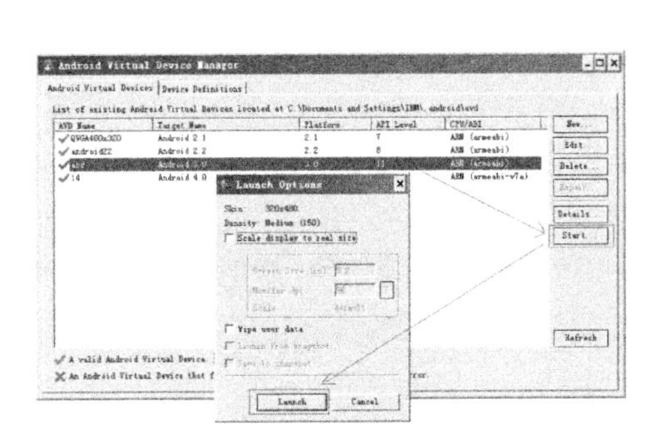

图 2-35　模拟器启动

图 2-36　运行的配置界面

然后在“Run Configurations”对话框左侧的树形控件中选择“Android Application”选项，创建一个 Android 项目运行配置。在右侧的“Name”文本框中输入运行 Android 项目配置的名字（例如，此处为“helloWorld”）。并在“Android”选项卡的“Project”文本框中输入要运行的 Android 项目（“helloWorld”），也可以单击右侧的“Browse”按钮选择 Android 项目，如图 2-37 所示。

然后单击“Target”选项卡，选中“Automatically”单选框，在 AVD 列表框中选择刚才创建的 AVD——“abc”，如图 2-38 所示。

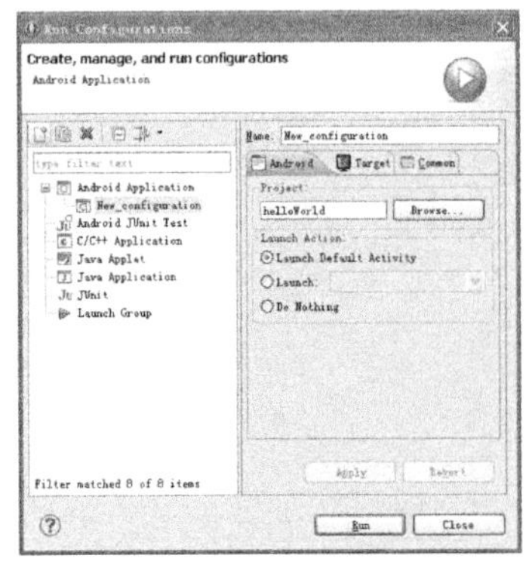

图 2-37　配置要运行的 Hello World 项目

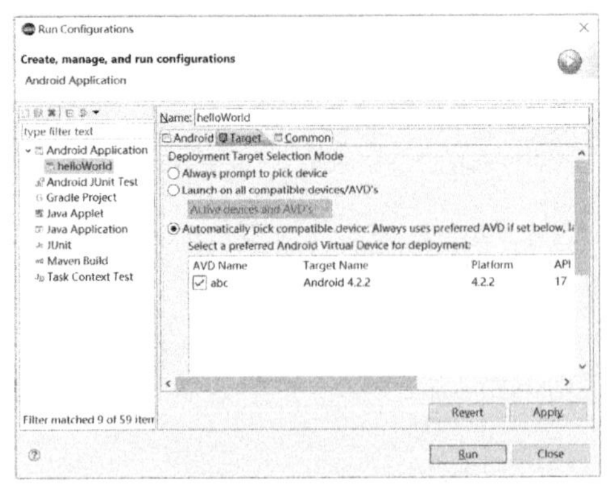

图 2-38　定制运行 Hello World 项目的 AVD

最后单击“Run”按钮完成配置。接下来便可以运行 Hello World 项目了。Eclipse 会自动完成 Android 程序编译、打包和上传等工作，并将程序运行结果显示在模拟器中。Android 的模拟器启动界面如图 2-39 所示。模拟器启动的速度非常慢，根据机器的配置，往往需要半分钟或几分钟不等。

图 2-39　模拟器启动界面

启动成功后就可以看到第一个 Android 项目的运行效果了，如图 2-40 所示。

从 Android SDK 1.5 开始，Android 模拟器开始支持中文，也内置了中文输入法。中文环境设置步骤：进入 Android 模拟器选择“Settings”→“Locale&text”→“Select Locale”→“Chinese (China)”命令，完成设置后，返回模拟器主界面，如图 2-41 所示。

图 2-40　Hello World 项目在模拟器中的运行效果

图 2-41　Android 模拟器中文界面

2.3.3　Android 项目管理

在 Eclipse 中开发 Android 应用程序都是以项目的方式进行的。2.3.1 节中已经演示了创建一个 Android 项目的过程，接下来将介绍如何对 Android 进行一些基本的管理，包括 Android 项目的打开、删除和保存。

1. 打开已有项目

1）启动 Eclipse，选择“File”→“Import”→“Existing Android Code Into Workspace”命令，在出现的对话框中单击“Next”按钮，如图 2-42 所示。

2）在弹出的“Import Projects”对话框中单击“Browse”按钮，选择要导入项目的位置。此处打开 Android SDK 自带的“ApiDemos”，如图 2-43 所示。

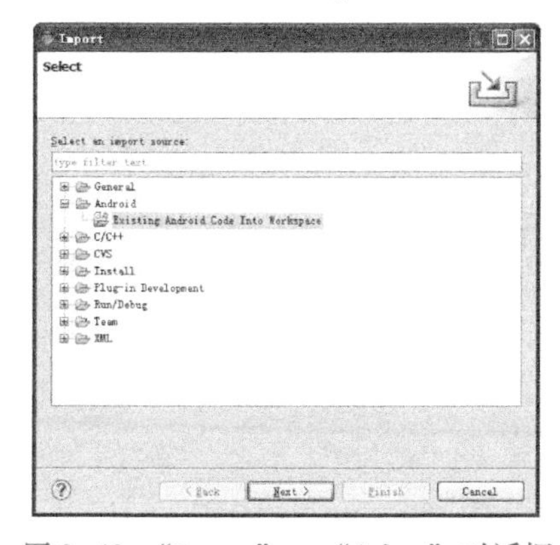

图 2-42　“Import”→“Select”对话框

图 2-43　“Import Project”对话框

3）单击“确定”按钮，并在弹出的对话框中选择正确的项目后单击“Finish”按钮后，完成项目的导入，如图 2-44 所示。

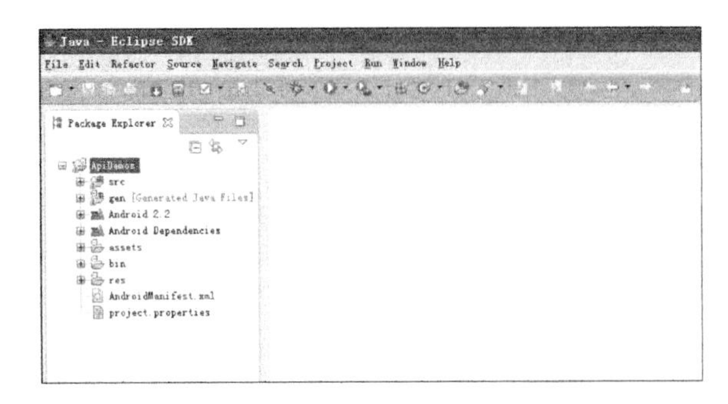

图 2-44　ApiDemos 项目窗口

如果需要运行这个项目，可按照 2.3.2 节介绍的方法进行。

📖 ApiDemos 示例是 Google 提供的 Android 平台上大多数 API 的使用方法，涉及系统、资源、图形、搜索、语音识别和用户界面等方面。因此，Android 初学者可仔细研究 ApiDemos 示例，掌握 Android 应用程序开发的基本知识。

2. 保存项目

Android 项目可在编辑过程中使用〈Ctrl + S〉快捷键来保存，也可以根据自己的需求在“File”菜单进行保存。保存的默认路径是 Eclipse 设置的 Workspace 路径，还可以通过选择“File”→“Swith Workspace”来更改保存路径，如图 2-45 所示。

3. 删除项目

在 Eclipse 中删除一个项目的方法是在 Eclipse 的“Package Explorer”里面右击要删除的项目，然后在弹出的快捷菜单中选择“Delete”进行删除（如图 2-46 所示）。这时，会弹出一个对话框进行确认。如果不仅要在 Eclipse 中删除这个项目，还要在工作空间中将它彻底删除，则需要选择左下角的复选框。单击“OK”按钮确定以后项目将会从磁盘上彻底删除，如图 2-47 所示。

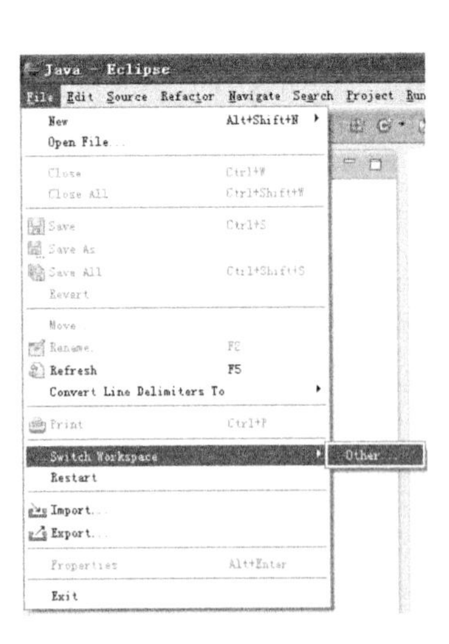

图 2-45　更改保存路径

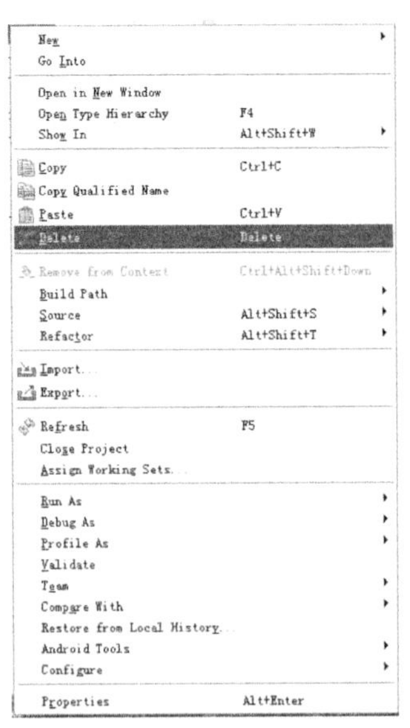

图 2-46　删除项目

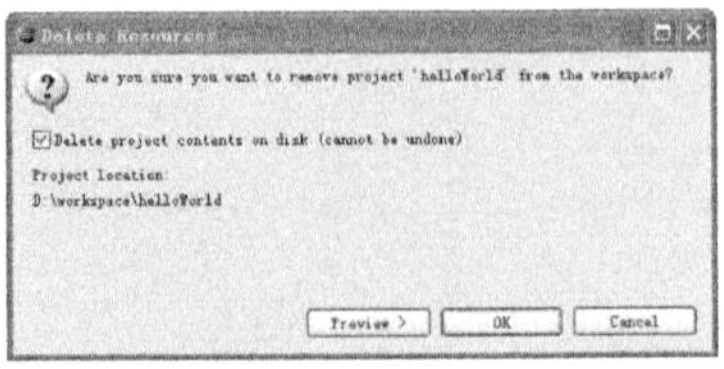

图 2-47　删除项目提示

2.3.4　Android Studio 项目创建及运行

由于 Google 最近已经不再维护 Eclipse 的 Android 开发环境，在这里介绍 Android Studio 的项目创建及运行方法，以便读者可以根据自己的需要学习 Android Studio 的开发环境。

打开 Android Studio 应用，出现启动界面，如图 2-48 所示。单击“Start a new Android Studio project”，生成的新的 Android 项目，如图 2-49 所示。输入应用名称、包名和保存位置后，单击“Next”按钮后如图 2-50 所示，选择一种 Activity，再单击“Next”按钮后如图 2-51 所示。

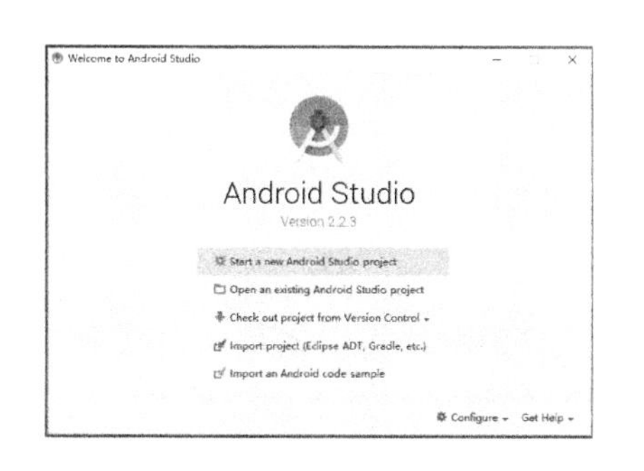

图 2-48　Android Studio 启动界面

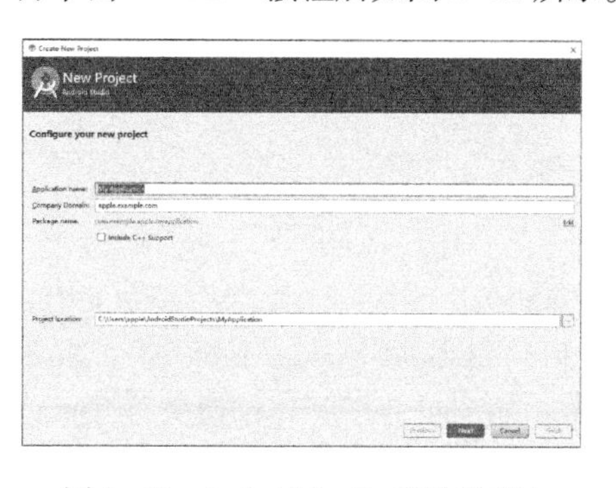

图 2-49　Android Studio 启动界面 1

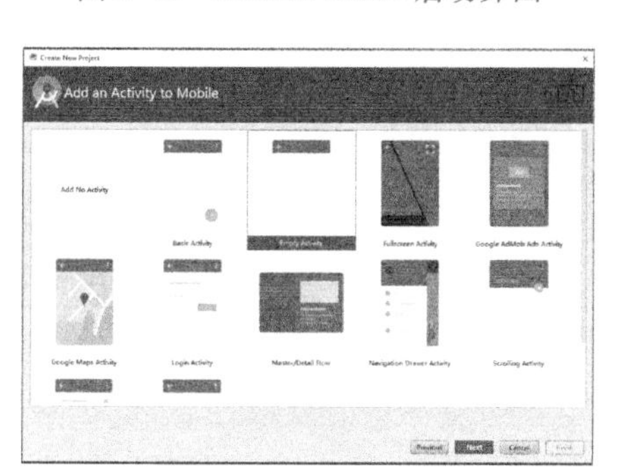

图 2-50　Android Studio 启动界面 2

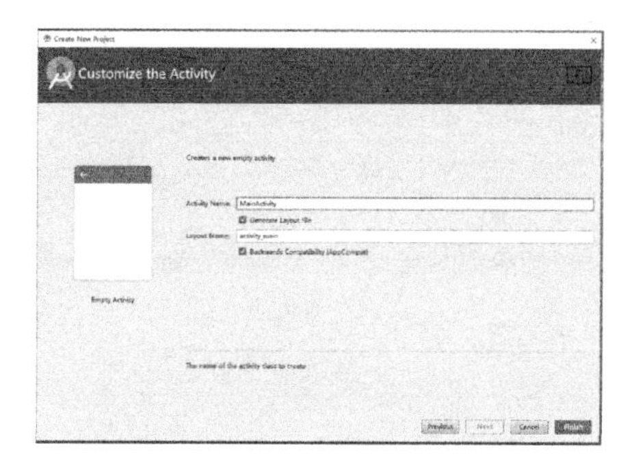

图 2-51　Android Studio 启动界面 3

输入 Activity 和 Layout 的名称后，即可单击“Finish”按钮完成新的 Android 项目生成。最后如图 2-52 所示。

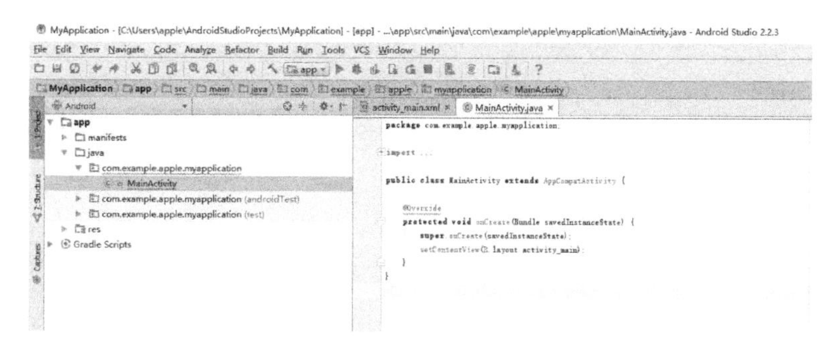

图 2-52　Android Studio 项目结构界面

若要运行项目，通过菜单“Run”，或者工具栏中的绿色三角形按钮即可，如图 2-53 所示。

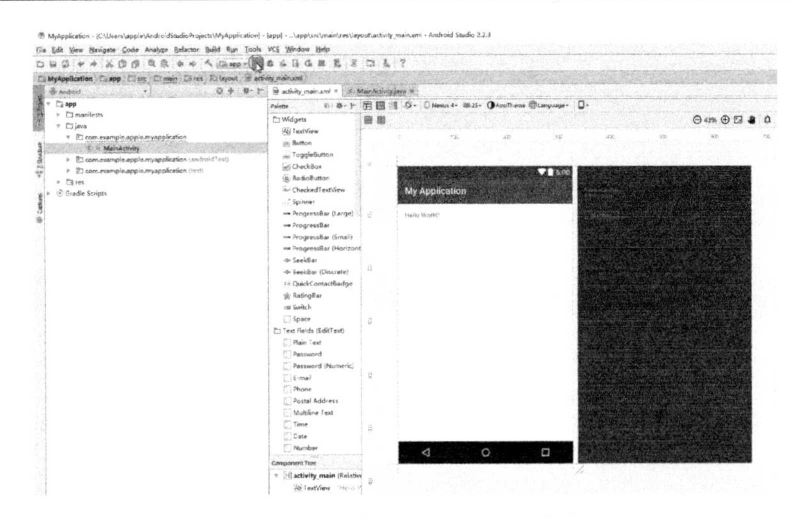

图 2-53　运行 Android Studio 项目

运行 Android 项目，需要选择一个装载的设备，可以是与开发计算机相连接的真机，也可以是模拟机（Android Virsual Device），如图 2-54 所示。如果没有所需的 AVD，则可以单击“Create New Virsual Device”按钮进行生成。生成新的虚拟设备，需要选择硬件、系统映像以及输入 AVD 的名称和图标，分别如图 2-55、图 2-56 和图 2-57 所示。生成的新的 AVD 会出现在刚才的开发设备列表中，如图 2-58 所示。选择该 AVD 后，单击“OK”按钮，即可运行该模拟器，并装载前面生成的 Android 项目，运行界面如图 2-59 所示。

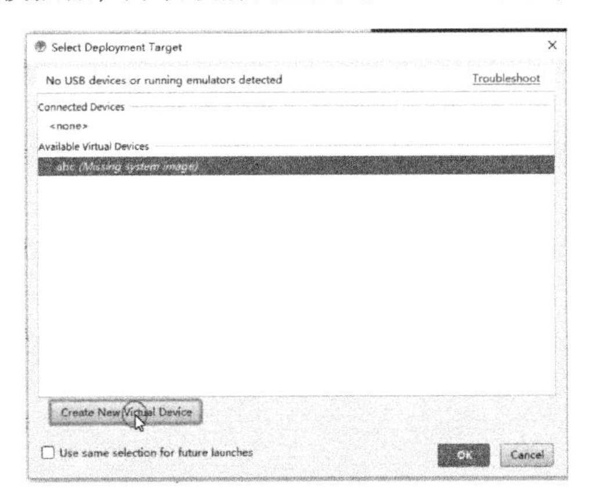

图 2-54　选择开发设备

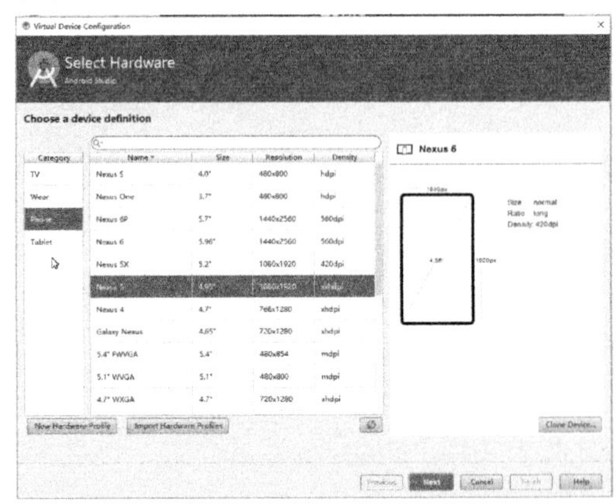

图 2-55　选择硬件

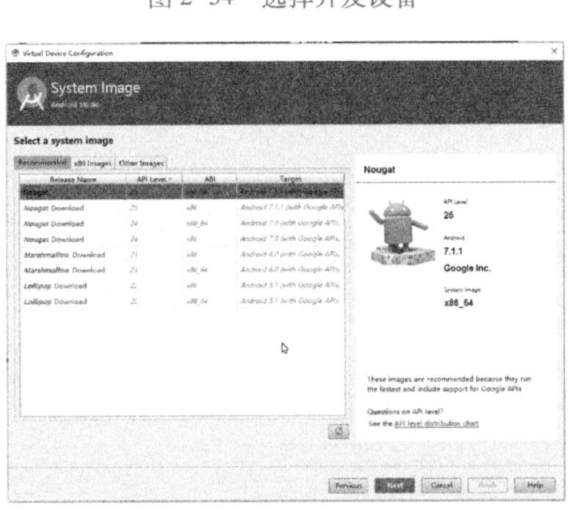

图 2-56　选择系统映像

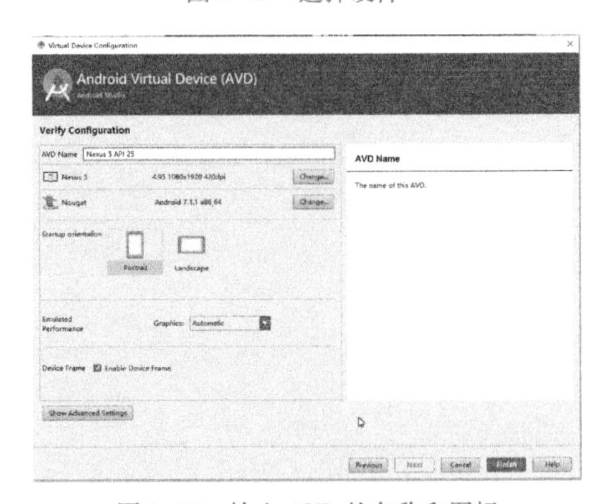

图 2-57　输入 AVD 的名称和图标

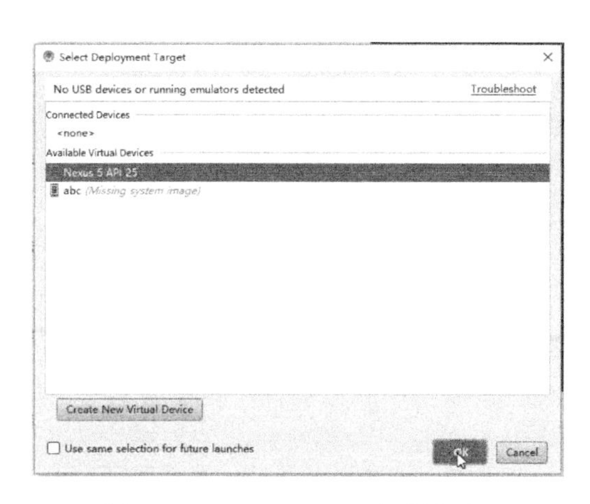

图 2-58　Android Studio 启动界面 4

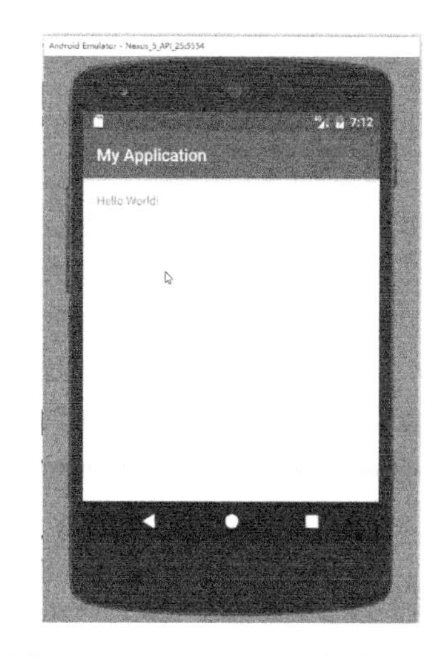

图 2-59　Android Studio 启动界面 5

2.4　思考与练习

1. 安装 Android 开发平台对系统的硬软件有哪些要求？列出自己系统的相应配置。

2. 在自己的计算机系统中搭建 Android 开发环境（Eclipse），记录安装和配置过程中遇到的问题。

3. 在自己的计算机系统中搭建 Android 开发环境（Android Studio）。

4. 在搭建好的 Eclipse 开发环境中，创建一个以“Hello World”命名的 Android 项目，然后创建模拟器并运行。

5. 打开上面创建的“Hello World”项目，运行后，删除该项目。

6. 使用 Android Studio 创建一个 Hello World 的 Android 项目，并运行查看效果。

第 3 章　Android 开发 Java 基础

为什么 Google 不选择执行效率更高的 C/C ++ 而选择以 Java 语言作为应用开发语言，这是 Google 经过深思熟虑后的决定。

Java 有跨平台优势，手机的硬件可能千差万别，而 Java 软件只要一个执行版本即可。目前的 CPU 和内存等硬件资源和机器性能越来越好，牺牲一点资源的消耗，却可获得架构、安全、扩展和健壮等方面的优势，带来开发效率的极大提升。拥有大量掌握 Java 的人员优势，使得几乎不用重复学习就能开发 Android。Java 和 C/C ++ 不同，它的语言和类库是多年积累的、应用最需要的常用功能。因此，Android 从一开始就得到了广大开发者的青睐，也极大促进了 Android 系统的繁荣。可以说，Android 的成功是基于 Java 而取得的。

本章将介绍开发 Android 应用程序所需要的 Java 语言基础知识，以便能快速进入到 Android 应用程序开发的学习和实践中来。因此，本章对于 Java 内容的介绍力求简洁，使读者能够迅速了解 Java 的核心，而不至于陷入语言的细节之中。更多关于 Java 开发的详细内容请参见相关书籍。

教学课件 PPT

3.1　Java 语言简介

Sun Microsystems 公司的詹姆斯 · 高斯林（James Gosling）（如图 3-1 所示）等人在 20 世纪 90 年代初开发 Oak 项目，即 Java 语言的雏形。随着互联网的发展，Sun 公司对 Oak 进行了改造，并于 1995 年 5 月以 Java 的名称正式发布。2009 年 4 月 20 日，甲骨文公司以每股 9.50 美元、总额 74 亿美金收购 Sun 公司后，Java 也随之成为甲骨文公司产品。

图 3-1　Java 创造者 James Gosling

Java 编程语言的风格十分接近 C ++ 语言。它继承了 C ++ 语言面向对象技术的核心，也舍弃了 C ++ 语言中容易引起错误的指针，改以引用取代。同时移除原 C ++ 与原来运算符重载，也移除了多重继承特性，改用接口取代，增加垃圾回收器等功能。Java 不同于一般的编译语言，它首先将源代码编译成字节码，然后依赖各种不同平台上的虚拟机来解释执行字节码，从而实现“一次编译、到处执行”的跨平台特性。如图 3-2 所示为 Java 的工作原理及流程图。

Java 作为一种编程语言，具有简单、面向对象、分布式、解释性、健壮、安全与系统无关、可移植、高性能、多线程和动态的特性，因而被广泛应用于企业级 Web 应用开发和移动应用开发。

要使用 Java 进行应用的开发，首先需要建立起 Java 的开发环境。建立 Java 开发环境就是要在计算机上安装开发工具包并设置相应的环境参数，使得 Java 开发工具包可以在计算机上正确地运行。Sun 公司免费提供的早期开发工具包版本简称为 JDK（Java Developer's Kit）。而 JDK 1.2 版本之后称为 Java 2。Java 2 平台根据市场进一步细分为 3 个版本：针对企业级应用的

J2EE（Java 2 Enterprise Edition）企业版、针对普通 PC 应用的 J2SE（Java 2 Standard Edition）标准版和针对嵌入式设备及消费类电器的 J2ME（Java 2 Micro Edition）小型版。Android 应用开发中使用的 JDK 是基于 J2SE 标准版的。

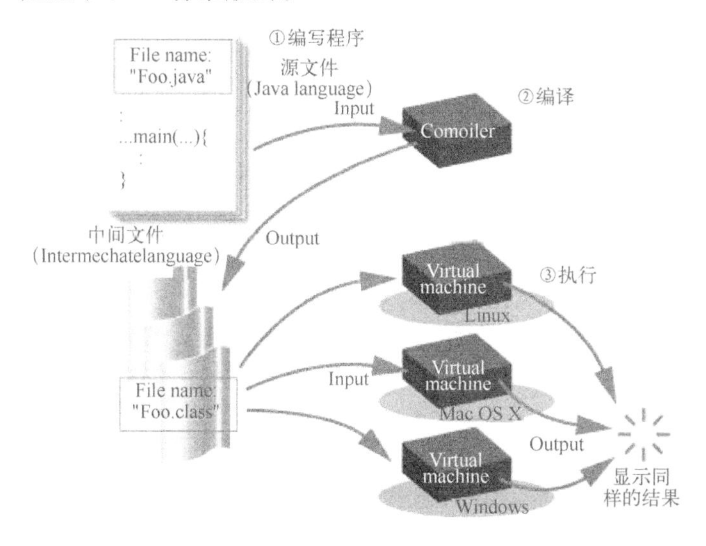

图 3-2 Java 工作原理及流程图

随着 Java 语言的迅速发展，各大厂家都纷纷推出了很多功能强大的开发工具。目前常用的 Java 集成环境开发工具包括：Sun JDK、Sun Java Workshop、Borland Jbuilder、IBM VisualAge for Java、Microsoft Visual J++和 Eclipse 等。由于 Android 开发的集成环境选用的是 Eclipse，因此本章也采用 Eclipse，以熟悉 Eclipse 程序开发环境。

建立好 Java 开发环境（JDK）和集成开发工具（Eclipse）之后，就可以开始编写 Java 程序了。Java 程序分为应用程序（Application）和小应用程序（Applet）两种类型，其中 Applet 一般用于 B/S 页面上作为插件而开发，而 Application 主要是桌面应用程序的开发，两者的区别如下。

1）运行方式不同：Application 是完整的程序，可以独立运行；Applet 程序不能单独运行，它必须嵌入到用 HTML 语言编写的 Web 页面中，通过与 Java 兼容的浏览器来控制执行。

2）运行工具不同：Application 程序被编译以后，用普通的 Java 解释器就可以使其边解释边执行，而 Applet 必须通过浏览器或 Applet 查看器才能执行。

3）程序结构不同：每个 Application 程序含有一个且只有一个 main 方法，程序执行时，首先寻找 main 方法，并以此为入口点开始运行。含有 main 方法的类常称为主类，即 Application 程序都含有一个主类。而 Applet 程序则没有 main 方法的主类。这也是 Applet 程序不能独立运行的原因。Applet 有一个从 java. applet. Applet 派生的类，它是由 Java 系统提供的。

4）受到的限制不同：Application 程序可以进行各种操作，包括读/写文件。但是 Applet 对站点的磁盘文件既不能进行读操作，又不能进行写操作。然而，Applet 却可以使 Web 页面具有动态效果和交互性能。

3.2 结构化程序设计

Java 是一个面向对象的语言。面向对象的编程是以面向过程编程为基础发展而来的，而结构化程序设计是面向过程编程的重要内容。面向对象编程的核心思想之一就是“复用”，即程序模块可以反复应用在同一个甚至不同的应用软件中，从而提高开发效率并降低维护成本。而这些被复用的程序模块内部，则仍然需要严格遵循传统的结构化程序设计原则。本节就具体讨论 Java 中的结构化程序设计，主要包括基本数据类型、运算符、表达式和控制语句等方面，这些与 C、C ++ 基本上是相同的。

3.2.1　数据类型

程序中的每个数据都有一定的数据类型，它决定了数据在内存中的存储及操作方式。Java 数据类型分为基本数据类型和引用数据类型两种。

基本数据类型包括布尔型、整型、字符型与浮点型，如表 3-1 所示。另一种数据类型为引用数据类型，包括数组（Array）、类（Class）和接口（Interface），它们是以一种特殊的方式指向变量的实体，这种机制类似于 C/C ++ 的指针。这类变量在声明时不分配内存，必须另外开辟内存空间。

表 3-1　Java 基本数据类型

数据类型	字节	表示范围
boolean（布尔型）	1	布尔值只能使用 true 或 false
char（字符型）	1	0 ~ 255
byte（字节型）	1	-128 ~ 127
short（短整型）	2	-32768 ~ 32767
int（整型）	4	-2^31 ~ 2^31 - 1
long（长整型）	8	-2^63 ~ 2^63 - 1
float（单精度浮点型）	4	-3.4E38（-3.4×10^{38}）~ 3.4E38（3.4×10^{38}）
double（双精度浮点型）	8	-1.7E308（-1.7×10^{308}）~ 1.7E308（1.7×10^{308}）

类（Class）和接口（Interface）将在 3.3 节中重点描述。这里简单介绍一下数组（Array）的定义和使用。

数组是一个有序数据的集合，使用相同的数组名和下标来唯一地确定数组中的元素。一维数组的定义如下：

```
type arrayName[];
type[] arrayName;
```

其中 type 是基本数据类型，arrayName 是数组名。与 C/C ++ 不同，Java 在数组的定义中并不为数组元素分配内存，因此[ ]中不用指出数组中元素的个数，即数组长度。而且如上定义的一个数组是不能访问它的任何元素的。所以必须为它分配内存空间，这时就要用到运算符 new，其格式如下：

```
arrayName = new type[arraySize];
```

其中，arraySize 指明数组的长度。通常，数组的定义与空间分配可以合在一起，格式如下：

```
type arrayName = new type[arraySize];
```

用运算符 new 为数组分配了内存空间后，就可以引用数组中的每一个元素了。数组元素的引用方式为

```
arrayName[index]
```

其中，index 为数组下标，从0开始，一直到数组的长度减1。

与 C/C++一样，Java 中多维数组是数组的数组。例如，二维数组为一个特殊的一维数组，其每个元素又是一个一维数组。与一维数组类似，二维数组的定义、分配空间和引用方式如下。

```
定义:type arrayName[][];
分配内存:type arrayName[][] = new type [length1][length2];
引用:arrayName[index1][index2]
```

3.2.2　表达式

程序是由许多语句组成的，而语句的基本单位是表达式与运算符。表达式由操作数和运算符所组成，其中操作数可以是常量、变量或方法。而运算符就是类似数学中的运算符号，如“+”“-”“*”“/”等。Java 提供了许多的运算符，除了可以处理数学运算外，还可以做逻辑、关系等运算。根据操作数使用的类型不同，运算符可分为赋值运算符、算术运算符、关系运算符、逻辑运算符、条件运算符、移位运算符和括号运算符等，依次如表3-2～表3-8所示。另外 Java 有一些简洁的写法，可以将算术运算符和赋值运算符结合成为新的运算符，具体如表3-9所示。

表3-2　赋值运算符

赋值运算符号	意义
=	赋值

表3-3　算术运算符

算术运算符		意义
双目运算符	+	加法
	-	减法
	*	乘法
	/	除法
	%	求余
单目运算符	++	自增
	--	自减
	+	正值
	-	负值

表3-4　关系运算符

关系运算符	意义
>	大于
<	小于
>=	大于等于
<=	小于等于
==	等于
!=	不等于

表 3-5　逻辑运算符

逻辑运算符	意　义
&&	AND，与
||	OR，或
!	NOT，非

表 3-6　条件运算符

条件运算符	意　义
? :	根据条件的成立与否，决定结果为“:”前或“:”后的表达式

表 3-7　移位运算符

移位运算符	意　义
&	按位与运算符
|	按位或运算符
^	异或运算符
~	按位取反运算符
<<	左移运算符
>>	右移运算符

表 3-8　括号运算符

括号运算符	意　义
()	提高括号中表达式的优先级

表 3-9　复合表达式

运　算　符	范 例 用 法	说　明	意　义
+=	a += b	a + b 的值存放到 a 中	a = a + b
-=	a -= b	a - b 的值存放到 a 中	a = a - b
*=	a *= b	a * b 的值存放到 a 中	a = a * b
/=	a/=b	a/b 的值存放到 a 中	a = a/b
%=	a %= b	a % b 的值存放到 a 中	a = a % b

表 3-10 所示列出了所有运算符的优先级的排序，优先级数字越小，表示优先级越高。

表 3-10　运算符的优先级

优 先 级	运　算　符	类	结 合 性
1	( )	括号运算符	由左至右
1	[ ]	方括号运算符	由左至右
2	!、+（正号）、-（负号）	一元运算符	由右至左
2	~	位逻辑运算符	由右至左
2	++、--	递增与递减运算符	由右至左
3	*、/、%	算术运算符	由左至右
4	+、-	算术运算符	由左至右

（续）

优先级	运算符	类	结合性
5	<<、>>	位左移、右移运算符	由左至右
6	>、>=、<、<=	关系运算符	由左至右
7	==、!=	关系运算符	由左至右
8	&（位运算符号 AND）	位逻辑运算符	由左至右
9	^（位运算符号 XOR）	位逻辑运算符	由左至右
10	|（位运算符号 OR）	位逻辑运算符	由左至右
11	&&	逻辑运算符	由左至右
12	||	逻辑运算符	由左至右
13	?:	条件运算符	由右至左
14	=	赋值运算符	由右至左

3.2.3　流程控制语句

任何程序都由 3 种基本结构或它们的复合嵌套构成。这 3 种基本结构分别是顺序结构、选择结构和循环结构。

1. 顺序结构

顺序结构是程序自上而下逐行执行，一条语句执行完之后继续执行下一条语句，一直到程序的末尾，其流程图如图 3-3 所示。

顺序结构在程序设计中是最常使用到的结构，在程序中扮演了非常重要的角色，大部分的程序基本上都是依照这种由上而下的流程来设计和执行的。

2. 选择结构

选择结构是根据条件的成立与否，再决定要执行哪些语句的一种结构，其流程图如图 3-4 所示。

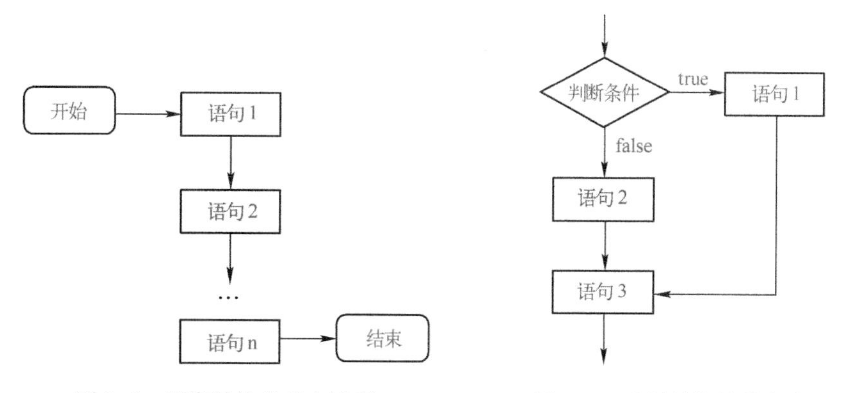

图 3-3　顺序结构的基本流程　　图 3-4　选择结构的基本流程

选择结构包括 if、switch 语句。if 语句有 3 种形式，包括 if 单选结构、if-else 双选结构和 if-else if-else 多选结构，格式分别如下所示：

```
//if 单选结构
if (条件表达式)          //当条件表达式为真时执行下面的语句块,否则不执行
{
    语句块;
```

```
}

//if 双选结构
if (条件表达式)          //当条件表达式为真时执行下面的语句块 1,否则执行语句块 2
{
  语句块 1;
}
else
{
  语句块 2;
}

//if 多选结构
if (条件表达式 1)        //当条件表达式 1 为真时执行下面的语句块 1
{
  语句块 1;
}
else if (条件表达式 2)   //当条件表达式 2 为真时执行下面的语句块 2
{
  语句块 2;
}
…                        //多个 else if( )语句
else                     //上面的表达式都不满足时执行语句 n
{
  语句块 n;
}
```

当存在多种选择条件时，还有一种更方便的方式——switch 语句，它避免了使用嵌套 if - else 语句时经常发生的 if 与 else 配对混淆而造成阅读及运行上的错误情况。switch 语句语法如下：

```
switch (表达式)
{
case 值 1 : 语句块 1;   break;      //当表达式的值与值 1 相等时执行语句块 1
case 值 2 : 语句块 2;   break;      //当表达式的值与值 2 相等时执行语句块 2
…….
case 值 n : 语句块 n;   break;
default: 语句块 n + 1;              //当表达式的值与所有上面的值都不相等时执行语句 n + 1
}
```

switch 中的表达式结果必须为整型或字符型。当表达式的值与某个 case 后的值相等时，就执行此 case 后面的语句块。若所有的 case 值都不能匹配，则执行 default 后面的语句块。

3. 循环结构

循环结构是根据判断条件的成立与否，决定程序段的执行次数，而这个程序段称为循环主体。循环结构的流程图如图 3-5 所示。

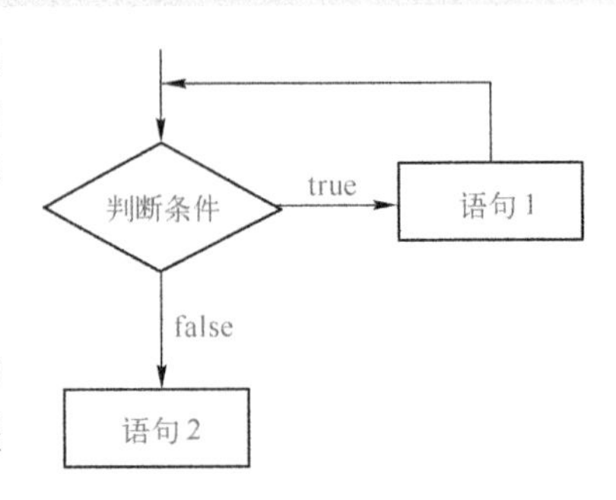

图 3-5 循环结构的基本流程

Java 语言中提供的循环结构语句有 while、do - while、for 三种。

while 循环语句，主要用于事先不知道循环执行次数的情况，其格式如下：

```
while (条件表达式)          //表达式的值为真(true)时重复执行循环体
{
  循环体;
}
```

do - while 循环也是用于未知循环执行次数时使用。while 循环与 do - while 循环的不同在于判断条件的位置，while 语句在进入循环前先测试判断条件的真假，再决定是否执行循环主体。而 do - while 循环则是“先做再判断”，每次都是先执行一次循环主体，然后再判断条件的真假。所以无论循环成立的条件是什么，使用 do - while 循环时，至少都会执行一次循环主体。do - while 循环格式如下：

```
do        //重复执行循环体,直到表达式的值为假(false)为止
{
  循环体;
} while (条件表达式);
```

如果很明确地知道循环要执行的次数时，那么使用 for 循环要方便很多，其语句格式如下：

```
for (赋初值;条件表达式;表达式)
{
  循环体;
}
```

进入循环后，首先执行赋初值，然后判断条件表达式是否为真，为真则执行循环体，否则退出循环。每次执行循环体后再进行表达式，之后再返回判断条件表达式。

在使用循环语句时，经常还会和 break、continue 配合使用，以改变程序流程。其中 break 使程序流程跳过它后面的循环语句，退出循环体。continue 跳出 continue 语句之后的任何语句，返回控制到循环体的开始，重新循环。

当循环语句中又出现循环语句时，就称为嵌套循环。如嵌套 for 循环、嵌套 while 循环等，当然也可以使用混合嵌套循环，也就是循环中又有其他不同种类的循环。

3.2.4　综合案例

【例 3-1】判断 101 ~200 有多少个素数，并输出所有素数。

程序分析：判断素数的方法是用一个数分别去除 2 到这个数的平方根，如果有一个能被整除，则表明此数不是素数。若所有的都不能被整除，则是素数。实现代码如下：

```
package edu.zafu.Ch3_1;
public class Prime {
  public static void main(String[] args)
    {
        int count = 0;                        //用于存放素数个数
        int j;
        for(int i = 101;i < 200;i += 2)       //设置范围
        {
            for(j = 2;j <= Math.sqrt(i);j ++)
                if(i % j == 0)                //如果能被整除,则不是素数,退出当前循环次数
                    break;
            if( j > Math.sqrt(i) )            //退出循环后判断是否为素数的条件
```

```
            {
                count ++ ;                                  //计数
                System. out. print(i) ;                     //输出
            }
        }
        System. out. println("素数个数是:" + count) ;       //输出
    }
}
```

【例 3-2】输入一个正整数，分解质因数。例如：输入 90，打印出 90 = 2 * 3 * 3 * 5。

程序分析：对输入的正整数 n 进行分解质因数，应先找到其最小的质数 k，然后按下述步骤完成。

1）如果这个质数恰好等于 n，则说明分解质因数的过程已经结束，打印出即可。

2）如果 n > k，但 n 能被 k 整除，则应打印出 k 的值，并用 n 除以 k 的商，为新的正整数 n，重复执行第一步。

3）如果 n 不能被 k 整除，则用 k + 1 作为 k 的值，重复执行第一步。

```
package edu. zafu. Ch3_2;
import java. util. Scanner;                         //输入类
public class Factorization {
  public static void main(String[ ] args)
  {
        Scanner s = new Scanner(System. in) ;
        System. out. print("请键入一个正整数:      ") ;
        int   n = s. nextInt( ) ;                   //得到一个整数
        int   k = 2;                                //从 2 开始进行分解
        System. out. print(n + " = ") ;             //输出
        while(k  <= n)
        {
          if(k == n)                                //如果是 2,直接输出
          {
              System. out. println(n) ;
              break;
          }
          else if( n % k == 0)                      //如果能整除
          {
              System. out. print(k + " * ") ; //则作为一个因子输出
              n = n/k;                              //剩余的数
          }
          else
               k ++ ;                               //不能整除,则检查下一个数
        }
        s. close( ) ;                               //关闭输入
  }
}
```

3.3　面向对象基本概念和应用

面向对象程序设计（Object Oriented Programming，OOP）是一种程序设计范型，同时也是

一种程序开发的方法。面向对象程序设计推广了程序的灵活性和可维护性，并且在大型项目设计中应用广泛。

在面向对象程序设计的基本理论中将对象作为程序的基本单元，将程序和数据封装在其中，以提高软件的重用性、灵活性和扩展性。类是面向对象程序语言中的一个重要概念，表示具有相同行为对象的模板。本节将介绍面向对象程序设计中的基本概念，包括对象、类、继承、封装和包等内容。

3.3.1 类与对象

1. 类和对象的基本概念

面向对象程序设计是将人们认识世界过程中普遍采用的思维方法应用到程序设计中。对象是现实世界中存在的事物，它们是有形的，如某个人、某种物品；它们也可以是无形的，如某项计划、某次商业交易。对象是构成现实世界的一个独立单位，人们对世界的认识是从分析对象的特征着手的。

对象的特征分为静态特征和动态特征两种。静态的特征指对象的外观、性质、属性等。动态的特征指对象具有的功能、行为等。客观事物是错综复杂的，但人们总是从某一目的出发，运用抽象分析的能力，从众多的特征中抽取最具代表性、最能反映对象本质的若干特征加以详细研究。

人们将对象的静态特征抽象为属性，用数据来描述，称之为成员变量；将对象的动态特征抽象为行为，用一组代码来表示，完成对数据的操作，称之为成员方法。一个对象由一组属性和一组对属性进行操作的方法构成。将具有相同属性及行为的一组对象称为类。广义地讲，具有共同性质的事物的集合就称为类。

在面向对象程序设计中，类是一个独立的单位，它有一个类名，其内部包括成员变量，用于描述对象的属性。还包括类的成员方法，用于描述对象的行为。在 Java 程序设计中，类被认为是一种抽象数据类型。这种数据类型，不但包括数据，还包括方法。这也大大地扩充了数据类型的概念。

类是一个抽象的概念，要利用类的方式来解决问题，必须用类创建一个实例化的类对象，然后通过类对象去访问类的成员变量，调用类的成员方法来实现程序的功能。

一个类可创建多个类对象，它们具有相同的属性模式，但可以具有各自不同的属性值。Java 程序为每一个类对象都开辟了内存空间，以便保存各自的属性值。

面向对象的程序设计有 3 个主要特征：封装性、继承性和多态性。相关内容将在接下来的几个小节中重点讨论。

2. 类的声明

在使用类之前，必须先定义它，然后才可利用所定义的类来声明变量，创建对象。类定义的语法如下：

```
class 类名
{
    声明成员变量;
    成员方法定义;
}
```

下面是一个类定义的简单例子。

【例 3-3】定义一个简单的类 Circle，表示圆。

```
class Circle
{
    double radius;
    double getArea()
    {
        return 3.14 * radius * radius;
    }
}
```

程序说明：

1）程序首先用 class 声明了一个名为 Circle 的类。

2）声明了一个成员变量 radius，表示圆的半径。

3）声明了一个成员方法 getArea，用来计算圆的面积。

其中定义一个方法的语法如下：

```
返回值类型  方法名(形式参数列表)
{
    方法体;
}
```

语法解释如下。

1）返回值类型：事先约定的返回值数据类型。若无返回值，则必须设置返回值类型为 viod。

2）形式参数：在方法被调用时用于接收外界输入的数据。使用下述形式调用方法：对象名.方法名（实参列表）。

3）实参：调用方法时实际传给方法的数据。实参的数目、数据类型和次序必须和所调用方法声明的形式列表匹配。

4）使用 return 语句结束方法的运行并指定要返回的数据。

3. 对象的创建和使用

类只是对象的类型，一个用于创建对象的模板而已。要表示具体客观事物（例如一个半径为 30 的圆），则必须声明和创建对象。有了定义好的类后，就可以创建这个类的对象了。由类创建对象的过程，也称为类的实例化，创建的对象称为类的一个实例。下面定义了由类产生对象的基本形式：

```
类名 对象名 = new 类名();
```

创建属于某个类的对象，可以通过下面两个步骤来实现。

1）声明指向“由类所创建的对象”的变量。

2）利用 new 方法创建新的对象，并指派给先前所创建的变量。

举例来说，如果要创建 Circle 类的对象，可用下列的语句来实现。

```
Circle c;                    //先声明一个 Circle 类的对象 c
c = new Circle ();           //用 new 关键字实例化 Circle 的对象 c
```

当然也可以把上面的两条语句进行合并，用下面这种形式来声明变量。

```
Circle c = new Circle () ;        //声明 Circle 对象 c 并直接实例化此对象
```

如果要访问对象里的某个成员变量或方法，可以通过下面语法来实现。

```
访问属性:对象名称.属性名
访问方法:对象名称.方法名()
```

下面这个示例给出了使用 Circle 类的对象来调用类中的属性与方法的过程。

【例 3-4】对象的访问。

```
class TestCircleDemo
{
    public static void main(String[] args)
    {
        Circle c = new Circle ();            //声明 Circle 类的对象
        c.radius = 15;                       //设置成员变量的值
        System.out.println(c.getArea());     //访问成员方法,然后输出
    }
}
```

4. 构造方法与对象初始化

对象被创建后，一般需要对其成员变量赋初值。Java 语言程序通常将相关语句定义在方法的构造方法中。构造方法是在对象创建时自动调用执行的，以完成对新创建对象的初始化工作。

构造方法是类的特殊成员方法，在定义和使用构造方法的时候需注意以下几点。

1）它具有与类名相同的名称。

2）它没有返回值。

3）构造方法一般不能显式直接调用，而是在创建对象时用 new 来调用。

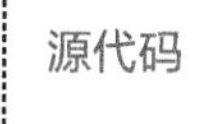

4）构造方法的主要作用是完成对实例对象的初始化工作。

【例 3-5】构造方法的声明。

```
class Circle                                 //定义 Circle 类
{
    double radius;                           //定义成员变量,用于表示半径
    Circle(double  r)                        //形参 r 用于初始化成员变量(半径)
    {
        radius = r;
    }
    double getArea()                         //定义成员方法,用于计算圆面积
    {
        return 3.14 * radius * radius;
    }
}
class TestCircleDemo                         //测试类
{
    public static void main(String[] args)
    {
        Circle c = new Circle (15);          //声明 Circle 类对象,并初始化
        System.out.println(c.getArea());     //访问成员方法,然后输出
    }
}
```

程序说明：

1）Circle 类中定义了一个构造方法 Circle（double　r）。

2）main 方法中创建了一个 Circle 类对象，用 new 操作符时自动调用该构造方法，括号中

的 15 作为实参传递给构造方法中的形参 r，从而将新创建对象的 radius 成员变量初始化为 15。

每个类必须至少有一个构造方法，如果类没有定义任何构造方法，则系统自动产生默认的构造方法。例如，在例 3-3 定义的 Circle 类中没有定义构造方法，则系统自动产生如下形式的默认构造方法。

```
Circle( ) {   }
```

参数表为空，方法体中也没有语句，即什么也没有做。

在例 3-4 中语句“Circle c = new Circle( );”调用的正是这个无参数的默认构造方法。

📖 使用 this 关键字表示当前对象，可用于解决变量与成员变量同名问题和构造方法中调用另一个重载构造方法。

---

5. 静态变量与静态方法

在声明类的成员（变量和方法）时，可以使用 static 关键字将它们声明为静态的。静态变量也称为类变量，非静态变量也称为实例变量。与实例变量相比，静态变量的特点表现为两个方面：

1）实例变量必须通过对象访问，而静态变量可以通过对象访问，也可以通过类名直接访问。

2）对类的每一个具体对象而言，静态变量是一个公共的存储单元，任何一个类的对象访问它，取得的值都是相同的。而任何一个类的对象去修改它，也都是在对同一个单元进行操作。

同样静态方法也称为类方法，非静态方法也称为实例方法。与实例方法相比，静态方法的特点表现为两个方面。

1）静态方法与静态变量一样，属于类本身，而不属于类的某一个对象。实例方法必须通过类对象调用，而静态方法可以通过类对象调用，也可以通过类名直接调用。例如在例 3-1 中使用的 Math. sqrt( )方法就是类方法，其中并没有去创建一个 Math 对象而是直接使用了。

2）静态方法只能访问类的静态成员，不能访问类的非静态成员。实例方法可以使用类的非静态成员，也可以使用类的静态成员。

源代码

【例 3-6】静态成员示例。

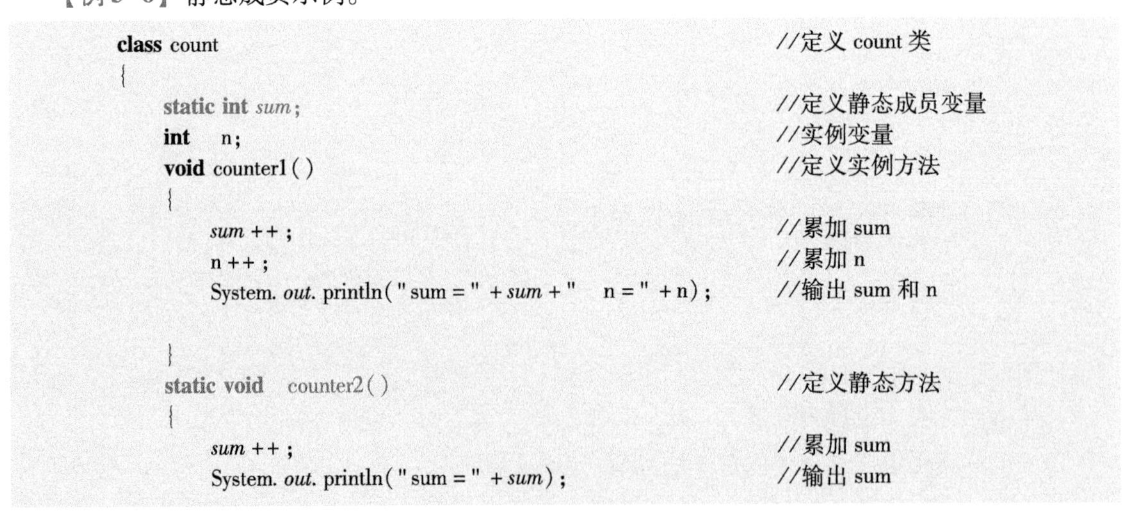

```
class count                                              //定义 count 类
{
    static int sum;                                      //定义静态成员变量
    int    n;                                            //实例变量
    void counter1( )                                     //定义实例方法
    {
        sum ++ ;                                         //累加 sum
        n ++ ;                                           //累加 n
        System. out. println( " sum = " + sum + "    n = " + n);   //输出 sum 和 n

    }
    static void   counter2( )                            //定义静态方法
    {
        sum ++ ;                                         //累加 sum
        System. out. println( " sum = " + sum);          //输出 sum
```

```
        }
    }
    class TestDemo                                          //测试类
    {
        public static void main(String args[ ] )
        {
            count. counter2( ) ;                            //通过类名调用静态方法
            count c1 = new count( ) ;                       //定义 count 类对象 c1
            c1. counter1( ) ;                               //调用实例方法
            count c2 = new count( ) ;                       //定义 count 类对象 c2
            c2. counter1( ) ;                               //调用实例方法
            count c3 = new count( ) ;                       //定义 count 类对象 c3
            c3. counter1( ) ;                               //调用实例方法
            c1. counter2( ) ;                               //通过类对象调用静态方法
        }
    }
```

运行结果：

```
sum = 1
sum = 2    n = 1
sum = 3    n = 1
sum = 4    n = 1
sum = 5
```

程序说明：

定义的 count 类包含了静态变量 sum 和实例变量 n，以及实例方法 counter1 和静态方法 counter2。在主函数中，首先调用类的静态方法，然后分别定义了 count 类的对象。通过该对象调用了实例方法 3 次，最后通过对象 c1 调用了类的静态方法。

从运行结果可以看到，对静态变量的改变每次都能保存下来，而实例变量分别保存在各自的对象中，不同的对象是不一样的。另外，通过对象能够调用静态方法和实例方法，但是不建议通过对象来对静态方法进行调用。

3.3.2　继承与封装

面向对象程序设计中的 3 个重要的特征是继承、封装和多态。其中多态性是指不同的对象收到同一消息导致完全不同的行为。在 Java 中可以通过方法的重载（类中定义多个同名不同参数表的方法）和覆盖（子类中重新定义继承自父类的方法）两种方式实现多态。由于多态性涉及的是提高程序设计的可扩充性和灵活性，不是 Android 开发中的 Java 基础部分，因此不在此详细描述。了解多态性的实现和使用，可参考 Java 的相关书籍。

1. 封装

封装作为面向对象方法应遵循的一个重要原则，有两个含义：一是指把对象的属性和行为看成一个密不可分的整体，并将它们“封装”在一个不可分割的独立单位（即对象）中；另一层含义是“信息隐蔽”，把不需要让外界知道的信息隐藏起来，有些对象的属性及行为允许外界用户知道或使用，但不允许更改，而另一些属性或行为则不允许外界知晓。一般情况下只允许使用对象的功能，而尽可能隐蔽对象的功能实现细节。

封装机制在程序设计中表现为：把描述对象属性的变量及实现对象功能的方法合在一起，定义为一个程序单位，并保证外界不能任意更改其内部的属性值，也不能任意调动其内部的功能方法。

封装机制的另一个特点是为封装在一个整体内的变量及方法规定不同级别的“可见性”或访问权限，以使程序具有更强的健壮性和灵活性。Java 提供的一组访问权限控制符，使对象能控制其成员将如何被外界所访问。这些访问控制符有 public、private、protected 以及默认访问。

【例 3-7】程序封装示例。

```
package edu. zafu. Ch3_7;
class Circle
{
    double radius;
    double getArea( )
    {
        return 3. 14 * radius * radius;
    }
}
class TestCircleDemo
{
        public static void main( String[ ] args)
        {
            Circle c = new Circle ( ) ;
            c. radius = -15;      //对半径进行赋值
            System. out. println( c. getArea( ) );
        }
}
```

从这个例子中可以发现，在程序的第 15 行（c. radius = -15;），将半径（radius）赋值为 -15。这明显是一个不合法的数据。但是程序依旧能够运行得出一个合法的结果。所以为了避免程序中这种错误的发生，在一般的开发中往往要将类中的属性进行封装，设置为 private。

因此，可对例 3-7 半径的定义语句（第 4 行）做修改如下。

```
private double radius;
```

程序的其他部分不变。此时可以发现，当给半径进行赋值时，程序连编译都无法通过，所提示的错误为：属性（circle. radius）为私有的，不可见，所以不能由对象直接进行访问。因此这样就可以避免对象直接去访问类中的属性而造成的一些错误。那么如何在对象中对类中的属性进行访问控制呢？一般在类的设计时，会对属性增加一些方法，例如通过 setXXX( ) 这样的公有方法来设置私有属性，如通过 getXXX( ) 这样的公有方法来获取私有属性的值。因为用 private 声明的属性或方法只能在其类的内部被调用，而不能在类的外部被调用。

因此可以继续对例 3-7 进行如下修改。

【例 3-8】Circle 类的封装及访问。

```
class Circle                                //定义 Circle 类
{
    private double radius;                  //定义私有变量 radius
    public void setRadius( double r)        //对私有变量进行设置
    {
        if (r >0)                           //如果给定的初值小于 0,则都设为 0
            radius = r;
```

```
        else
            radius = 0;
    }
    public double getRadius()                   //对私有变量进行读取
    {
        return radius;
    }
      double getArea()                          //计算圆面积
      {
          return 3.14 * radius * radius;
      }
}
class TestCircleDemo//测试类
{
    public static void main(String[] args)
    {
        Circle c = new Circle ();               //定义 Circle 类对象
        c.setRadius(15);                        //设置对象的半径
        System.out.println(c.getRadius() + "半径的圆面积为:" + c.getArea());
        //输出相应的信息
    }
}
```

当将 radius 设为私有变量后，从程序中可以发现，对它的访问都需要通过成员函数 getRadius 或 setRadius 进行。如果传进了一个（如 -15）不合理的数值，也会在设置属性的时候，因为没有满足 r>0 的条件而不会直接进行赋值，所以 radius 的值依然为自身的默认值——0。在输出的时候可以发现，那些错误的数据并没有被赋到属性上去，而只输出了默认值。

由此可以发现，用 private 可以将属性封装起来。当然 private 也可以封装方法，封装的形式如下：

```
封装属性:private 属性类型 属性名
封装方法:private 方法返回类型 方法名称(参数)
```

下面具体介绍 4 种访问控制符，public、protected、private 以及默认访问控制。

（1）public

限定为 public 的成员可以被所有的类访问。

（2）protected

限定为 protected 的成员可以被这个类自身所访问，也可以被同一个包的其他类型所访问，还可以被这个类的子类（包括同一个包及不同包中的子类）所继承。

（3）private

限定为 private 的成员只能被这个类自身所访问。private 修饰符通常用来隐藏类的一些属性和方法。

（4）默认访问控制

未加任何访问控制符的成员拥有默认访问控制权限。默认访问控制的成员可以被这个类自身所访问，也可以被同一个包的其他类所访问。

📖 如果希望能被本类及其子类访问，而包中的其他类不能访问，则需要使用组合的访问控制符：private protected。

表 3-11 列出了具有 4 种访问控制符的访问控制权限情况。

表 3-11　4 种访问控制符的访问控制权限

	同一类中	同一包中	不同包中
public	√	√	√
protected	√	√	√
private	√		
默认访问控制	√	√	

2. 继承

继承是面向对象方法中的重要概念，在拥有反映事物一般特性的类基础上派生出反映特殊事物的类。这样大大增强了程序代码的可复用性，提高了软件的开发效率，降低了程序产生错误的可能性，也为程序的修改扩充提供了便利。例如，已有汽车类，该类中描述了汽车的普遍属性和行为。进一步产生轿车类，轿车类继承于汽车类。轿车类不但拥有汽车类的全部属性和行为，还增加了轿车特有的属性和行为。

在 Java 程序设计中，已有的类可以是 Java 开发环境所提供的一批最基本的程序——类库。用户开发的程序类可继承这些已有类。这样，已有类所描述过的属性及行为在继承产生的类中完全可以使用。被继承的类称为父类或超类，而经继承产生的类称为子类或派生类。根据继承机制，派生类继承了超类的所有成员，并可增加自己的新成员。

若一个子类只允许继承一个父类，则称为单继承；若允许继承多个父类，则称为多继承。Java 语言不直接支持多继承，但可通过接口（interface）的方式实现子类共享多个父类中的成员。

Java 类的继承，可用下面的语法来表示：

```
class 父类名                    //定义父类
{
}
class 子类名 extends 父类名     //用 extends 关键字实现类的继承
{
<成员变量定义>;
<成员方法定义>;
}
```

【例 3-9】继承与子类的定义及使用。

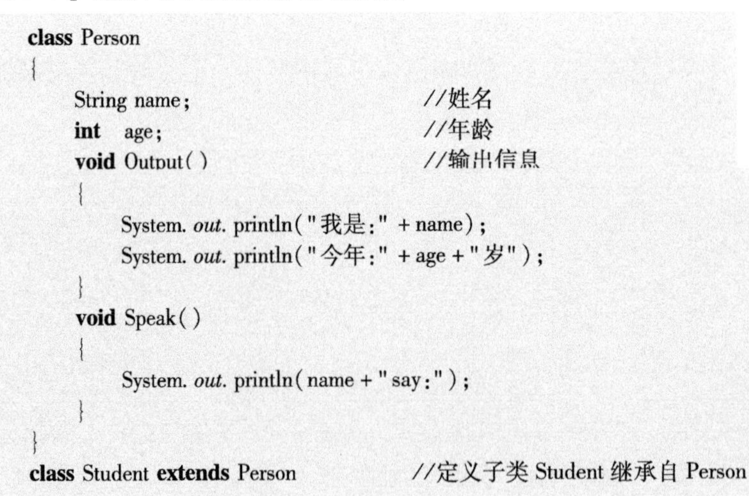

```
class Person
{
    String name;                    //姓名
    int   age;                      //年龄
    void Output()                   //输出信息
    {
        System.out.println("我是:" + name);
        System.out.println("今年:" + age + "岁");
    }
    void Speak()
    {
        System.out.println(name + "say:");
    }
}
class Student extends Person            //定义子类 Student 继承自 Person
```

```
{
    String school;                              //学校
    void Output()                               //输出信息:覆盖父类方法
    {
        super.Output();                         //父类输出信息
        System.out.println("我在:" +school +"上学");
    }
    void Speak(String str)                      //重载父类方法
    {
        System.out.println(name +"say:" +str);
    }
}
public class inheritDemo
{
    public static void main(String[] args)
    {
        Student s =new Student();               //定义 Student 类对象
        s.name ="张三";
        s.age =25;

        s.school ="浙江";
        s.Output();
        s.Speak();
        s.Speak("你好!");
    }
}
```

【运行结果】

我是：张三

今年：25 岁

我在：浙江上学

张三 say：

张三 say：你好！

程序说明如下。

（1）成员变量和方法的继承

子类可以继承父类成员变量。本例中定义的 Student 类拥有的变量分别为：name、age、school。其中，name、age 是从父类 Person 类继承来的，子类也可以继承父类的方法。本例中 Student 类自动拥有父类 Person 类定义的方法 Output()和 Speak()。

（2）成员变量的添加

在定义子类时，可以添加新的域变量。本例中 Student 类在继承 Person 类域变量的基础上，添加了域变量 school。

（3）方法的覆盖

在 Java 中，子类可继承父类中的方法，而不需要重新编写相同的方法。但如果子类并不想原封不动地继承父类的方法，而是想做一定的修改，则需要采用方法的重写。方法重写又称方法覆盖。若子类中的方法与父类中的某一方法具有相同的方法名、返回类型和参数表，则新方法将覆盖原有的方法。本例中 Student 类覆盖了 Person 类的 Output 方法。在 main 主方法中，对象 s 是子类 Student 的对象，因此 s. Output()调用的是子类定义的 Output 方法。如果要调用父类中被覆盖的方法，则必须在方法前加上 super 关键字，即 super. 父类中的方法()。

（4）方法的重载

一个类中可以定义多个同名而参数表不同的方法，称之为方法的重载。重载的关键是参数类型的不同。本例中 Student 类中定义的方法 void Speak （string str） 与 Person 类中定义的方法 void Speak( )符合重载的特征，即这是两个重载方法。

（5）字符串类型

Java 中提供了 String 和 StringBuffer 两个类分别处理不变字符串和可变字符串，并封装在标准包 java. lang 中。这两个类中都封装了许多方法，以用来对字符串进行操作。例如：字符定位 charAt、字符串长度 length、字符串查找 IndexOf、字符串比较 CompareTo 等。

📖 super 的使用有3种情况：

1）访问父类被隐藏的成员变量。

2）调用父类中被覆盖的方法（例 3-9 中的 super 用法即属此情况）。

3）调用父类的构造方法。

3.3.3　抽象类和接口

1. 抽象类和抽象方法

抽象类是不能使用 new 方法进行实例化的类，即没有具体实例对象的类。抽象类有点类似“模板”的作用，目的是根据其格式来创建和修改新的类。对象不能由抽象类直接创建，只可以通过抽象类派生出新的子类，再由其子类创建对象。当一个类被声明为抽象类时，需要在这个类前面加上修饰符 abstract。

抽象类中的成员方法包括一般方法和抽象方法。抽象方法就是以 abstract 修饰的方法，这种方法只声明返回的数据类型、方法名称和所需的参数。没有方法体，即抽象方法只需要声明而不需要实现。当一个方法为抽象方法时，意味着这个方法必须被子类的方法所重写，否则其子类的该方法仍然是 abstract 的。而这个子类也必须是抽象的，即声明为 abstract。

抽象类中不一定包含抽象方法，但是包含抽象方法的类一定要被声明为抽象类。抽象类本身不具备实际的功能，只能用于派生其子类。抽象类中可以包含构造方法，但是构造方法不能被声明为抽象。

抽象类的定义格式如下：

```
abstract class 类名称        //定义抽象类
{
    声明数据成员;
    访问权限 返回值数据类型 方法名称(参数…)
    {
        //定义一般方法;
        …
    }
    abstract 返回值数据类型 方法名称(参数…);
    //定义抽象方法,在抽象方法里,没有定义方法体
}
```

在 Java 面向对象程序设计中，抽象类的作用如下。

1）为一些相关的类提供公共基类，以便为下层类中功能相似但实现代码不同的方法对外提供统一的接口。

2）为下层相关类提供一些公共方法的实现代码，以减少代码冗余。

3）对一些直接实例化没有意义的类，可以加上 abstract 关键字，以防止类被意外实例化，这样可以增强代码的安全性。

抽象类定义规则如下：

1）抽象类和抽象方法都必须用 abstract 关键字来修饰。

2）抽象类不能被实例化，也就是不能用 new 关键字去产生对象。

3）抽象方法只需声明，而不需实现。

4）含有抽象方法的类必须被声明为抽象类，抽象类的子类必须复写所有的抽象方法后才能被实例化，否则这个子类还是抽象类。

源代码 

下面举一个例子来说明抽象类和抽象方法的定义及使用。

【例 3-10】抽象类与抽象方法。

```
abstract class Animal                    //定义抽象类
{
    String name;                         //成员变量
    public abstract String cry();        //定义抽象方法
    public String getName()
    {
        return name;
    }
}
//非抽象子类 Dog 继承自 Animal 类
class Dog extends Animal
{
    public Dog(String name)
    {
        this.name = name;
    }
    //复写 cry()方法
    public String cry()
    {
        return this.name + "狗发出汪汪……声!";
    }
}
//非抽象子类 Cat 继承自 Animal 类
class Cat extends Animal
{
    public Cat(String name)
    {
        this.name = name ;
    }
    //复写 cry()方法
    public String cry()
    {
        return this.name + "猫发出喵喵……声!";
    }
}
public class AbstractTest {
    public static void main(String[] args)
    {
        Dog d = new Dog("小黄");                //定义 Dog 类对象
```

```
            Cat c = new Cat("小花");                    //定义 Cat 类对象
            System.out.println(d.getName());           //输出相应的信息
            System.out.println(d.cry());
            System.out.println(c.getName());
            System.out.println(c.cry());
        }
    }
```

【运行结果】

小黄

小黄狗发出汪汪……声!

小花

小花猫发出喵喵……声!

程序说明：

1）Animal 类是一个抽象类，其中 cry()为抽象方法，而 getName()为普通方法。

2）子类 Dog 类中覆盖了抽象方法 cry()，因此 Dog 类不再包含抽象方法，因而为非抽象类。

3）子类 Cat 类中覆盖了抽象方法 cry()，因此 Cat 类也不再包含抽象方法，因而也是非抽象类，可以直接定义对象。

4）在主函数中，定义了 Dog 类对象 d 和 Cat 类对象 c。通过对象可以调用已经覆盖实现的方法 cry()，同时也可以调用继承自 Animal 类的普通方法 getName()。

2. 接口的声明和实现

接口（Interface）是 Java 所提供的另一种重要技术，它的结构和抽象类非常相似，也具有成员变量与抽象方法，但它与抽象类又有以下几点不同。

1）接口里的成员变量必须初始化，且成员变量均为常量。

2）接口里的方法必须全部声明为 abstract，即接口不能像抽象类一样保留有一般的方法，而必须全部是“抽象方法”。

3）抽象类与其子类之间存在层次关系，而接口与实现它的类之间则不需要存在任何层次关系。

4）抽象类只支持单继承机制，而接口可以支持多继承。

接口定义的语法如下：

```
[public] interface 接口名称 [extends 父接口名表]          //定义接口类
{
    [final] 数据类型  成员名称 = 常量值;                   //数据成员必须赋初值
    返回值数据类型  方法名称(参数…);
    //抽象方法,注意在抽象方法里,没有定义方法主体
}
```

接口的实现如下：

```
class 类名称 implements 接口 A,接口 B              //接口的实现
{
    …
}
```

下面通过一个简单的例子来说明接口的定义与实现。

【例 3-11】接口应用。

```
interface Person                                //定义接口
{
      String name = "张三";
      int age = 10;
      String school = "荷花小学";
      public abstract String Print();           //抽象方法
}
//Student 类继承自 Person,
final class Student implements Person          //接口的实现类
{
      //实现 Print()抽象方法
      public String Print()
      {
            return "姓名:" + this.name + ",年龄:" + Integer.toString(this.age) + ",在" + school + "
上学";
      }
}
public class InterfaceDemo {
      public static void main(String[] args)
      {
            Student s = new Student();
            System.out.println(s.Print());
      }
}
```

源代码

【运行结果】

姓名：张三，年龄：10，在荷花小学上学

程序说明：

1）Person 接口定义了三个常量和一个抽象方法 Print（），实现这个接口的类将为这个方法提供具体实现。

2）接口中的成员变量都是常量，默认的修饰为 public final static，其值一旦给定就不能再更改。接口中的方法都是抽象方法，默认的修饰为 public abstract。

3）Student 类定义前的 final 关键字表示该类不能有子类。

📖 final 关键字可以修饰变量、方法以及类，其含义就是声明变量、方法以及类为“最终的”，不能改变的。final 变量的值一旦给定就不能更改；final 方法不可以被子类所覆盖，但可以被继承；final 类不可以有子类，final 类中的方法默认是 final 的。注意，final 不能用于修饰构造方法。

从设计或效率的角度出发，可能需要使用 final。

3.3.4 包

1. 包的含义

Java 语言中，每个类生成一个字节码文件，文件名与 public 的类名相同。当多个类使用相同的名字时将会引起命名冲突问题。因此为了解决这个矛盾，Java 提供包来管理类。

包与文件系统中的文件夹存在对应关系，它是一种层次化的树形结构。如果同名的类位于不同的包中，它们被认为是不同的，因而不会发生命名冲突。Java 中用包的方式组织类，使 Java 类更加容易被发现和使用。一般情况下，同一包中的类可以互相访问，所以通常需要把相关的或在一起工作的类和接口放在一个包里。

2. 创建包

可以将具有相同性质的类和接口组成一个包，用 package 语句声明程序文件中定义的类所在的包。package 语句的格式为

```
package 包名;
```

这条语句必须是程序文件中的第一条语句。如果程序首行没有 package 语句，则系统会创建一个无名包，文件中所定义的类都属于这个无名包。无名包没有名字，所以它不能被其他包所引用，也不能有子包。

3. 使用包中的类

要使用一个包中的类，例如 java. awt 包中的 Frame 类，可以通过以下 3 种方式。

（1）导入整个包

可以利用 import 语句导入整个包：import java. awt. *。

此时，java. awt 包中的所有类（但不包括子包中的类）都加载到当前程序之中。有了这个语句，就可以在该源程序中的任何地方使用这个包中的类，如 Frame、TextField、Button 等。

【例 3-12】利用 import 语句导入类。

```
import java.awt.*;                          //导入类
public class PackageDemo{
    public static void main(string[] args){
        Frame  frame = new Frame();          //导入类后就开始使用 Frame 类了
        frame.setSize(200,200);
        frame.setVisible(true);

    }
}
```

（2）直接使用包名作为类名的前缀

如果不使用 import 语句导入某个包，但又想使用它的某个类，则可以直接在所需要的类名前加上包名作为前缀。上例程序可以修改为

```
public class PackageDemo{
    public static void main(string[] args){
        java.awt.Frame  frame = new java.awt.Frame();          //非频繁使用可采用此法
        frame.setSize(200,200);
        frame.setVisible(true);

    }
}
```

（3）导入一个类

例 3-12 中只用到了 java. awt 包中的一个 Frame 类，这时可以只装入这个类，而无需把整个包都加载进来。因此，可以将例 3-12 中的第一行修改为

```
import  java.awt.Frame;          //导入特定的类包
```

这个语句只载入 java. awt 包中的 Frame 类，因此需要熟悉导入包的结构及不同的类具体所在包的层次。

3.3.5 异常处理

在程序编写过程中，往往无法考虑得面面俱到，从而程序中难免会存在错误。即使编译时没有产生错误信息，也有可能在程序运行时出现一些运行时的错误。这种错误对Java而言是一种异常。为此，Java语言提供了异常处理机制，从而增加了程序的鲁棒性和安全性。

1. 异常的基本概念

异常也称为例外，是在程序运行中发生的、会打断程序正常执行的事件。Java类库包含了系统定义的常见异常类，例如：算术异常（ArithmeticException），如除数为0；没有给对象开辟内存空间时会出现空指针异常（NullPointerException）；找不到文件异常（FileNot FoundException）；数组访问下标越界（ArrayIndexOutOfBoundsException）等。当然，用户程序中特定的异常也可以通过用户自定义的异常类来进行处理。

【例3-13】异常的初步认识。

```
import javax.swing.*;
class ExceptionDemo
{
    public static void main(string args[])
    {
        String str = JOptionpane.showInputDialog("你的年龄:");
        int age = Integer.parseInt(str);                    //转换为整数
        System.out.println("明年你的年龄是" + (age + 1));
        System.exit(0);
    }
}
```

该程序在编译的时候不会发生任何错误，但是运行时如果输入abc，则会产生下列的错误信息：

```
Exception in thread "main" java.lang.NumberFortmatException: For input string:"abc" at
java.lang. NumberFormatException.forinputString(NumberFormatException.java:48)
```

错误的原因就在于与程序期待的输入类型不一致。Java发现这个错误之后，便由系统抛出“NumberFortmatException”异常，用来表示错误的原因，并停止程序运行。如果没有编写相应的处理异常的程序代码，则Java的默认异常处理机制会先抛出异常，然后停止程序运行。

2. 异常处理类

Java语言是一种面向对象的编程语言，它会将异常当成对象来处理。当方法执行过程中出现错误时，会抛出一个异常，即构造出一个异常类的对象。

异常可分为两大类：java.lang.Exception类与java.lang.Error类。这两个类均继承自java.lang.Throwable类。如图3-6所示为Throwable类的继承关系图。

类Throwable有两个直接子类：Error和Exception，它们分别用来处理两组异常。Error类专门用来处理严重影响程序运行的错误。但通常程序设计者不会设计程序代码来捕捉这种错误，原因在于即使捕捉到它，也无法给予适当的处理，如Java虚拟机出错就属于一种Error。

Exception类是程序中所有可能恢复的异常类的父类，通常在捕捉到这些异常之后需要对它们进行处理。Exception类的主要方法如下。

1）String getMessage()；返回详细信息。

2）String toString()；返回描述，包括详细信息。

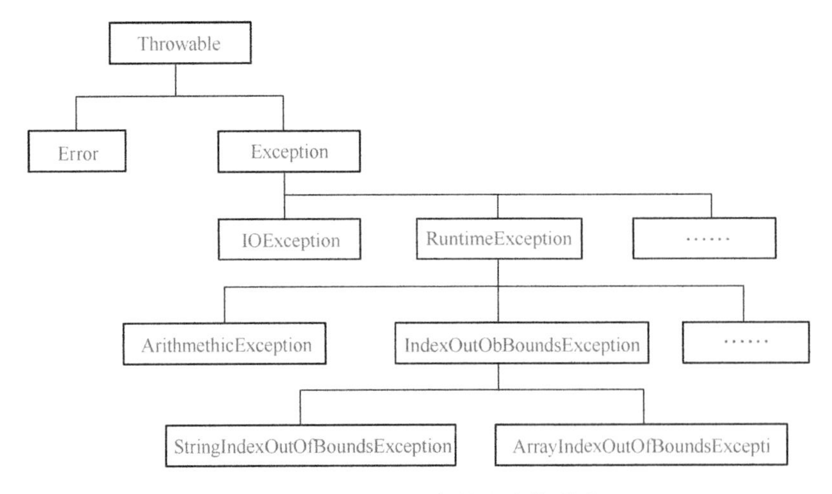

图 3-6　Throwable 类的继承关系图

3）void printStackTrace()；输出异常发生的路径及引起异常的方法调用的序列。

从异常类的继承关系图中可以看出：Exception 类扩展出数个子类，其中 Runntime Exception 指 Java 程序在设计或实现中不小心而引起的异常，如数组的索引值超出了范围、算术运算出错等。这种异常可以通过适当编程来避免，Java 不要求一定要捕获这种异常。除 Runntime-Exception 以外的异常，如 IOException 等异常则必须要编写异常处理的程序代码。它通常用来处理与输入/输出相关的操作，如文件的访问、网络的连接等。

3. 异常的处理

异常处理是由 try、catch 与 finally 三个关键字所组成的程序块，其语法如下：

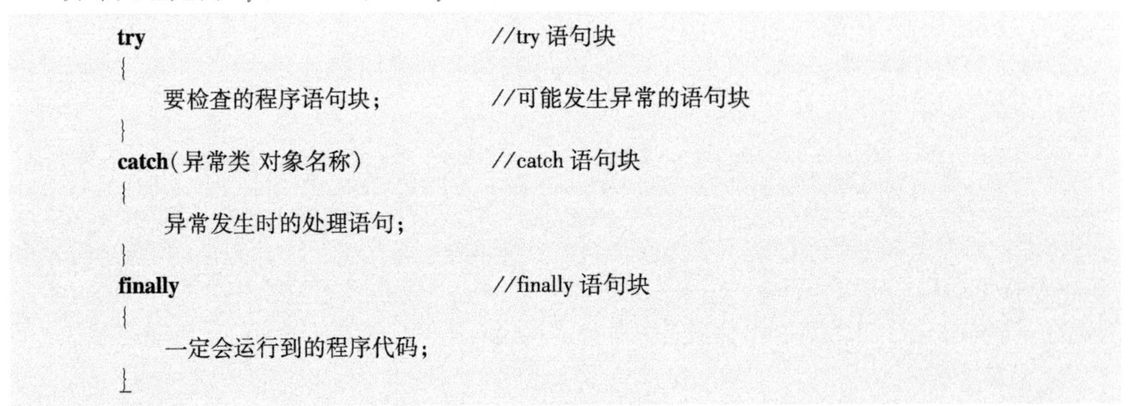

```
try                                    //try 语句块
{
    要检查的程序语句块;                 //可能发生异常的语句块
}
catch(异常类 对象名称)                  //catch 语句块
{
    异常发生时的处理语句;
}
finally                                //finally 语句块
{
    一定会运行到的程序代码;
}
```

try 程序块中若有异常发生时，程序的运行便会中断，抛出“由系统类所产生的对象”，并依下列步骤来执行。

1）抛出的对象如果属于 catch 括号内所要捕捉的异常类，则 catch 会捕捉此异常，然后在 catch 程序块里继续执行。

2）无论 try 程序块是否捕捉到异常，还是捕捉到的异常是否与 catch 括号里的异常相同，最后都会运行 finally 块里的程序代码。finally 中的代码是异常的统一出口，无论是否发生异常都会执行此段代码。

3）try 语句块抛出一个异常，而没有一个 catch 能够匹配捕获。这时，Java 会中断 try 语句块的执行，转而执行 finally 语句块。最后将这个异常抛回到这个方法的调用者。

异常处理的流程图如图 3-7 所示。

例 3-13 中加入异常处理后程序如下所示。

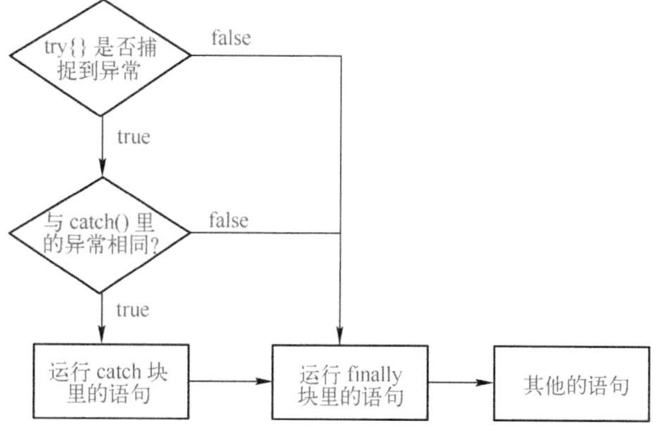

图3-7　异常处理的流程图

【例3-14】加入异常处理。

```
class ExceptionDemo
{
    public static void main(string args[])
    {
        String str = JOptionpane.showInputDialog("你的年龄:");
        try{
            int age = Integer.parseInt(str);          //转换为整数
            System.out.println(100/age);
        }
        catch(NumberFormatException e)
        {
            System.out.println("你应该输入一个整数:");
        }
        finally
        {
            System.out.println("再见!");
            System.exit(0);
        }
}
```

【运行结果】

1）输入xy，抛出NumberFormatException类异常对象，在catch子句中被捕获，输出为“你应该输入一个整数:”

“再见!”。

2）输入0，抛出ArithmeticException类异常对象，没有catch子句可以捕获，输出为

“再见!”。

3）输入20，没有引发异常，输出为

5

“再见!”。

4. 异常抛出

抛出异常有下列两种方式。

(1) 在程序中抛出异常

在程序中抛出异常时，一定要用到throw这个关键字，一般过程如下。

1）产生异常类的一个对象。

2）抛出该对象。

例如：

```
ArithmeticException e = new ArithmeticException();
throw e;
```

也可以写成：

```
throw new ArithmeticException();
```

利用 throw 语句抛出异常后，程序执行流程将寻找一个捕获（catch 语句）进行匹配，执行相应的异常处理语句。throw 后的语句将被忽略。

【例 3-15】用 throw 语句抛出异常。

```
public class ThrowDemo1 {
    public static void main(String args[])
    {
        int a = 4, b = 0;
        try
        {
            if(b == 0)
                throw new ArithmeticException("一个算术异常");    //抛出异常
            else

                System.out.println(a + "/" + b + " = " + a/b);    //不抛出异常,执行此行
        }
        catch(ArithmeticException e)                              //捕获异常
        {
            System.out.println("抛出异常为:" + e);
        }
    }
}
```

（2）指定方法抛出异常

如果方法会抛出异常，则可将处理此异常的 try - catch - finally 块写在调用此方法的程序代码内。

如果要由方法抛出异常，则方法必须以下面的语法来声明：

源代码

```
方法名称(参数…) throws 异常类 1,异常类 2,…
```

【例 3-16】指定方法抛出异常。

```
class Test
{
    //throws 在指定方法中不处理异常,在调用此方法的地方处理
    void add(int a,int b)throws Exception        //方法抛出异常
    {
        int c;
        c = a/b;
        System.out.println(a + "/" + b + " = " + c);
    }
}
public class ThrowDemo2 {
```

```
        public static void main(String args[])
        {
            Test t = new Test();
            try {     //有异常的方法调用,需要由try-catch语句处理
                t.add(4,0);
            } catch(Exception e) {
                System.out.println("若有异常,在此处理!");
            }
        }
    }
```

3.4 思考与练习

微测试 

一、判断题

1. 类就是对象，对象就是类。
2. 对象的访问是通过引用对象的成员变量或调用对象的成员方法来实现的。
3. 如果类的访问控制符是public，则类中成员的访问控制属性也必须是public。
4. 用于定义接口的关键字是implements。
5. 一个类可以实现多个接口。
6. 实现一个接口必须实现接口的所有方法。
7. 抽象类中的方法都是没有方法体的抽象方法。
8. abstract类只能用来派生子类，不能用来创建abstract类的对象。
9. 方法的覆盖是指子类重新定义从父类继承的方法。

二、选择题

1. 以下程序段执行后的k值为（　　）。

```
int x = 20;
    y = 30;
k = (x > y)? y:x
```

A. 20　　B. 30　　C. 10　　D. 50

2. Java语言中的基本数据类型包括（　　）。

A. 整型、实型、逻辑型　　B. 整型、实型、字符型

C. 整型、逻辑型、字符型　　D. 整型、实型、逻辑型、字符型

3. 下列运算符中，优先级最低的是（　　）。

A. ?:　　B. &&　　C. ==　　D. *

4. 设int x = 1，y = 2，z = 3，则表达式y += z -/ ++x的值是（　　）。

A. 3　　B. 3.5　　C. 4　　D. 5

5. 下列各语句序列中，能够将变量x、y中最大值复制到变量t中的是（　　）。

A. if(x > y)　t = x;t = y　　B. t = y;if(x > y)　t = x;

C. if(x > y)　t = y;else t = x　　D. t = x;if(x > y)　t = y;

6. 以下代码执行后j的值是（　　）。

```
int i = 1,j = 0;
switch(i)
{ case 2:
```

```
        j +=6;
    case 4:
        j +=1;
    case 1:
        j +=4;
    }
```

A. 0　　B. 1　　C. 2　　D. 4

7. 以下选项中循环结构合法的是（　　）。

A. while(int i <7){i ++;system. out. println("i =" +i);}

B. int j =3;while(j){system. out. println("j =" +j);}

C. int j =0;for(int k =0;j + k!= 10;j ++,k ++){system. out. println("j =" +j +"k =" k);}

D. int j =0;do{system. out. println("j =" +j ++);if(j ==3){continue loop;}}while(j <10);

8. Java 用来定义一个类时，所使用的关键字为（　　）。

A. class　　B. public　　C. struct　　D. class 或 struct

9. 关于构造函数说法错误的是（　　）。

A. 构造函数名与类相同

B. 构造函数无返回值，可以使用 void 修饰

C. 构造函数在创建对象时被调用

D. 在一个类中如果没有明确给出构造函数，编译器会自动提供一个构造函数

10. 在 Java 中（　　）。

A. 一个子类可以有多个父类，一个父类也可以有多个子类

B. 一个子类可以有多个父类，但一个父类只可以有一个子类

C. 一个子类只可以有一个父类，但一个父类可以有多个子类

D. 上述说法都不对

11. 在 Java 中，一个类可同时定义许多同名的方法，这些方法的形式参数的个数、类型或顺序各不相同，传回的值也可以不相同。这种面向对象程序特性称为（　　）。

A. 隐藏　　B. 覆盖

C. 重载　　D. Java 不支持此特性

12. 接口是 Java 面向对象的实现机制之一，以下说法正确的是（　　）。

A. Java 支持多重继承，一个类可以实现多个接口

B. Java 只支持单重继承，一个类可以实现多个接口

C. Java 只支持单重继承，一个类只可以实现一个接口

D. Java 支持多重继承，但一个类只可以实现一个接口

13. 关于实例方法和类方法，以下描述正确的是（　　）。

A. 实例方法只能访问实例变量

B. 类方法既可以访问类变量，也可以访问实例变量

C. 类方法只能通过类名来调用

D. 实例方法只能通过对象来调用

14. 下列关于继承的说法正确的是（　　）。

A. 子类只继承父类 public 方法和属性

B. 子类继承父类的非私有属性和方法
C. 子类只继承父类的方法，而不继承父类的属性
D. 子类继承父类的所有属性和方法

15. 下列关于抽象类的说法中正确的是（　　）。
A. 某个抽象类的父类是抽象类，则这个子类必须重载父类的所有抽象方法
B. 接口和抽象类是同一回事
C. 绝对不能用抽象类去创建对象
D. 抽象类中不可以有非抽象方法

16. 在 Java 的异常处理语句 try catch final 中，以下描述正确的是（　　）。
A. try 后面是可能产生异常的代码，catch 后面是捕获到某种异常对象时进行处理的代码，final 后面是没有捕获到异常时要执行的代码
B. try 后面是可能产生异常的代码，catch 后面是捕获到某种异常对象时进行处理的代码，final 后面是无论是否捕获到异常都必须执行的代码
C. catch 语句和 final 语句都可以默认
D. catch 语句用来处理程序运行时的非致命性错误，而 final 语句用来处理程序运行时的致命性错误

三、程序设计题

1. 键盘输入年份，判断该年份是否是闰年。
2. 编程计算下列分段函数值，要求输入 x，输出 y。

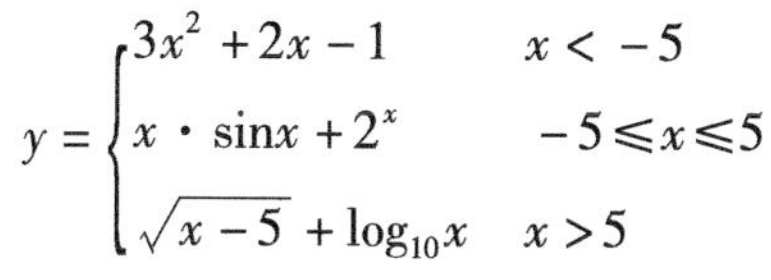

$$y=\begin{cases}3x^2+2x-1 & x<-5\\ x\cdot\sin x+2^x & -5\leqslant x\leqslant 5\\ \sqrt{x-5}+\log_{10}x & x>5\end{cases}$$

3. 计算下式的和，变量 x 与 n 从键盘输入。

$$s=\frac{x}{2!}-\frac{x}{3!}+\frac{x}{4!}+\cdots+(-1)^{n+1}\frac{x}{(n+1)!}$$

4. 有一对兔子，从出生后第三个月起每个月都生一对兔子，小兔子长到第三个月后每个月又生一对兔子，假如兔子都不死，问每个月的兔子总数为多少？

5. 定义学生类，再派生研究生类和大学生类，再进一步用研究生类派生博士生类。

第 4 章　Android 程序设计基础

在第 2 章中，已经介绍了搭建 Android 开发环境，并且能够通过创建一个简单的项目让其在 Android 环境中运行。但是如何使这个项目能够“跑”起来呢？第 3 章的 Java 基础正是为深入地探究这一问题做准备。

要开发一个 Android 应用，就必须对 Android 程序的组成有很好的了解。正如 C 语言那样，程序总是始于 main 函数，止于 main 函数。就像数学的推理过程，都是有一定规律可循的。

教学课件 PPT

本章将会介绍整个 Android 应用程序的框架和结构。最后将讨论程序的调试方式和工具。它是开发 Android 应用程序中经常使用的利器，可以帮助程序开发者查找藏匿在程序中的问题。

微视频

4.1　Android 程序结构

源代码

从第 2 章中可知，通过 ADT 可以快速地生成一个 Android 应用程序的结构，并使它运行起来。这个程序结构就好比一幢房子的地基，地基打得好，房子才稳，地基打不好，则全盘皆输。可见，掌握程序结构的重要性。

【例 4-1】 Android 应用程序 Ch4_1。

图 4-1 所示为 Android 应用程序 Ch4_1 的结构。其中包含的一些目录和文件都有固定的作用，有的可以修改，有的则不能进行修改。

Ch4_1
src
gen [Generated Java Files]
Android 4.3
Android Private Libraries
Android Dependencies
assets
bin
libs
res
AndroidManifest.xml
ic_launcher-web.png
proguard-project.txt
project.properties

图 4-1　Android 项目的目录和文件

📖 在本书中，项目名称的命名分两部分组成：前面为章号，后面为在该章中的项目序号。

在整个项目树形结构中，项目名称作为根目录，其下一般包括 src、res、gen、bin、assets、libs 子目录，一个 Android 库文件，以及四个项目文件 AndroidManifest.xml、ic_launcher-web.png、proguard-project.txt 和 project.properties。

项目 Ch4_1 包括以下内容。

1. src 目录

src（source）是存放源文件的目录，即写有代码的以 java 为后缀的文件。下面代码给出了简单的 java 源文件 MainActivity.java，可实现屏幕的绘制。

```
package edu.zafu.ch4_1;                    //声明包语句
import android.app.Activity;               //引入相关包
```

```
import android. os. Bundle;                          //引入相关包
//继承自 Activity 的子类
public class MainActivity extends Activity {
    @ Override                                       //@ Override 是伪代码,表示重写
    //即重写 onCreate 方法,在创建 Activity 组件时被调用
    protected void onCreate( Bundle savedInstanceState) {
        super. onCreate( savedInstanceState) ;       //调用父类 onCreate 方法
        setContentView( R. layout. activity_main) ;  //设置显示布局
    }
}
```

import android. app. Activity；是导入包。由于用到了 Activity 类，编译器不知道它是什么。这里就相当于提前做了一个声明，告诉编译器将要使用到 android. app 目录下的 Activity 类，从而可以将其导入到程序中来。

剩余的代码生成 MainActivity 类，它继承于 Activity，并重写了继承过来的父类 Activity 里的 onCreate 方法。该方法调用了父类的实现方法，同时设置了当前显示的内容在布局文件夹里的 activity_main. xml 文件。

📖 在重写方法前加上@ Override 伪代码有如下好处。

- 当注释用，方便阅读。
- 编译器可验证@ Override 下面的方法名是否为父类中所有，如果没有则报错，以减少错误。

```
res
  drawable-hdpi
    ic_launcher. png
  drawable-ldpi
  drawable-mdpi
  drawable-xhdpi
  drawable-xxhdpi
  layout
    activity_main. xml
  menu
    main. xml
  values
    dimens. xml
    strings. xml
    styles. xml
  values-sw600dp
    dimens. xml
  values-sw720dp-land
  values-v11
    styles. xml
  values-v14
```

图 4-2　res 目录

2. res 目录

res 存放项目中的资源文件并编译到应用程序中，包括图片、字符串、菜单、界面布局、样式等，如图 4-2 所示。向此目录添加的资源文件，都会被 gen/R. java 自动记录。

1）drawable 目录中存放图片资源，5 种命名的目录对应 5 种不同的屏幕尺寸。它的主要作用是使程序能适应不同分辨率的手机，程序会根据硬件自动调用对应屏幕的图片资源而无需额外的代码，从而使程序的通用性大大增强。

2）layout 目录中存放布局文件，它负责显示界面显示的方式和内容，类似于一个网页文件。下面是一个简单的布局文件 activity_main. xml 示例。

```
< LinearLayout xmlns:android = " http://schemas. android. com/apk/res/android"
    android:layout_width = "fill_parent"              //布局的宽度和高度
    android:layout_height = "fill_parent"  >          //定义一个线性布局
    < TextView                                        //向线性布局中添加一个文本控件
        android:id = "@ + id/textView1"               //控件 ID
        android:layout_width = "wrap_content"         //控件宽度
        android:layout_height = "wrap_content"        //控件高度
        android:text = "@ string/hello_world" / >     //控件显示内容
</LinearLayout >
```

布局文件利用 XML（可扩展标记语言）描述用户界面，每个标记成对出现。Android SDK 内置了 6 种布局方式，可详见第 5 章中 5. 2 节界面布局的介绍。此处，采用了线性布局 LinearLayout。

layout_width 和 layout_height 分别代表了对象的宽度和高度，其中"*fill_parent*"或"*match_parent*"表示将对象扩展以填充所在容器（也就是父容器），"*wrap_parent*"表示根据对象内部内容自动扩展以适应其大小。

TextView 表示文本控件，用于显示字符串，其 ID（用于在其他位置引用该对象）为"@ +*id/textView*1"。其中“@”表示后面的字符串是 ID 资源，“+”表示需要建立新资源并添加到 R. java，“/”后面的字符串表示新资源名称。

显示的文字内容"@ *string/hello_world*"表示来自字符串资源（@ *string*）中的 *hello_world* 变量（下面可以看到，其值为"Hello world!"）。

3）menu 目录存放的是菜单文件，用于决定程序中菜单里具体的选项。如下代码是一个菜单项的文件 main. xml。

```
<menu xmlns:android="http://schemas.android.com/apk/res/android" >
    <item                                              //定义一个菜单项
        android:id="@+id/action_settings"              //菜单项 ID
        android:orderInCategory="100"                  //菜单项顺序
        android:title="@string/action_settings"/>      //菜单项内容
<menu/>
```

菜单的根节点是 <menu>，其子节点 item 代表一个菜单选项，title 属性表示菜单选项显示的文字。orderInCategory 表明菜单项摆放的顺序，不一定从 0 开始计算，但必须≥0，且数值小的位于前面。

4）values 目录里存放的是字符串、数组、尺寸、颜色和样式等资源。例如，字符串资源文件（一般取名 strings. xml）定义字符串变量，其作用在于便于程序维护以及应用国际化。

```
<?xml version="1.0" encoding="utf-8"?>          //xml 版本及编码方式
<resources>                                      //每一行定义一个字符串变量及对应的值
    <string name="app_name">Ch4_1</string>
    <string name="action_settings">Settings</string>
    <string name="hello_world">Hello world!</string>
    <string name="exit">exit</string>
</resources>
```

颜色资源文件（一般取名 colors. xml）定义了程序所使用的颜色。这样，如果程序中要使用某种颜色，直接引用此文件里对应的颜色变量即可。

```
<?xml version="1.0" encoding="utf-8"?>          //xml 版本及编码方式
<resources>                                      //每一行定义一个颜色变量及对应的颜色值
    <color name="background">#ffffff</color>
</resources>
```

样式资源文件（一般取名 styles. xml）是定义了程序的外观样式，例如，无标题栏透明样式等。下例中定义了两个样式，第一个样式只继承 Light 样式，第二个样式则在继承第一个样式的基础上不显示标题栏。

```
<?xml version="1.0" encoding="utf-8"?>          //xml 版本及编码方式
<resources>
    <style name="AppBaseTheme" parent="android:Theme.Light"/>
    <style name="AppTheme" parent="AppBaseTheme" >
        <item name="android:windowNoTitle">true</item>
    </style>
</resources>
```

尺寸资源文件（一般取名dimens. xml）定义了尺寸值，如下所示。

```
<dimen name = "dimen_px" >5px </dimen >
```

📖 还可能存在多个类似“values - XX”的目录，以表示对不同设备或者不同的Android版本有不同的参数设置。与drawable目录类似。

3. gen目录

gen（Generated Java Files）是存放ADT自动生成的Java文件，例如，R. java和BuildConfig. java文件。这个目录中的文件不建议做任何的改动，否则会出错，或者ADT会再次自动生成。

BuildConfig. java文件供Android调试，而R. java文件是最重要的。它定义了项目中所有资源的索引文件，起到字典的作用，并包含了各种资源的地址。图4-3所示为R. java的内容，并且标出了各项与res目录中的对应关系。

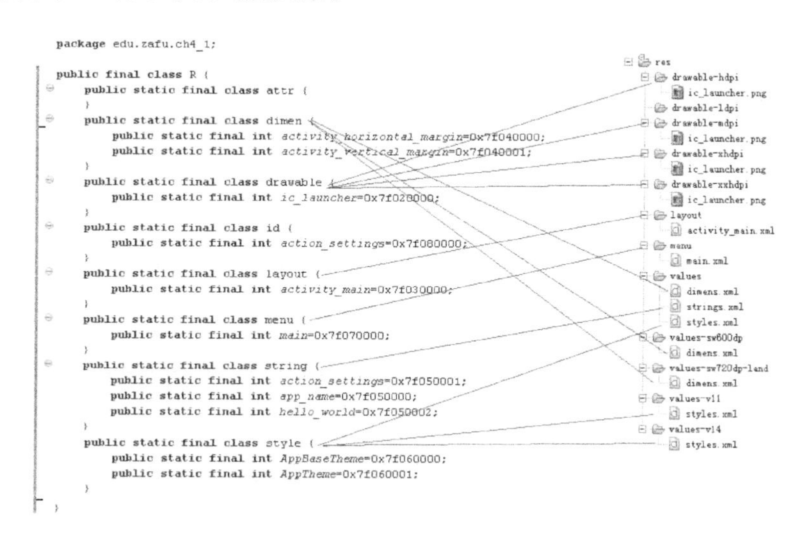

图4-3　R. java和res的对应关系

4. bin目录

bin目录存放编译器编译之后产生的所有文件，其结构如图4-4所示。包括dex文件（Java编译后生成的Java字节码文件）、resources. ap_（所有资源文件的集合，实际上是zip格式）、dexedLibs（对应libs中引用的jar包）和可执行apk文件等。一个apk文件内包含被编译的代码文件（. dex文件）、文件资源（res）、assets、证书（certificates）和清单文件（manifest file），它基于zip格式。

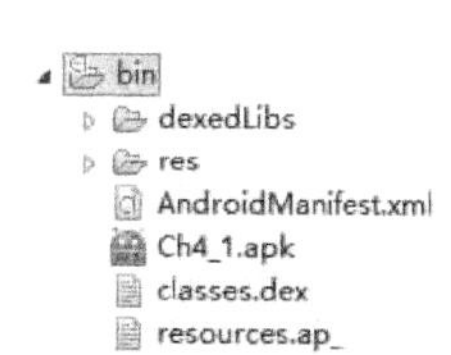

图4-4　bin目录

5. assets目录

assets目录用来存放原始格式的文件，例如，音频、视频等二进制格式文件。此目录中的资源不能被R. java文件索引，所以只能以字节流的形式读取。一般情况下该目录为空。

6. libs目录

libs（libraries）存放程序中引用到的库，和bin/dexedLibs里的目录是一致的。例如，要给一个应用加入广告，只要将广告商提供的jar文件导入到该目录下，调用该jar里的相应方法就可以在程序中嵌入广告了。

7. AndroidManifest. xml 文件

AndroidManifest. xml 文件是 Android 项目的全局配置文件，记录应用中使用到的各种全局的配置，是每个 Android 程序中必需的文件。它位于整个项目的根目录下，描述了程序中的全局数据，包括程序中用到的组件（activities、services 等），以及它们各自的实现类，各种能被处理的数据和启动位置等重要信息。除了能声明程序中的 activities、services 等外，还能指定权限（permissions）。它的结构如下面代码所示。

```
<?xml version = "1.0" encoding = "utf - 8"? >                    //xml 版本及编码方式
<manifest xmlns:android = "http://schemas. android. com/apk/res/android"
    package = "edu. zafu. ch4_1"                                 //指定应用程序包
    android:versionCode = "1"                                    //程序识别版本,一个整型值,代表
                                                                 //app 更新过多少次
    android:versionName = "1.0"  >                               //显示给用户的 PP 版本号
    <uses - sdk
        android:minSdkVersion = "8"                              //指定 app 运行所需要的最小 API 级别
        android:targetSdkVersion = "17"  / >                     //指定 app 要运行的目标 API 级别
    <application                                                 //声明每一个应用程序的组件及其属性
        android:allowBackup = "true"                             //是否允许 app 参与备份和恢复
        android:icon = "@ drawable/ic_launcher"                  //app 图标
        android:label = "@ string/app_name"                      //app 标题
        android:theme = "@ style/AppTheme"  >                    //app 主题
        <activity                                                //定义一个 Acivity
            android:name = "edu. zafu. ch4_1. MainActivity"      //Acivity 名称
            android:label = "@ string/app_name"  >               //Activity 标题
            <intent - filter >                                   //Intent 过滤器
                <action android:name = "android. intent. action. MAIN"  / >
                <category android:name = "android. intent. category. LAUNCHER"/ >
            </intent - filter >
        </activity >
    </application >
</manifest >
```

从该示例代码中可以看到，项目全局配置文件以 manifest 为根节点，里面有应用程序的包名和版本等信息。在该节点下有 user - sdk 和 application 两个节点，其中 user - sdk 节点定义程序所使用的 SDK 版本；application 节点声明程序中最重要的四个组成部分：Activity（活动）、Service（服务）、Broadcastreceiver（广播接收器）和 Contentprovider（内容提供器）。根据需要，在根节点下还可以包括 Permission（声明安全权限，对组件、组件功能或其他应用的访问）、Instrumentation（探测和分析应用性能相关类，用于监控程序）这两类节点。

这四类节点中最重要的是 application 节点。每个项目只有一个 application 节点，它包含了程序的图标、主题、标题等信息，最常见的是 Activity 节点（对应用户界面）。Activity 节点下有 intent - filter 节点，主要声明 action 和 category 两个元素。

关于 Activity 的内容将在下一节中详细描述。AndroidManifest. xml 中各个节点的信息内容以及对应的属性值，请参照本书的附录 B。另外 ADT 提供了一个可视化的编辑器，如图 4-5 所示，可方便开发者对 AndroidManifest. xml 进行设置。

8. ic_launcher - web. png 文件

ic_launcher - web. png 文件是为了 Google Play 市场使用展示的图标，需要的是 512 × 512 的高分辨率图标。

9. proguard - project. txt 和 project. properties 文件

这两个文件是为了保护 Android 项目，在代码混淆中使用的。

图 4-5　AndroidManifest 编辑器

📖 如果使用 ADT 22.6.0 版本以上创建 Android 项目，会出现 appcompat_v7 的内容。appcompat_v7 是 Google 自己的一个兼容包，就是一个支持库，能让 2.1 版本以上可以使用 4.0 版本的界面。

4.2　Android 程序框架知识

上一节了解了 Android 应用程序的结构，熟悉了程序中所包含的目录和文件。但是这些目录和文件是如何相互作用，实现整个项目功能的？这就需要进一步地探究 Android 程序的整个框架。

在 AndroidManifest.xml 的 application 节点，了解到程序由 Activity、Service、Broadcastreceiver 和 Contentprovider 四部分组成。这也是 Android 系统的四个重要组件，这些组件间又通过 Intent 进行交互。所有这些形成了 Android 程序框架的核心内容。

4.2.1　Activity 生命周期

程序的生命周期是指在 Android 系统中，进程从启动到终止的所有阶段，即 Android 程序启动到停止的全过程。由于 Android 系统一般运行在资源受限的硬件平台上，Android 程序并不能完全控制自身的生命周期，而是由系统进行调度和控制。Activity、Service、BroadcastReceiver 都有生命周期。由于控制机制相似，这里以 Activity 的生命周期为例进行讲解。

Android 应用程序的所有 Activity 通过一个 Activity 栈进行管理。Activity 栈保存了所有已经启动且没有终止的 Activity。位于栈顶的 Activity 即当前可视的 Activity。

Activity 的整个生命周期中有活动、暂停、停止和非活动四种状态。活动状态，是在栈顶的 Activity，它是可视的、有焦点的，可接受用户输入。Android 试图尽最大可能保持它为活动状态，杀死其他 Activity 来确保当前活动 Activity 有足够的资源可使用。当另外一个 Activity 被激活时，它将被暂停。暂停状态，是当 Activity 失去焦点时，但仍然可见的状态，如被一个透明或者非全屏的 Activity 遮挡。若 Activity 变为完全隐藏，它将会变成停止状态。这时 Activity 仍然在内存中保存它所有的信息。停止状态的 Activity 将优先被终止，因此 Activity 停止后一个很重要的工作就是要保存好程序数据和 UI 状态。一旦 Activity 被用户关闭，以及暂停或停止状态的 Activity 被系统终止后，Activity 便会进入到非活动状态，它将被移出 Activity 栈。

随着用户在界面上进行不同的操作，Activity 的状态在不断地变化。当 Activity 从一个状态转变到另一个状态时，会执行相应的事件函数。图 4-6 所示为这些事件函数与 Activity 状态转换之间的联系。在实现 Activity 类的时候，通过覆盖这些事件函数即可在需要处理的时候进行调用。

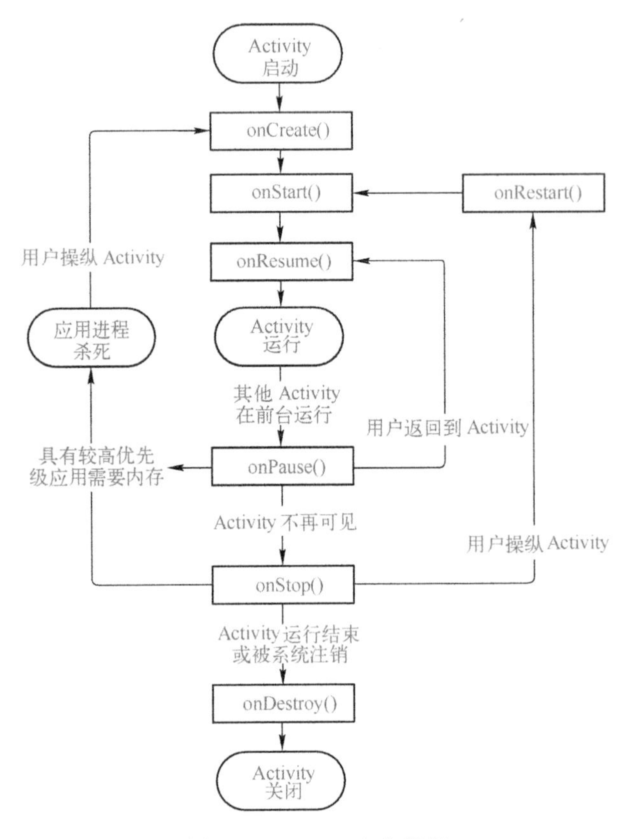

图 4-6　Activity 生命周期

- onCreate( )：当 Activity 首次创建时触发，可以在此时完成初始化工作。
- onStart( )：当 Activity 对用户即将可见时调用。
- onRestart( )：当 Activity 从停止状态再次进入到活动状态时触发。
- onResume( )：当 Activity 可以和用户发生交互时触发。此时，Activity 在 Activity 栈顶。
- onPause( )：当系统启动其他 Activity，进入到暂停状态时调用。只有该事件函数执行完毕后其他 Activity 才能显示在界面上。
- onStop( )：当 Activity 对用户不可见时触发，并进入停止状态。如果内存紧张，则系统可能直接结束该 Activity，而不会触发 onStop。所以应该在 onPause 时保存状态信息。
- onDestroy( )：在 Activity 被销毁前以及进入非活动状态前触发该函数。当程序调用 finish 函数或被 Android 系统终结时，该事件函数将会被调用。

Activity 的生命周期根据 Activity 的表现形式可以分为完整生命周期、可见生命周期和活动生命周期。

- 完整生命周期：从 Activity 创建到销毁的全部过程，始于 onCreate，止于 onDestroy。一般在 onCreate 中进行全局资源和状态的初始化，而在 onDestroy 中释放资源。

- 可见生命周期：从调用 onStart 函数开始到调用 onStop 函数结束。在这段时间内，Activity 可以被用户看到（对应的屏幕）。在 onStart 函数中完成初始化或启动与更新界面相关的资源，而 onStop 用来暂停或停止一切与更新界面相关的资源（如线程、计数器、Service 等）。
- 活动生命周期：从 Activity 调用 onResume 函数开始到调用 onPause 为止的这段过程。这段时间内，Activity 在屏幕的最前面，能够与用户进行交互。

源代码

为了能够更好地理解 Activity 的事件回调函数和生命周期状态之间的关系，下面举例说明。

【例 4-2】 Activity 生命周期演示项目 Ch4_2。

该项目由 MainActivity 和 OtherActivity 两个 Activity 组成（对应两个界面）。当程序启动时，运行 MainActivity，效果如图 4-7 所示。界面上有一个“切换到第二个界面”按钮。单击该按钮后，运行 OtherActivity，出现如图 4-8 所示的界面。通过在生命周期事件函数里输出相应的信息（System. out. println）来查看它们执行的顺序。

图 4-7 MainActivity 效果图

图 4-8 OtherActivity 效果图

两个 Activity 都只有一个按钮，其对应在布局文件中为（以 MainActivity 为例）：

```
<Button                                      //定义按钮控件
    android:id = "@ + id/button1"            //定义按钮控件
    android:layout_width = "fill_parent"
    android:layout_height = "wrap_content"
    android:text = "切换到第二个界面 " />     //按钮上文字
```

下面是 MainActivity 和 OtherActivity 的代码。

```
MainActivity. java
package edu. zafu. ch4_2;            //声明包语句
```

引入相关包，包括 Activity、Intent、Bundle、View、Button 和按钮监听。

```
import android. app. Activity;
import android. content. Intent;
import android. os. Bundle;
import android. view. View;
import android. view. View. OnClickListener;
import android. widget. Button;
```

```
//定义第一个 Activity:MainActivity,有一个按钮 button。为了使按钮单击后能执行相应的操作,需要
设置监听事件 OnClickListener()。然后分别重写生命周期事件函数,输出相关信息
public class MainActivity extends Activity {
    private Button button = null;                       //按钮对象变量
//完全生命周期开始
protected void onCreate(Bundle savedInstanceState) {
    super.onCreate(savedInstanceState);                 //调用父类 onCreate 方法
    System.out.println("MainActivity onCreate()");      //输出信息
    setContentView(R.layout.activity_main);             //设置布局
    button = (Button)findViewById(R.id.button1);        //引用布局中按钮
    //注册单击事件的监听器
    button.setOnClickListener(new OnClickListener() {
        public void onClick(View v) {                   //单击事件函数
            Intent intent = new Intent();               //定义 Intent 对象
            intent.setClass(MainActivity.this,OtherActivity.class);
            startActivity(intent);                      //启动 Activity
            }
        });

    }
//可见生命周期开始
    protected void onStart() {
        super.onStart();
        System.out.println("MainActivity onStart()");
    }
//活动生命周期开始
    protected void onResume() {
        super.onResume();
        System.out.println("MainActivity onResume()");
    }
//重新进入可见生命周期开始
    protected void onRestart() {
        super.onRestart();
        System.out.println("MainActivity onRestart()");
    }
//活动生命周期结束
    protected void onPause() {
        super.onPause();
        System.out.println("MainActivity onPause()");
    }
//可见生命周期结束
    protected void onStop() {
        super.onStop();
        System.out.println("MainActivity onStop()");
    }
//完全生命周期结束
    protected void onDestroy() {
        super.onDestroy();
        System.out.println("MainActivity onDestroy()");
    }
}
```

OtherAvtivity.java 文件基本与 MainActivity 相同，这里给出两者的不同之处，详细可见 Ch4_2 源代码。

```
//定义 OtherActivity
public class OtherActivity extends Activity {
//在 onCreate 中,输出内容和设置布局、按钮监听器
        System.out.println("OtherActivity onCreate()");
        setContentView(R.layout.activity_other);
        button = (Button)findViewById(R.id.button2);
        button.setOnClickListener(new OnClickListener() {
            public void onClick(View v) {
                    Intent intent = new Intent();
                    intent.setClass(OtherActivity.this,MainActivity.class);
                    startActivity(intent);

                }
        });
//不同事件函数,输出不同的提示信息
    protected void onStart() {
        super.onStart();
        System.out.println("OtherActivity onStart()");
    }
    protected void onResume() {
        super.onResume();
        System.out.println("OtherActivity onResume()");
    }
    protected void onRestart() {
        super.onRestart();
        System.out.println("OtherActivity onRestart()");
    }
    protected void onPause() {
        super.onPause();
        System.out.println("OtherActivity onPause()");
    }
    protected void onStop() {
        super.onStop();
        System.out.println("OtherActivity onStop()");
    }
    protected void onDestroy() {
        super.onDestroy();
        System.out.println("OtherActivity onDestroy()");
    }
```

启动项目 Ch4_2，出现如图 4-7 所示的界面后，在 Logcat 调试窗口中可以看到如图 4-9 所示的内容。关于 Logcat 的具体使用可参见 4.3 节。

Level	Time	PID	TID	Application	Tag	Text
I	08-02 18:48:51.861	5573	5573	edu.zafu.ch4_2	System.out	MainActivity onCreate()
I	08-02 18:48:51.867	5573	5573	edu.zafu.ch4_2	System.out	MainActivity onStart()
I	08-02 18:48:51.868	5573	5573	edu.zafu.ch4_2	System.out	MainActivity onResume()

图 4-9 MainActivity 输出内容

从图 4-9 中可以看到一个 Activity 启动时的执行顺序：onCreate→onStart→onResume，之后 Activity 位于栈顶，可以与用户进行交互。当单击按钮进入 OtherActivity，并出现如图 4-8 所示的界面后，Logcat 调试输出如图 4-10 所示。

可以看到，单击按钮后，MainActivity 调用 onPause 函数进入暂停状态。同样，OtherActivity 会像 MainActivity 那样按照 onCreate、onStart、onResume 的次序来执行这三个函数。此时屏幕

Level	Time	PID	TID	Application	Tag	Text
I	08-02 18:49:49.664	5573	5573	edu.zafu.ch4_2	System.out	MainActivity onPause()
I	08-02 18:49:49.688	5573	5573	edu.zafu.ch4_2	System.out	OtherActivity onCreate()
I	08-02 18:49:49.692	5573	5573	edu.zafu.ch4_2	System.out	OtherActivity onStart()
I	08-02 18:49:49.693	5573	5573	edu.zafu.ch4_2	System.out	OtherActivity onResume()
I	08-02 18:49:50.000	5573	5573	edu.zafu.ch4_2	System.out	MainActivity onStop()

图 4-10　OtherActivity 输出内容

上显示 OtherActivity，而 MainActivity 将不再可见，于是调用 onStop 函数进入停止状态。若此时内存资源不足，系统就会调用 MainActivity 的 onDestroy。但若重新切换回 MainActivity，那么 onRestart 函数将会被调用。退出程序，则会依次调用：onPause→onStop→onDestroy，如图 4-11 所示的是调试界面输出的内容。OtherActivity 也会调用 onPaus、onStop 和 onDestroy 函数。

Level	Time	PID	TID	Application	Tag	Text
I	08-02 18:50:19.106	5573	5573	edu.zafu.ch4_2	System.out	MainActivity onPause()
I	08-02 18:50:19.756	5573	5573	edu.zafu.ch4_2	System.out	MainActivity onStop()
I	08-02 18:50:19.756	5573	5573	edu.zafu.ch4_2	System.out	MainActivity onDestroy()

图 4-11　程序退出输出内容

Service 等的生命周期也类似于 Activity，具有相同的管理方式。下面会介绍 Android 的这四个重要组件的具体内容。

4.2.2　Android 组件

一个 Android 应用程序通常由四类组件构成：Activity、Service、BroadcastReceiver 和 ContentProvider。但并不是每个 Android 应用程序都必须包含这四类组件。除了 Activity 是必要部分外，其他的组件都可根据实际应用需要选择。在 AndroidManifest.xml 中声明可共享的组件，声明后 Android 系统就可以利用这些组件实现程序内部或程序间的模块调用，实现共享组件、解决代码复用的功能。

1. Activity

Activity 是 Android 中最基础同时也是最重要的一个组件。一个 Activity 在程序中是独立运行的，程序的当前显示界面即为一个 Activity，多个 Activity 之间可以实现跳转。它是用户唯一可以看得到的东西。几乎所有的 Activity 都会与用户进行交互，所以它主要负责创建显示窗口。可以在这些窗口里使用 setContentView（View v）来显示自己的 UI。

Activity 是基于栈实现的，所有的 Activity 组成一个 Activity 栈，而当前显示的 Activity 位于栈顶。用户可以在当前界面进行一些操作，如输入等，程序会根据用户的操作进行响应。界面是由 View 和 ViewGroup 对象构建而成的，而 ViewGroup 是特殊的 View 类，它又可以由 View 和 ViewGroup 组成，它们共同组成了用户界面。而每一个 Activity 都必须在 AndroidManifest.xml 文件中注册，否则当程序跳转到这个 Activity 时就会报错。

4.1 节的例 4-1 中创建的第一个应用程序，运行界面如图 4-12 所示。

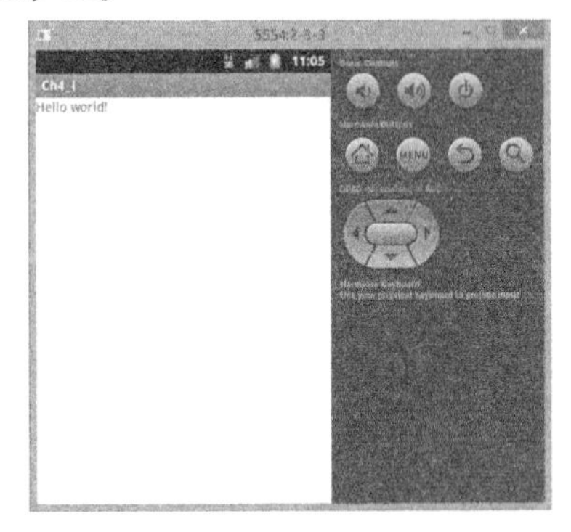

图 4-12　应用程序运行界面

这个程序的界面显示内容是在布局文件夹里的 activity_main.xml 文件中定义的，而在 MainActivity 类的 onCreate 方法中生成了界面。在今后的开发中可以看到，这种 Android 程序开发中的界面和代码分离是随处可见的。当然，也可以只用代码实现该程序的界面效果，这种方式在一些特殊情况下也会使用。

【例 4-3】Hello world 的另一种实现。

源代码

```
package edu. zafu. ch4_3                              //包名
import android. app. Activity;                         //导入相关的包
import android. os. Bundle;
import android. widget. LinearLayout;
import android. widget. TextView;

public class MainActivity extends Activity {
    protected void onCreate( Bundle savedInstanceState) {          //生成界面
        super. onCreate( savedInstanceState) ;
        LinearLayout l = new LinearLayout( this) ;                 //生成一个布局
        TextView tx = new TextView( this) ;                        //生成 TextView 对象
        tx. setText( R. string. hello_world) ;                     //设置文本内容
        l. addView( tx) ;                                          //加入到布局中
        setContentView(l) ;                                        //设置显示布局
    }
}
```

首先导入一些程序所需的类，查看 onCreate 方法中的代码：创建了一个 LinearLayout 对象和 TextView 对象，并把 TextView 对象添加到 LinearLayout 对象中，最后设置当前显示的内容为 LinearLayout 对象。这段代码的运行结果与例 4-1 是一样的，但是代码却增多了。因此在实际开发中一般不采取这种方法，而是用代码和界面分离的方法。

2. Service

Service 是 Android 系统中一个非常重要的应用程序组件。它的最大特点是其不可见，没有 Activity 那样华丽的图形化界面，这也是与 Activity 最大的区别。Service 在程序后台运行，拥有独立的生命周期，通常用来处理一些耗时长的操作。可以使用 Service 更新 ContentPrivider，发送 Intent 以及启动系统的通知等。但是 Service 不是一个单独的进程，也不是一个线程。如果 Service 里的代码阻塞了，会导致整个应用程序没有响应。每一个 Sevvice 在使用前与 Activity 一样，都要在 AndroidManifest. xml 文件里进行声明。具体使用方法将在第 6 章中进行讨论。

3. BroadcastReceiver

BroadcastReceiver 是 Android 程序中的另一个重要的组件，其意为广播接收器，作用在于接收并响应 Android 应用中产生的各种广播消息。比如，当手机收到一条短信的时候，就会产生一个收到短信的事件。它会向所有与它有关的已经注册的广播接收器广播这个事件。大部分广播消息是由系统产生的，例如，时区改变、电池电量低和语言选项改变等。使用广播接收器就必须先声明，它有两种声明的方法，一种是在 AndroidManifest. xml 文件里声明，另一种是使用 Java 代码中的 registReceiver( )方法。详细信息将在第 6 章中进行讨论。

4. ContentProvider

在 Android 中，每一个应用程序都运行在各自的进程中。当一个程序需要访问另一个应用程序的数据，即在不同的虚拟机之间传递数据时，可以借助 ContentProvider 实现数据的交换，达到在不同的应用程序之间共享数据的目的。

ContentProvide 也可认为是一种特殊的数据存储方式，它对数据的存储进行了封装，提供了一套标准的接口来获取和操作数据。Android 系统本身也能够为常见的一些数据提供 Content-Provider（包括音频、视频、图片和通讯录等）。当用户实现自己的 ContentProvider 时，首先需定义一个 CONTENE_URI 常量，然后定义一个类继承 ContentProvider。需要实现的抽象方法如下。

- onCreate()：初始化 ContentProvider。
- insert(Uri,ContentValues)：向 ContentProvider 中插入数据。
- delete(Uri,ContentValues)：删除 ContentProvider 中指定的数据。
- update(Uri,ContentValues,String,String[])：更新 ContentProvider 中指定的数据。
- query(Uri,String[],String,String[],String)：从 ContentProvider 中查询数据。
- getType(Uri uri)：获取数据类型。

最后还要在 AndroidManifest.xml 中进行声明。

通常与 ContentProvider 结合使用的是 ContentResolver。一个应用程序通过 ContentProvider 来暴露自己的数据，而另一个程序则通过 ContentResolver 来访问该数据。

ContentProvider 使用表的形式来组织数据，如表 4-1 所示的是一个示例。

表 4-1　ContentProvider 数据组织形式示例

_ID	NUMBER	NUMBER_KEY	LABEL	NAME	TYPE
13	(425)5556677	4255556677	Kirklandoffice	Bully Pulpit	TYPE_WORK
44	(212)555-1234	2125551234	NY apartment	Alan Vain	TYPE_HOME
45	(212)555-6657	2125556657	Downtown office	Alan Vain	TYPE_MOBILE
53	201.555.4433	2015554433	Love Nest	Rex Cars	TYPE_HOME

在 Android 中，每一个 ContentProvider 都拥有一个公共的 URI，这个 URI 可以用于找到某一个特定的 ContentProvider。Android 系统提供的 ContentProvider 都存放在 android.provider 包当中。关于 ContentProvider 的具体使用方法，可详见第 8 章 Android 数据存储的内容。

4.3　程序调试

有时也许只花了一个星期的时间可以完成一个程序，但是有时或许得花上一个月甚至更久去调试一个程序。调试后出现的错误各种各样，调试的方法也因个人习惯会有所不同。要想马上解决问题，就需要有一个好的调试工具。在 Android 中，自然是少不了这些工具。

4.3.1　ADB 调试桥

ADB（Android Debug Bridge）起到调试桥的作用，是用来管理模拟器和真机的通用调试工具。该工具功能强大，可直接通过命令行使用 adb 命令。通过 adb 可以在 Eclipse 中利用 DDMS 来调试 Android 程序，因此它是 debug 工具。借助它可以管理设备或手机模拟器的状态，还可以进行手机的很多操作，如安装软件、系统升级、运行 shell 命令等。

adb 的主要命令如下。

1）帮助信息：adb help，输出 adb 命令的使用方法。

2）查看当前连接的设备：adb devices。

3）创建模拟器：android create avd -t <API> -n <Name>。例如，创建一个 API 版本为 7、名字为 myavd 的模拟器，则输入 android create avd -t 7 -n myavd 即可。

4）列出创建的模拟器：android list avd。

5）删除模拟器：android delete avd -n <Name>。例如，删除名字为 myavd 的模拟器，

则输入 android delete avd －n myavd 即可。

6）将 apk 文件安装到模拟器中：adb install < path >。运行该命令前，首先要启动模拟器。例如，要将加入的 apk 文件放在 c 盘根目录下，名字为 QQ. apk，那么输入 adb install c:\a. apk 即可安装该 apk。

7）卸载 apk：adb uninstall < package >。例如，要卸载一个包名为 edu. zafu. ch4 的软件，则输入 adb uninstall edu. zafu. ch4 即可。

8）将文件复制进模拟器：adb push <本地目录> <模拟器目录>。

9）将文件从模拟器复制到计算机：adb pull <模拟器目录> <本地目录>。

4.3.2　Logcat 调试

在例 4-2 中，已经应用了 Logcat 来查看程序的运行信息。Logcat 是用来获取系统日志信息的工具，并可以显示在 Eclipse 集成开发环境中。能够捕获的信息包括 Dalvik 虚拟机产生的信息、进程信息、ActivityManager 信息、PackagerManager 信息、Homeloader 信息、WindowsManager 信息、Android 运行时信息和应用程序信息等。

在使用 Logcat 之前需要先打开 Logcat 视图，选择 "Window" → "Show View" → "Other" → "Android" → "Logcat" → "OK" 命令即可打开，如图 4-13 所示。

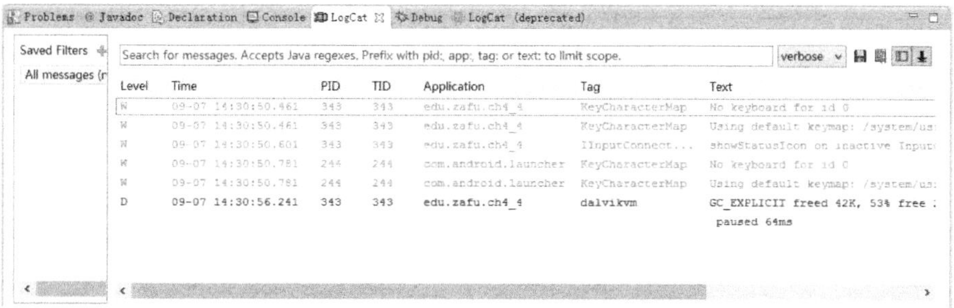

图 4-13　程序运行界面

在 Logcat 窗口中，每条信息包含 7 个部分：信息等级（Level）、执行时间（Time）、产生日志进程编号（PID）、线程编号（TID）、应用程序名（Application）、标签（Tag）和信息内容（Text）。

使用 Logcat，首先引入 android. util. Log 包，然后使用 Log. v( )、Log. d( )、Log. i( )、Log. w( )和 Log. e( )五个函数在程序中设置"日志点"。根据首字母对应 VERBOSE（详细信息）、DEBUG（调试信息）、INFO（通告信息）、WARN（警告信息）、ERROR（错误信息）5 类信息。

1）Log. v 的调试颜色为黑色，任何消息都会输出。

2）Log. d 的输出颜色是蓝色，仅输出 debug 调试信息，但会输出上层信息，可以通过 DDMS 的 Logcat 标签来选择输出。

3）Log. i 的输出为绿色，一般用于提示性的消息 information。它不会输出 Log. v 和 Log. d 的信息，但会显示 i、w 和 e 的信息。

4）Log. w 的输出为橙色，可以看作是 warning 警告。一般需要注意优化 Android 代码，同时选择它后还会输出 Log. e 的信息。

5）Log. e 的输出为红色，可以联想到 error 错误。这里仅显示红色的错误信息，这就需要认真地分析，查看栈的信息了。

当程序运行到“日志点”时，应用程序的日志信息便会被发送到 Logcat 中。通过判断“日志点”信息与预期的内容是否一致，可以判断程序是否存在错误。

源代码 

【例 4-4】错误程序示例。

```
package edu. zafu. ch4_4;
import android. app. Activity;
import android. os. Bundle;
import android. widget. TextView;
public class MainActivity extends Activity {
    private TextView tv = null;
    protected void onCreate(Bundle savedInstanceState) {
        uper. onCreate(savedInstanceState);
        tv = (TextView)findViewById(R. id. tv1);
        setContentView(R. layout. activity_main);
        tv. setText("这是修改后的 TextView");
    }
}
```

当试图运行该程序时，模拟器就会报告一个意外终止的错误。这是因为在设置布局之前是通过 findViewById()方法去查找 TextView 对应的 id 的。然而此时，根本不存在这个 id。这样设置布局之后，通过 setText()方法设置内容，对一个无法确定存在位置的 id 设置内容，必然会出错。这个错误就是常见的空指针异常。

那么，该如何快速定位错误所在呢？其实在 Logcat 中就能找到答案——输出程序的异常信息。如图 4-14 所示为一段关键的日志输出。

Level	Time	PID	TID	Application	Tag	Text
						oteInit.java:839)
E	09-08 13:37:48.562	430	430	zafu.edu.ch4_5	AndroidRuntime	at com.android.internal.os.ZygoteInit.main(ZygoteInit.java:597)
E	09-08 13:37:48.562	430	430	zafu.edu.ch4_5	AndroidRuntime	at dalvik.system.NativeStart.main(Native Method)
E	09-08 13:37:48.562	430	430	zafu.edu.ch4_5	AndroidRuntime	Caused by: java.lang.NullPointerException
E	09-08 13:37:48.562	430	430	zafu.edu.ch4_5	AndroidRuntime	at zafu.edu.ch4_5.MainActivity.onCreate(MainActivity.java:14)
E	09-08 13:37:48.562	430	430	zafu.edu.ch4_5	AndroidRuntime	at android.app.Instrumentation.callActivityOnCreate(Instrumentati on.java:1047)

图 4-14　空指针异常

从图 4-14 中可以看到程序抛出了一个名为 java. lang. NullPointerException 的异常，这就是常见的空指针异常，很多初学者都会遇到类似的错误。还可以看到，错误在 MainActivity. java 文件中的第 14 行，也就是对一个不知道 id 是什么的 TextView 设置了内容。

Logcat 配合一套静态方法来查找错误和打印日志。简单地运用一下这些方法，在 Logcat 视图下观察输出是否正常。

源代码

【例 4-5】Logcat 示例。

```
package edu. zafu. ch4_5;
import android. app. Activity;
import android. os. Bundle;
import android. util. Log;
import android. view. View;
import android. widget. Button;
public class MainActivity extends Activity {
    private static final String ACTIVITY_TAG = "ch4_5_MainActivity";
    private Button bt;
    public void onCreate(Bundle savedInstanceState) {
```

```
            super.onCreate(savedInstanceState);
            setContentView(R.layout.activity_main);
            bt = (Button)findViewById(R.id.bt);
            bt.setOnClickListener(new Button.OnClickListener() {
                public void onClick(View v) {
                    Log.v(MainActivity.ACTIVITY_TAG,"This is Verbose.");
                    Log.d(MainActivity.ACTIVITY_TAG,"This is Debug.");
                    Log.i(MainActivity.ACTIVITY_TAG,"This is Information");
                    Log.w(MainActivity.ACTIVITY_TAG,"This is Warnning.");
                    Log.e(MainActivity.ACTIVITY_TAG,"This is Error.");
                    System.out.println("This is println");
                }
            });
        }
    }
```

当单击按钮时，就会在 Logcat 视图下输出如图 4-15 所示的内容。Logcat 对不同类型的信息使用不同的颜色加以区别。从图 4-15 中可以看到各种信息的输出内容和使用的颜色与上面的描述是一致的。特别注意，在程序中书写了一句 println 输出，这里仅是为了说明 println 也是可以用来输出，从而达到调试程序目的的。

L.	Time	PID	TID	Application	Tag	Text
						K, paused 77ms+6ms, total 215ms
I	09-18 06:54:00.138	351	351	com.android.systemui	Choreographer	Skipped 38 frames! The application may be doing too much work on its main thread.
D	09-18 06:54:17.757	279	282	system_process	dalvikvm	GC_CONCURRENT freed 653K, 19% free 5598K/6900K, paused 74ms+10ms, total 193ms
I	09-18 06:54:33.868	279	317	system_process	Choreographer	Skipped 48 frames! The application may be doing too much work on its main thread.
I	09-18 06:54:34.304	279	317	system_process	Choreographer	Skipped 47 frames! The application may be doing too much work on its main thread.
I	09-18 06:54:34.954	1185	1185	zafu.edu.ch4_5	Choreographer	Skipped 42 frames! The application may be doing too much work on its main thread.
V	09-18 06:54:35.078	1185	1185	zafu.edu.ch4_5	ch4_5_MainActivity	This is Verbose.
D	09-18 06:54:35.078	1185	1185	zafu.edu.ch4_5	ch4_5_MainActivity	This is Debug.
I	09-18 06:54:35.078	1185	1185	zafu.edu.ch4_5	ch4_5_MainActivity	This is Information
W	09-18 06:54:35.078	1185	1185	zafu.edu.ch4_5	ch4_5_MainActivity	This is Warnning.
E	09-18 06:54:35.078	1185	1185	zafu.edu.ch4_5	ch4_5_MainActivity	This is Error.
I	09-18 06:54:35.078	1185	1185	zafu.edu.ch4_5	System.out	This is println
I	09-18 06:54:35.158	1185	1185	zafu.edu.ch4_5	Choreographer	Skipped 44 frames! The application may be doing too much work on its main thread.
D	09-18 06:54:40.372	641	657	com.android.exchange	ExchangeService	Received deviceId from Email app: null
D	09-18 06:54:40.372	641	657	com.android.exchange	ExchangeService	!!! deviceId unknown; stopping self and retrying
D	09-18 06:54:45.428	641	838	com.android.exchange	ExchangeService	!!! EAS ExchangeService, onCreate
D	09-18 06:54:45.448	641	641	com.android.exchange	ExchangeService	!!! EAS ExchangeService, onStartCommand, startingUp = false, running = false
W	09-18 06:54:45.448	279	500	system_process	ActivityManager	Unable to start service Intent { act=com.andr

图 4-15　Logcat 日志输出

可以通过添加过滤器把不需要的信息过滤掉。例如，在例 4-5 中，单击“+”，输入过滤器的名称“LogcatFilter”，并设置过滤条件为“标签 = ch4_5_MainActivity”，如图 4-16 所示。

这样就可以在 LogcatFilter 窗口中观察 tag 标签仅为“ch4_5_MainActivity”的输出信息了，如图 4-17 所示，从而可以从大量的输出信息中快速定位实际需要的信息。

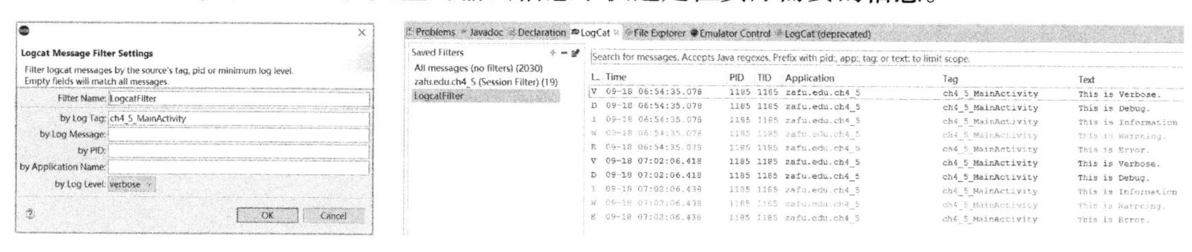

图 4-16　Log filter 设置界面　　图 4-17　Log filter 结果

其实，Logcat 输出功能只是 DDMS 里的一个普通功能，其中还有很多调试工具。要使用 DDMS 首先需要打开 DDMS 视图，选择“菜单栏”→“Window”→“Open Perspective”→

“DDMS”命令即可打开。在视图中可以模拟经纬度、打电话、发短信，查看模拟器里的程序数据、模拟器的 CPU 消耗数据、模拟器数据和计算机数据相互交换等。熟练使用 DDMS 会给以后调试程序带来很大的方便。

4.3.3　Dev Tools

Dev Tools 是用于调试和测试的工具，隐藏在 Android 模拟器中，如图 4-18a 所示。Dev Tools 提供了强大的调试支持，包括了一系列各种用途的小工具：Development Settings、Exception Browser、Google Login Service、Instrumentation、Media Scanner、Package Browser、Pointer Location、Raw Image Viewer、Running processes 和 Terminal Emulator 等，如图 4-18b 所示。下面了解几个主要的小工具。

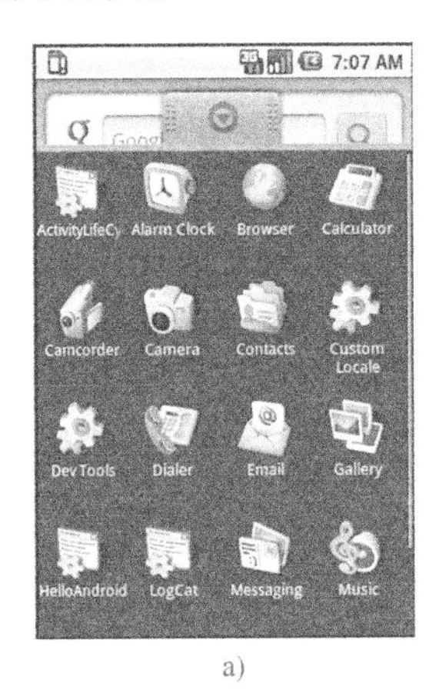

a)

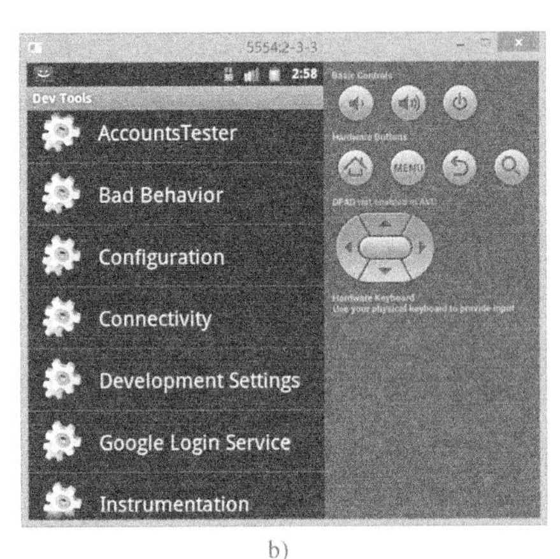

b)

图 4-18　Dev Tools 界面
a）Dev Tools 位置　b）Dev Tools 内容

1. Development Settings

Development Settings 中包含了程序调试的相关选项，比如进入后看到 Show CPU Usage 这样的实用功能来显示 CPU 占用率，它可帮助 Android 开发人员分析当前软件性能情况。Development Settings 中的选项如下。

- Wait for debugger（等待调试器）。
- Show running processs（显示运行中的进程）。
- Show screen updates（显示屏幕更新）。
- Immediately destroy activites（立即销毁 activities）。
- Show CPU usage（显示 CPU 占用率）。
- Show background（显示背景）。
- Show Sleep state on LED（在休眠状态下 LED 开启）。
- Show GTalk service connection status（显示 GTalk 服务连接状态）。

在 Configuration 设置中还可以看到模拟器的硬件信息，在 Connectivity 设置中可以看到一些关于 Wi-Fi 的信息。还有很多设置，例如，包浏览、媒体扫描和 Google 登录服务等。

2. Package Browser

Package Browser 是 Android 系统中的程序包查看工具，能够详细显示已经安装到 Android 系统中的程序信息，包括包名称、应用程序名称、图标、进程、用户 ID、版本、apk 文件保存位置和数据文件保存位置等。可进一步查看应用程序所包含 Activity、Service、BroadcastReceiver 和 Provider 的详细信息。

如图 4-19 所示为 Package Browser 查看 ActivityLifeCycle 程序的相关信息。

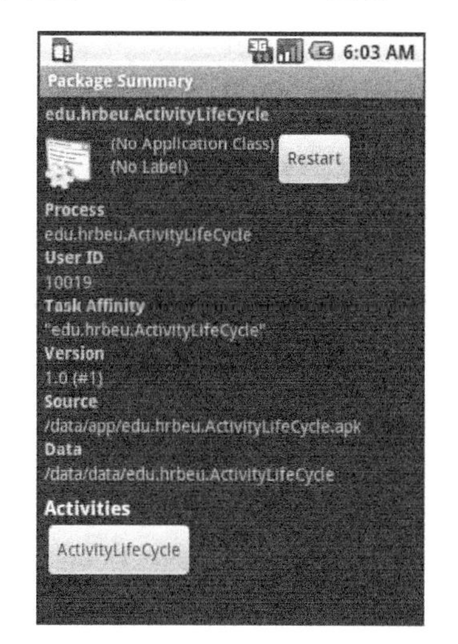

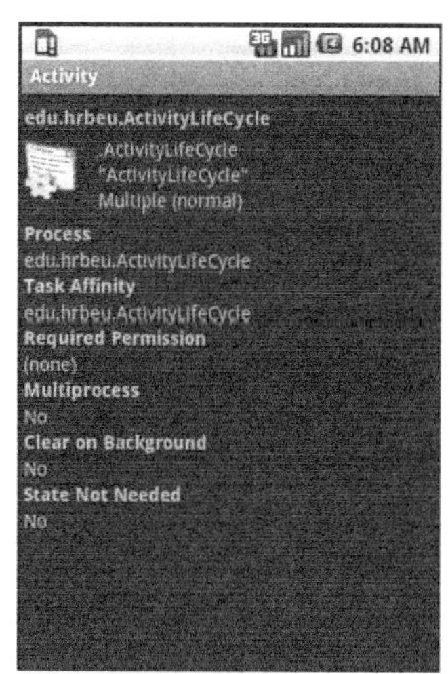

图 4-19　Package Browser 运行界面

3. Pointer Location

Pointer Location 是屏幕点位置查看工具，能够显示触摸点的 X 轴和 Y 轴的坐标。Pointer Location 的使用画面如图 4-20 所示。

4. Running processes

Running processes 能够查看在 Android 系统中正在运行的进程，并能查看进程的详细信息，包括进程名称和进程所调用的程序包。Andoird 模拟器默认情况下运行的进程和 com. android. phone 进程的详细信息如图 4-21 和图 4-22 所示。

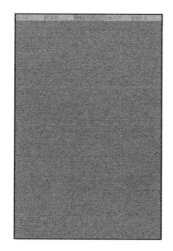

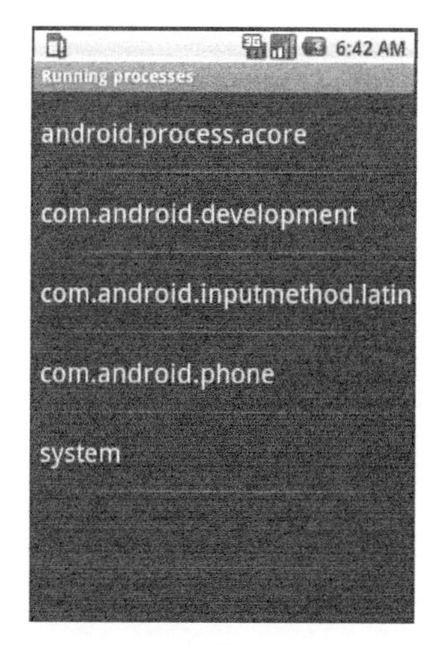

图 4-20　Pointer Location 运行界面　　图 4-21　Andoird 模拟器默认情况下运行的进程

5. Terminal Emulator

Terminal Emulator 可以打开一个连接底层 Linux 系统的虚拟终端，但权限较低，且不支持提升权限的 su 命令。

如果需要使用 root 权限的命令，可以使用 ADB 工具。如图 4-23 所示是 Terminal Emulator

运行时的画面。输入 ls 命令，可显示出根目录下的所有文件夹。

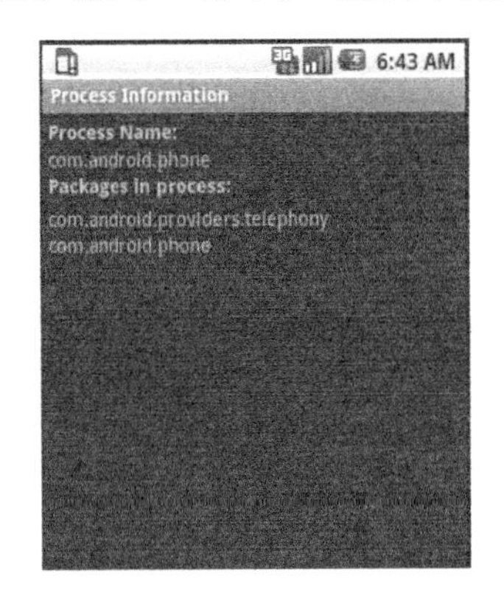

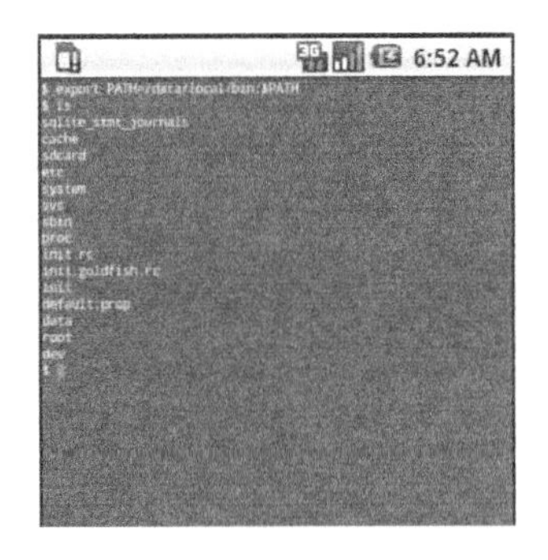

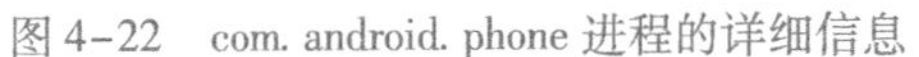
图 4-22　com. android. phone 进程的详细信息　　图 4-23　Terminal Emulator 运行界面

4.4　思考与练习

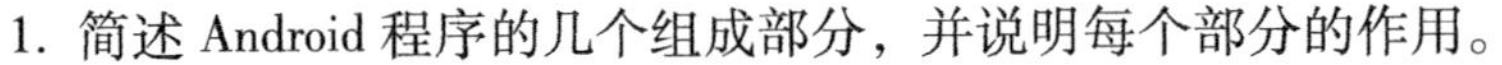
1. 简述 Android 程序的几个组成部分，并说明每个部分的作用。

2. 简述 Activity 生命周期的几种状态，以及状态之间的变换关系。

3. 简述 Android 系统的 4 种基本组件 Activity、Service、BroadcaseReceiver 和 ContentProvider 各自的用途。

4. 简述程序调试的方式有哪些，各有什么特点。

第 5 章　用户界面开发

本章将学习 Android 开发中非常重要的一项内容——用户界面开发。

一个内容清晰、美观大方的用户界面通常是通过文字和图形表达出来的，也是成功应用程序的必备条件。应用界面的设计是对控件和功能适当选择和处理的过程。在设计过程中，只有对设计的方法进行反复的推敲、琢磨，才能达到完美的效果。

Android 平台提供控件的使用和网页设计比较相似。比如，用 partert_width 等抽象长度，用 Theme 来定制风格，抽取所有的字符串等信息进行本地化设计等。设计 Android 的界面，要先给 Android 定框架，然后再往框架里面放控件。

教学课件 PPT

5.1　用户界面简介

用户界面（User Interface，UI）是系统与用户之间进行交互和信息交换的主要媒介，它能够使用户方便有效地操作以达成双向交互，完成相应的工作。在 Android 应用程序中，用户界面由界面控件组合而成。界面的布局以及相关的控件将会在下面进行详细的介绍。

5.2　界面布局

在 Android 中，每个组件在窗体中都有具体的位置和大小。Android 提供了 6 种常用的布局方式，可以很方便地控制各组件的位置和大小：LinearLayout（线性布局）、FrameLayout（框架布局）、TableLayout（表格布局）、RelativeLayout（相对布局）、AbsoluteLayout（绝对布局）和 Grid Layout（网格布局）。

5.2.1　线性布局

LinearLayout 线性布局是程序开发中最常用的一种布局方式，分为水平线性布局和垂直线性布局两种，可以在屏幕上垂直或水平地对用户界面控件或者小工具进行布局。如表 5-1 所示是 LinearLayout 支持的常用 XML 属性及相关方法的说明。

表 5-1　LinearLayout 支持的常用 XML 属性及相关方法的说明

XML 属性	相关方法	说　　明
Android:orientation	SetOrientation(int)	设置布局内组件的排列方式，可以设置为 horizontal（水平排列）、vertical（垂直排列、默认值）两个值的其中之一
Android:gravity	setGravity(int)	设置布局内组件的对齐方式，可选值包括 top、bottom、left、right、center_vertical、fill_vertical、center_horizonal、fill_horizontal、center、fill、clip_vertical 和 clip_horizontal. 。这些属性值可以同时指定，各属性之间用竖线隔开。如要指定组件靠左下角对齐，可以用 left｜botton

以下分别是水平和垂直线性布局的示例。

【例 5-1】水平线性布局，运行效果如图 5-1 所示。

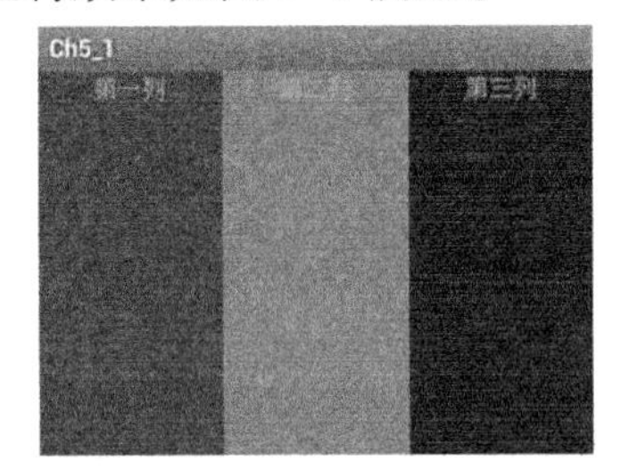

图 5-1 LinearLayout 水平线性布局

```
<LinearLayout xmlns:android = "http://schemas.android.com/apk/res/android"
    android:orientation = "horizontal"                //水平方式排列
    android:layout_width = "fill_parent"              //设置宽度,父视窗宽度
    android:layout_height = "fill_parent"             //设置高度,父视窗高度
    >
    <TextView
        android:text = "第一列"
        android:gravity = "center_horizontal"         //组件对齐方式,水平居中
        android:background = "#aa0000"                //组件设置背景
        android:layout_width = "wrap_content"         //设置宽度,视窗宽度
        android:layout_height = "fill_parent"         //设置高度,父视窗高度
        android:layout_weight = "1"/>                 //视图重要度赋值
    <TextView
        android:text = "第二列"
        android:gravity = "center_horizontal"         //组件对齐方式,水平居中
        android:background = "#00aa00"                //组件设置背景
        android:layout_width = "wrap_content"         //设置宽度,视窗宽度
        android:layout_height = "fill_parent"         //设置高度,父视窗高度
        android:layout_weight = "1"/>                 //视图重要度赋值
    <TextView
        android:text = "第三列"
        android:gravity = "center_horizontal"         //组件对齐方式,水平居中
        android:background = "#0000aa"                //组件设置背景
        android:layout_width = "wrap_content"         //设置宽度,视窗宽度
        android:layout_height = "fill_parent"         //设置高度,父视窗高度
        android:layout_weight = "1"/>                 //视图重要度赋值
</LinearLayout>
```

上面的界面布局里定义了一个简单的水平线性布局，设置了组件对齐方式和背景，以及对视窗的重要度赋值。

【例 5-2】垂直线性布局，运行效果如图 5-2 所示。

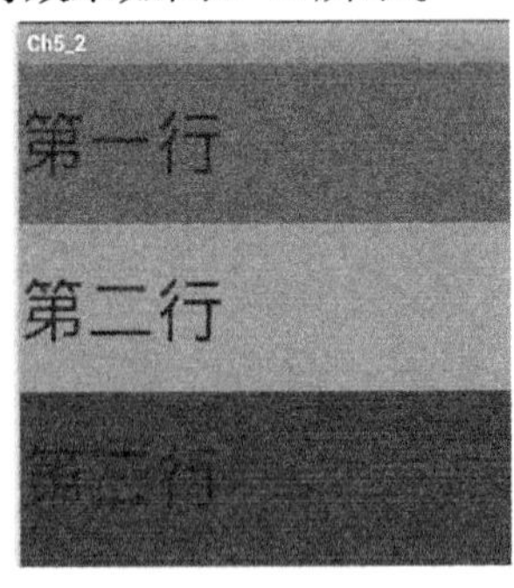

图 5-2 LinearLayout 垂直线性布局

```
<LinearLayout xmlns:android = "http://schemas.android.com/apk/res/android"
    android:orientation = "vertical"                    //垂直方式排列
    android:layout_width = "fill_parent"                //设置宽度,父视窗宽度
    android:layout_height = "fill_parent"               //设置高度,父视窗高度
    >
      <TextView
          android:text = "第一行"
          android:textSize = "20pt"                     //设置字体大小
          android:gravity = "center_vertical"           //组件对齐方式,垂直居中
          android:background = "#aa0000"               //组件设置背景
          android:layout_width = "fill_parent"          //设置宽度,父视窗宽度
          android:layout_height = "wrap_content"        //设置高度,视窗高度
          android:layout_weight = "1"/>                 //视图重要度赋值
      <TextView
          android:text = "第二行"
          android:textSize = "20pt"                     //设置字体大小
          android:gravity = "center_vertical"           //组件对齐方式,垂直居中
          android:background = "#00aa00"               //组件设置背景
          android:layout_width = "fill_parent"          //设置宽度,父视窗宽度
          android:layout_height = "wrap_content"        //设置高度,视窗高度
          android:layout_weight = "1"/>                 //视图重要度赋值
            <TextView
          android:text = "第三行"                        //文本框
          android:textSize = "20pt"                     //设置字体大小
          android:gravity = "center_vertical"           //组件对齐方式,垂直居中
          android:background = "#0000aa"               //组件设置背景
          android:layout_width = "fill_parent"          //设置宽度,父视窗宽度
          android:layout_height = "wrap_content"        //设置高度,视窗高度
          android:layout_weight = "1"/>                 //视图重要度赋值
</LinearLayout>
```

线性布局可以嵌套使用，例如，垂直布局里可以再嵌套水平布局或水平布局里嵌套垂直布局。这种嵌套布局，可以将线性布局本身看作为一种组件，置于另一线性布局容器中。

5.2.2 框架布局

FrameLayout 框架布局是组织视图控件最简单且最有效的布局之一。该布局一般只用来显示单视图或者层叠的多视图。层叠的情况一般为：第一个添加的控件会被放在最底层，最后一个添加到框架布局中的视图显示在最顶层，上一层的控件则会相应地覆盖下一层的控件。这种显示方式有些类似于堆栈。如表 5-2 所示是 FrameLayout 支持的常用 XML 属性及相关方法的说明。

表 5-2　FrameLayout 支持的常用 XML 属性及相关方法的说明

XML 属性	相关方法	说　明
Android：foreground	SetForeground(Drawable)	设置框架布局视窗的前景图像
Android：foregroundGravity	SetForegroundGravity(int)	定义绘制前景图像的 gravity 属性

【例 5-3】一个简单的示例。

源代码

```
<FrameLayoutxmlns:android="http://schemas.android.com/apk/res/android"
    android:layout_width="fill_parent"
                                                    //设置宽度,父视窗宽度
    android:layout_height="fill_parent" >
                                                    //设置高度,父视窗高度
<Button
        android:id="@+id/button1"                   //控件添加 ID
        android:layout_width="fill_parent"          //设置宽度,父视窗宽度
        android:layout_height="wrap_content"        //设置高度,视窗高度
        android:text="第一个"/>                      //文本框
<TextView
        android:layout_width="fill_parent"          //设置宽度,父视窗宽度
        android:layout_height="wrap_content"        //设置高度,视窗高度
        android:text="第二个"                        //文本框
        android:textColor="#0000aa"/>               //文本框颜色
</FrameLayout>
```

运行效果如图 5-3 所示。

通过图 5-3 可以看到“第一个”（Button）被放置于底部，“第二个”（TextView）被放置在上层覆盖了“第一个”（Button）。这便是 FrameLayout 框架布局的效果。

图 5-3　FrameLayout 框架布局

5.2.3　表格布局

TableLayout 表格布局中每一个 TableRow 对象或者 View 对象为一行。TableRow 是一个容器，因此可以向 TableRow 中添加子控件，每添加一个子控件该表格就增加一列。值得注意的是，在表格布局中，列的宽度是由其中最宽的单元格来决定的，整个表格布局的宽度则取决于父容器的宽度（默认情况下是占满父视窗本身）。如表 5-3 所示是 TableLayout 支持的常用 XML 属性及相关方法的说明。

表 5-3　TableLayout 支持的常用 XML 属性及相关方法的说明

XML 属性	相关方法	说　明
Android:collapseColumns	SetColumnCollapsed(int,boolean)	设置需要被隐藏的列的列序号（序号从 0 开始），多个列序号之间用逗号“,”分隔
Android:shrinkColumns	setShrinkAllColumns(boolean)	设置允许被收缩的列的列序号（序号从 0 开始），多个列序号之间用逗号“,”分隔
Android:stretchColumns	setStretchAllColumns(boolean)	设置允许被拉伸的列的列序号（序号从 0 开始），多个列序号之间用逗号“,”分隔

【例 5-4】表格布局做的登录界面，运行效果如图 5-4 所示。

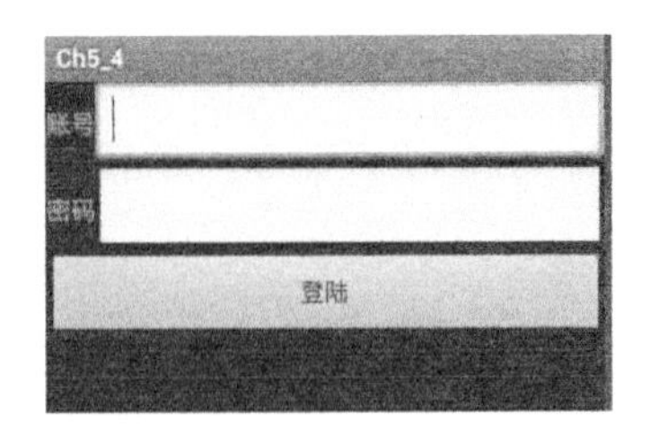

图 5-4　TableLayout 表格布局

```
<TableLayout xmlns:android = "http://schemas.android.com/apk/res/android"
        android:layout_width = "fill_parent"
        android:layout_height = "fill_parent"
        android:stretchColumns = "1"    >//设置拉伸列序,列 ID 从 1 开始
    <TableRow>
        <TextView
            android:layout_width = "wrap_content"
            android:layout_height = "wrap_content"
            android:text = "账号"/>
        <EditText
            android:text = ""
            android:layout_width = "fill_parent"
            android:layout_height = "wrap_content" />
    </TableRow>
    <TableRow>
        <TextView
            android:layout_width = "wrap_content"
            android:layout_height = "wrap_content"
            android:text = "密码" />
        <EditText
            android:text = ""
            android:layout_width = "fill_parent"
            android:layout_height = "wrap_content"/>
    </TableRow>
    <Buttonandroid:layout_width = "fill_parent"
        android:layout_height = "wrap_content"
        android:text = "登陆" />
</TableLayout>
```

在本实例中，添加了两个 TextView 组件，并设置了允许拉伸。

5.2.4　相对布局

当需要在小范围内显示多个控件的时候，就要用到相对布局 RelativeLayout。相对布局在空间的位置放置上比较灵活、自由，可以确定需要加入的元素相对于其他已存在元素的位置，位置的相对布局如图 5-5 所示。

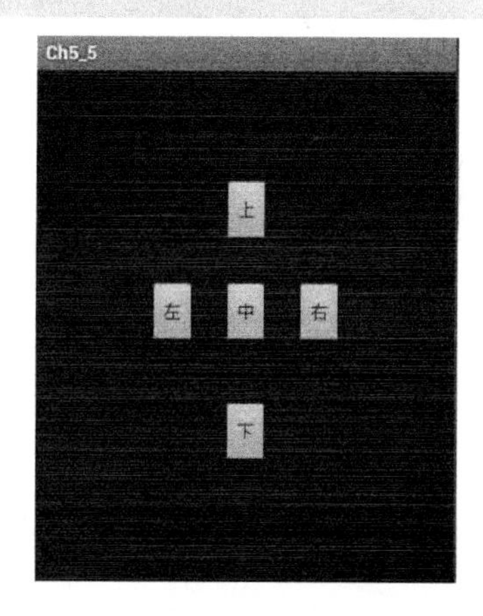

图 5-5　RelativeLayout 相对布局

通过相对布局可以使布局整齐、对称，且容易把握各个元素的位置。但由于需要设置的属性较为多样，掌握起来也比较复杂。如表 5-4 所示是对 RelativeLayout 需要用的一些重要属性进行了分类，以方便记忆。

表 5-4　RelativeLayout 相对布局重要属性

属性名称	作用描述	备　注
android:layout_centerHorizontal	将该控件放置在水平方向的中央	属性值为 true 或 false，此处假设值为 true
android:layout_centerVertical	将该控件放置在垂直方向的中央	
android:layout_centerInparent	将该控件放置在水平方向和垂直方向的中央	
android:layout_alignParentTop	将该控件的顶部与父元素的顶部对齐	

（续）

属性名称	作用描述	备　注
android:layout_alignParentBottom	将该控件的底部与父元素的底部对齐	属性值为 true 或 false，此处假设值为 true
android:layout_alignParentLeft	将该控件的左部与父元素的左部对齐	
android:layout_alignParentRight	将该控件的右部与父元素的右部对齐	
android:layout_alignWithParentIfMissing	如果找不到对应的兄弟元素则以父元素为参照物	
android:layout_above	将该控件的底部放置在指定 ID 控件的上面	属性设置示例：android:layout_above = "@ id/example" example 指定的控件 ID
android:layout_below	将该控件的顶部放置在指定 ID 控件的下面	
android:layout_toLeftOf	将该控件的右部放置在指定 ID 控件的左边	
android:layout_toRightOf	将该控件的左部放置在指定 ID 控件的右边	
android:layout_alignTop	将该控件的顶部与指定 ID 控件的顶部对齐	
android:layout_alignBottom	将该控件的底部与指定 ID 控件的底部对齐	
android:layout_alignLeft	将该控件的左部与指定 ID 控件的左部对齐	
android:layout_alignRight	将该控件的右部与指定 ID 控件的右部对齐	

【例 5-5】相对布局，效果如图 5-5 所示。

源代码

```
<RelativeLayout xmlns:android =
"http://schemas. android. com/apk/res/android"
    android:layout_width = "fill_parent"
    android:layout_height = "fill_parent"  >
    <Button
        android:id = "@ +id/button1"                      //控件添加 ID
        android:layout_width = "wrap_content"
        android:layout_height = "wrap_content"
        android:layout_alignParentTop = "true"            //控件的顶部与父元素的顶部对齐
        android:layout_centerHorizontal = "true"          //控件放置在水平方向的中央
        android:layout_marginTop = "155dp"                //离控件上边缘的距离
        android:text = "中" />
    <Button
        android:id = "@ +id/button2"
        android:layout_width = "wrap_content"
        android:layout_height = "wrap_content"
        android:layout_alignLeft = "@ +id/button1"
        android:layout_alignParentTop = "true"
        android:layout_alignRight = "@ +id/button1"
        android:layout_marginTop = "80dp"
        android:text = "上" />
    <Button
        android:id = "@ +id/button3"
        android:layout_width = "wrap_content"
        android:layout_height = "wrap_content"
        android:layout_alignLeft = "@ +id/button1"
        android:layout_below = "@ +id/button1"
        android:layout_marginTop = "40dp"
        android:text = "下" />
    <Button
        android:id = "@ +id/button4"
```

```
            android:layout_width = "wrap_content"
            android:layout_height = "wrap_content"
            android:layout_alignBaseline = "@ +id/button1"
            android:layout_alignBottom = "@ +id/button1"
            android:layout_marginRight = "20dp"
            android:layout_toLeftOf = "@ +id/button1"
            android:text = "左" />
        <Button
            android:id = "@ +id/button5"
            android:layout_width = "wrap_content"
            android:layout_height = "wrap_content"
            android:layout_alignBottom = "@ +id/button1"
            android:layout_marginLeft = "20dp"
            android:layout_toRightOf = "@ +id/button1"
            android:text = "右" />
</RelativeLayout>
```

5.2.5　绝对布局

相对于上述几种常用布局来说，AbsoluteLayout 绝对布局已经在 Android 2.3 版本后被弃用了，原因是该布局需要设置每个控件的坐标过于烦琐。因此只简要地了解一下即可。

源代码 

【例 5-6】绝对布局。

```
<AbsoluteLayout xmlns:android = "http://schemas.android.com/apk/res/android"
    android:layout_width = "match_parent"
    android:layout_height = "match_parent" >
<TextView
        android:id = "@ +id/textview1"
        android:layout_width = "fill_parent"
        android:layout_height = "wrap_content"
        android:text = "绝对布局"
        android:layout_x = "150px"
        android:layout_y = "80px"/>
</AbsoluteLayout>
```

运行效果如图 5-6 所示。

图 5-6　AbsoluteLayout 绝对布局

📖 Android:layout_weight 只适用于线性布局 LinearLayout，不适用于相对布局 RelativeLayout。layout_weight 用于给一个线性布局中的诸多视图的重要度赋值。所有的视图都有一个 layout_weight 值，默认为 0，表示需要显示多大的视图就占据多大的屏幕空间。若赋一个大于零的值，则将父视图中的可用空间分割，分割大小具体取决于每一个视图的 layout_weight 值，该 layout_weight 值和在其他视图屏幕布局的 layout_weight 值联合决定了视图的实际宽度。

5.2.6　网格布局

GridLayout 网格布局是自 Android 4.0 版本后新增的一种布局，GridLayout 网格布局使用虚细线将布局划分为行、列和单元格，也支持一个控件在行、列上都有交错排列。它与 Linear-

Layout 布局一样，也分为水平和垂直两种方式，默认是水平布局，一个控件挨着另一个控件从左到右依次排列，但是通过指定 android:columnCount 设置列数的属性后，控件会自动换行进行排列。另一方面，对于 GridLayout 布局中的子控件，默认按照 wrap_content 的方式设置其显示，这只需要在 GridLayout 布局中显式声明即可。

若要指定某控件显示在固定的行或列，只需设置该子控件的 android:layout_row 和 android:layout_column 属性即可，但是需要注意：android:layout_row = "0" 表示从第一行开始，android:layout_column = "0" 表示从第一列开始。

如果需要设置某控件跨越多行或多列，只需将该子控件的 android:layout_rowSpan 或者 layout_columnSpan 属性设置为数值，再设置其 layout_gravity 属性为 fill_horizontal 或 fill_vertical 即可，前一个设置表明该控件跨越的行数或列数，后一个设置表明该控件填满所跨越的整行或整列。

【例 5-7】一个利用 GridLayout 布局编写的简易计算器，注意：仅限于 android 4.0 及以上的版本。

```
<GridLayout xmlns:android = "http://schemas.android.com/apk/res/android"
        android:layout_width = "wrap_content"
        android:layout_height = "wrap_content"
        android:rowCount = "5"
        android:columnCount = "4" >

    <Button android:id = "@ +id/one"  android:text = "1"/>
    <Button android:id = "@ +id/two"  android:text = "2"/>
    <Button android:id = "@ +id/three"  android:text = "3"/>
    <Button android:id = "@ +id/devide"  android:text = "/"/>
    <Button android:id = "@ +id/four"  android:text = "4"/>
    <Button android:id = "@ +id/five"  android:text = "5"/>
    <Button android:id = "@ +id/six"  android:text = "6"/>
    <Button android:id = "@ +id/multiply"  android:text = " × "/>
    <Button android:id = "@ +id/seven"  android:text = "7"/>
    <Button android:id = "@ +id/eight"  android:text = "8"/>
    <Button android:id = "@ +id/nine"  android:text = "9"/>
    <Button android:id = "@ +id/minus"  android:text = " - "/>
    <Button android:id = "@ +id/zero"  android:layout_columnSpan = "2"
        android:layout_gravity = "fill_horizontal"  android:text = "0"/>
    <Button android:id = "@ +id/point"  android:text = "."/>
    <Button android:id = "@ +id/plus"  android:layout_rowSpan = "2"
        android:layout_gravity = "fill_vertical"  android:text = " + "/>
    <Button android:id = "@ +id/equal"  android:layout_columnSpan = "3"
        android:layout_gravity = "fill_horizontal"  android:text = " = "/>
</GridLayout>
```

运行效果如图 5-7 所示。

5.3 界面控件

Android 应用程序的人机交互界面由很多 Android 控件组成，下面就介绍一些经常需要用到的控件。使用功能最适合的界面控件是界面开发的关键，所以要清楚地了解各个控件的共同点以及不同点，以便能在需要的时候能熟练应用。

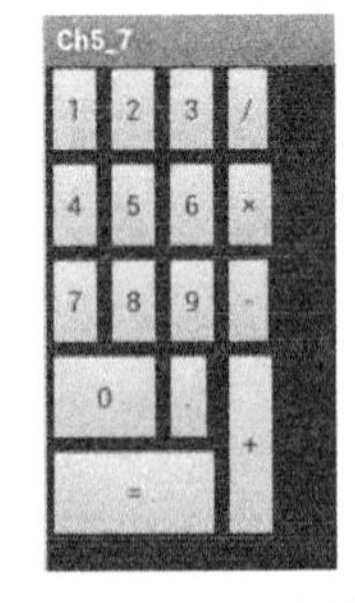

图 5-7　GridLayout 网格布局

5.3.1　TextView 和 EditText

将 TextView（文本框）和 EditText（编辑框）放在一起介绍，主要是因为两者的属性基本上是相同的。但在输入显示方面会有所区别。最大的不同是，TextView 用于在屏幕上显示文本，不能即时输入，EditText 用于在屏幕上显示可编辑的文本框。其中，EditText 是 TextView 类的子类。TextView 支持的常用 XML 属性如表 5-5 所示。

表 5-5　TextView 支持的常用 XML 属性

XML 属性	说　明
android:autoLink	用于指定是否将指定格式的文本转换为可单击的超级链接形式，其属性值有 none、web、email、phone、map、或 all
android:drawableBottom	用于在文本框内文本的底端绘制指定图像，该图像可以是放在 res/drawable 目录下的图片，通过“@ drawable/文件名”（不包括文件的扩展名）设置
android:drawableLeft	用于在文本框内文本的左侧绘制指定图像，该图像可以是放在 res/drawable 目录下的图片，通过“@ drawable/文件名”（不包括文件的扩展名）设置
android:drawableRight	用于在文本框内文本的右侧绘制指定图像，该图像可以是放在 res/drawable 目录下的图片，通过“@ drawable/文件名”（不包括文件的扩展名）设置
android:drawableTop	用于在文本框内文本的顶端绘制指定图像，该图像可以是放在 res/drawable 目录下的图片，通过“@ drawable/文件名”（不包括文件的扩展名）设置
android:gravity	用于设置文本框内文本的对齐方式，可选值有 top、bottom、left、right、center_vertical、fill_vertical、center_horizontal、fill_horizontal、center、fill、clip_vertical 和 clip_horizontal 等。这些属性值也可以同时指定，各属性值之间用“|”隔开。例如要指定组件靠右下角对齐，可以使用属性值 right| bottom
android:hint	用于设置当文本框中的文本内容为空时，默认显示的提示文本
android:inputType	用于指定当前文本框显示内容的文本类型，其可选值有 textPassword、textEmailAddress、phone 和 date，可以同时指定多个，使用“|”进行分隔
android:singleLine	用于指定该文本框是否为单行模式，其属性值为 true（默认）或 false，为 true 表示该文本框不会换行，当文本框中的文本超过一行时，其超出的部分将被省略，同时在结尾处添加“…”
android:text	用于指定该文本中显示的文本内容，可以直接在该属性值中指定，也可以通过在 strings. xml 文件中定义文本常量的方式指定
android:textColor	用于设置文本框内文本的颜色，其属性值可以是#rgb、#argb、#rrggbb 或#aarrggbb 格式指定的颜色值
android:textSize	用于设置文本内文本的字体大小，其属性为代表大小的数值加上单位组成，其单位可以是 px、pt、sp 和 in 等
android:width	用于指定文本的宽度，以像素为单位
android:height	用于指定文本的高度，以像素为单位

📖 在表 5-5 中，仅仅给出了 TextView 组件常用的部分属性。关于该组件的其他属性，可参阅 Android 官方提供的 API 文档。

TextView 的内容是可以通过初始的设定或者在程序中进行修改的。

【例 5-8】TextView 和 EditText 的简单应用。

首先要在 XML 中添加相应代码，布局效果如图 5-8 所示。

```
<LinearLayout xmlns:android="http://schemas.android.com/apk/res/android"
    android:layout_width="fill_parent"
    android:layout_height="fill_parent"
    android:orientation="vertical" >
    <EditText
        android:id="@+id/edittext"
        android:layout_width="fill_parent"
        android:layout_height="wrap_content"
        android:text="我是 EditText,请输入内容"
        android:textSize="20dp" />
    <Button
        android:id="@+id/button1"
        android:layout_width="264dp"
        android:layout_height="wrap_content"
        android:text="单击使 TextView 获取 EditText 中的内容" />
    <TextView
        android:id="@+id/textview"
        android:layout_width="fill_parent"
        android:layout_height="wrap_content"
        android:padding="10dp"
        android:text="我是 TextView"
        android:textSize="20dp" />
</LinearLayout>
```

完成了控件的布置之后，需要在主程序中完善各个控件的相应代码 Ch5_8。当在 EditText 中输入内容后，单击下方按钮，最下面的 TextView 将会出现与 EditText 一致的内容，运行效果如图 5-9 所示。

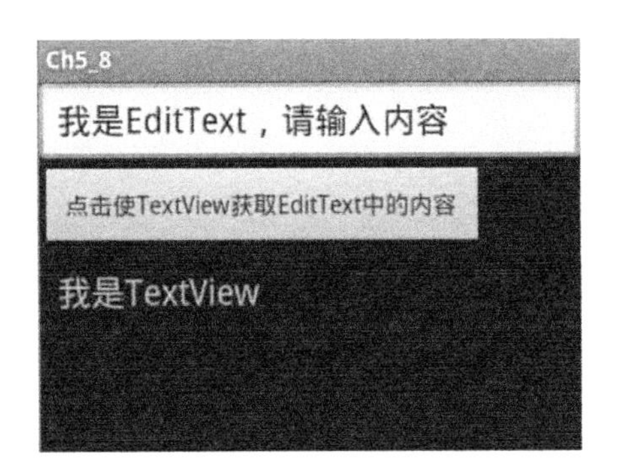

图 5-8　TextView 和 EditText 样例布局

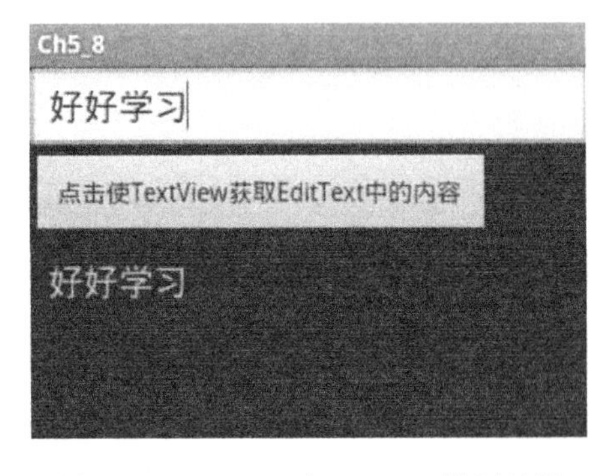

图 5-9　TextView 和 EditText 样例效果

```
package edu.zafu.Ch5_8;
import android.app.Activity;
import android.os.Bundle;
import android.view.Menu;
import android.view.View;
import android.view.View.OnClickListener;
import android.widget.Button;
import android.widget.EditText;
import android.widget.TextView;
public class MainActivity extends Activity {
    @Override
        protected void onCreate(Bundle savedInstanceState) {
```

```
        super. onCreate( savedInstanceState) ;
        setContentView( R. layout. activity_main) ;
          //首先获取 XML 处的 Button 控件的 ID
          Button button = ( Button) findViewById( R. id. button1) ;
          //按钮单击事件监听
          button. setOnClickListener( new OnClickListener( ) {
              @ Override
              public void onClick( View v) {
                  //首先获取 XML 处的 EditText 控件的 ID
                  EditText edittext = ( EditText) findViewById( R. id. edittext) ;
                  //获得 EditText 中输入的内容
                  CharSequence edittextvalue = edittext. getText( ) ;
                  //首先获取 XML 处的 TextView 控件的 ID
                  TextView textview = ( TextView) findViewById( R. id. textview) ;
                  //将内容输出在 TextView 中
                  textview. setText( edittextvalue) ;
              }
        }) ;
    }
  @ Override
  //对 Menu 进行操作,此次并未使用到,自动生成可以忽视并删去
      public boolean onCreateOptionsMenu( Menu menu) {
        getMenuInflater( ). inflate( R. menu. activity_main, menu) ;
        return true;
    }
}
```

由于 EditText 类是 TextView 的子类，所以对于表 5-5 中列出的 XML 属性，同样适用于 EditText 组件。在 EditText 组件中，android:inputType 属性可以帮助输入框显示合适的类型。例如，要添加一个密码框，可以将 android:inputType 属性设置为 textPassword。

5.3.2 Button 和 ImageButton

Button（按钮）控件已在前面的代码处多次使用。Button 继承于 TextView，所以 TextView 的一些设置属性同样也适用于 Button 设置。ImageButton（图片按钮）继承自 Button，功能都很单一，主要用于在 UI 界面上生成一个按钮。当用户单击按钮时，按钮会触发一个 OnClick 事件。

Button 与 ImageButton 的区别：Button 生成的按钮上显示文字，而 ImageButton 上显示的是图片。需要说明的是，ImageButton 没有了 Android：text 的属性，而是变成了 Android：src 来指定图标的位置。下面介绍 ImageButton 的使用方法。

在 XML 文件中对 ImageButton 进行设置。

```
<ImageButton
    android:id = "@ + id/imgebutton"
    android:layout_width = "wrap_content"
    android:layout_height = "wrap_content"
    android:src = "@ drawable/imageexample" />
```

imageexample 处填入相应的图片名。为 ImageButton 添加事件监听的方法与 Button 相同。

5.3.3　CheckBox 和 RadioButton

面对 CheckBox（复选框）和 RadioButton（单选按钮），有时候只可以选择其中之一，有时候可同时选择多个。RadioButton 和 CheckBox 是在需要选项应用的时候需要用到的控件。RadioButton 只能用于单选模式，而 CheckBox 则可以用于多选模式。需要注意的是，同一个等级的 RadioButton 需要放在 RadioGroup 下才行。

RadioGroup 和 CheckBox 控件设置监听器一般都是用 setOnCheckedChangeListener 函数来处理单击控件，并通过 isChecked 方法或 checked 属性来判断控件是否被选中。

【例 5-9】RadioCroup 和 CheckBox 控件，效果如图 5-10 和图 5-11 所示。

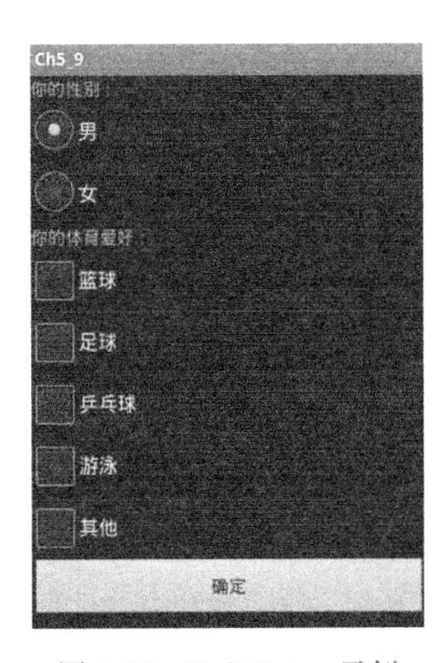

图 5-10　RadioButton 示例

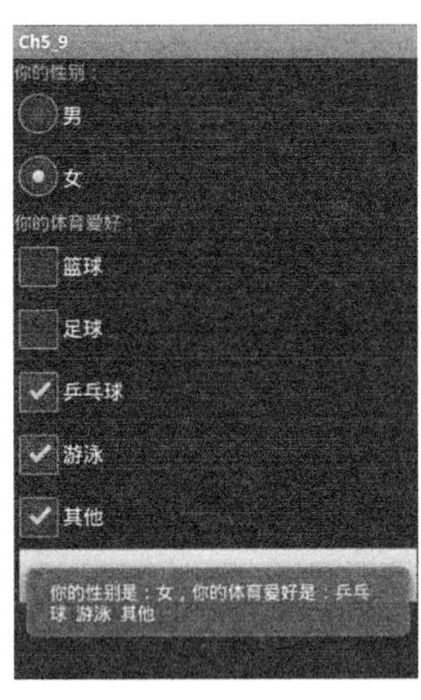

图 5-11　CheckBox 示例

以下是具体的运行代码 Ch5_9。

```
package edu. zafu. Ch5_9;
import android. os. Bundle;
import android. app. Activity;
import android. view. Menu;
import android. view. View;
import android. view. View. OnClickListener;
import android. widget. Button;
import android. widget. CheckBox;
import android. widget. RadioButton;
import android. widget. RadioGroup;
import android. widget. RadioGroup. OnCheckedChangeListener;
import android. widget. Toast;
public class MainActivity extends Activity {
    String str1 = "";
    String str2 = "";
    @ Override
    protected void onCreate(Bundle savedInstanceState) {
        super. onCreate(savedInstanceState);
        setContentView(R. layout. activity_main);
        Button button = (Button)findViewById(R. id. button1);
        //设置"确定"按键监听
```

```
        button.setOnClickListener(new OnClickListener() {
            @Override
            public void onClick(View v) {
                str2 = "";
                //根据 ID 找到 RadioGroup 实例
                RadioGroup group = (RadioGroup)findViewById(R.id.radiogroup);
                //绑定一个匿名监听器
                    group.setOnCheckedChangeListener(new OnCheckedChangeListener() {
                    @Override
                    public voidonCheckedChanged(RadioGroup arg0,int arg1) {
                        //获取变更后的选中项的 ID
                    int radioButtonId = arg0.getCheckedRadioButtonId();
                        //根据 ID 获取 RadioButton 的实例
                        RadioButton radiobutton = (RadioButton) MainActivity.this
                                .findViewById(radioButtonId);
                        //更新文本内容,以符合选中项
                        str1 = "你的性别是:" + (String)radiobutton.getText();
                    }
                });
                str2 = ";你的体育爱好是:";
                CheckBox checkbox1 = (CheckBox)findViewById(R.id.checkbox1);
                CheckBox checkbox2 = (CheckBox)findViewById(R.id.checkbox2);
                CheckBox checkbox3 = (CheckBox)findViewById(R.id.checkbox3);
                CheckBox checkbox4 = (CheckBox)findViewById(R.id.checkbox4);
                CheckBox checkbox5 = (CheckBox)findViewById(R.id.checkbox5);
                //对选项进行确认
                if(checkbox1.isChecked()) {
                    str2 = str2 + checkbox1.getText() + "   ";
                }
                if(checkbox2.isChecked()) {
                    str2 = str2 + checkbox2.getText() + "   ";
                }
                if(checkbox3.isChecked()) {
                    str2 = str2 +   checkbox3.getText() + "   ";
                }
                if(checkbox4.isChecked()) {
                    str2 = str2 +   checkbox4.getText() + "   ";
                }
                if(checkbox5.isChecked()) {
                    str2 = str2 +   checkbox5.getText() + "   ";
                }
                DisplayToast(str1 + str2);
            }
        });
    }
    public void DisplayToast(String str) {
        Toast.makeText(this,str,Toast.LENGTH_SHORT).show();
    }
    @Override
    public boolean onCreateOptionsMenu(Menu menu) {
        //Inflate the menu;this adds items to the action bar if it is present.
        getMenuInflater().inflate(R.menu.activity_main,menu);
        return true;
    }
}
```

以下是相关的布局代码 Ch5_9：

```
<LinearLayout xmlns:android="http://schemas.android.com/apk/res/android"
    android:layout_width="fill_parent"
    android:layout_height="fill_parent"
    android:orientation="vertical" >
    <TextView
        android:id="@+id/textview1"
        android:layout_width="fill_parent"
        android:layout_height="wrap_content"
        android:text="你的性别:" />
    <RadioGroup
          android:id="@+id/radiogroup"
          android:layout_width="wrap_content"
          android:layout_height="wrap_content"
          android:orientation="vertical" >
        <RadioButton
            android:id="@+id/radiobutton1"
            android:layout_width="wrap_content"
            android:layout_height="wrap_content"
            android:checked="true"
            android:text="男" />
        <RadioButton
            android:id="@+id/radiobutton2"
            android:layout_width="wrap_content"
            android:layout_height="wrap_content"
            android:text="女" />
    </RadioGroup>
    <TextView
        android:id="@+id/textview2"
        android:layout_width="fill_parent"
        android:layout_height="wrap_content"
        android:text="你的体育爱好:" />
    <CheckBox
        android:id="@+id/checkbox1"
        android:layout_width="wrap_content"
        android:layout_height="wrap_content"
        android:text="篮球" />
    <CheckBox
        android:id="@+id/checkbox2"
        android:layout_width="wrap_content"
        android:layout_height="wrap_content"
        android:text="足球" />
    <CheckBox
        android:id="@+id/checkbox3"
        android:layout_width="wrap_content"
        android:layout_height="wrap_content"
        android:text="乒乓球" />
    <CheckBox
        android:id="@+id/checkbox4"
        android:layout_width="wrap_content"
        android:layout_height="wrap_content"
        android:text="游泳" />
    <CheckBox
        android:id="@+id/checkbox5"
```

```
            android:layout_width = "wrap_content"
            android:layout_height = "wrap_content"
            android:text = "其他" / >
        < Button
            android:id = "@ + id/button1"
            android:layout_width = "fill_parent"
            android:layout_height = "wrap_content"
            android:text = "确定" / >
    </LinearLayout >
```

以上的界面布局中自定义了一组单选按钮，可供用户选择性别。还定义了 5 个复选框，供用户选择体育爱好。

5.3.4　Spinner

在选项过多时，可以考虑使用 Spinner（列表选择框）。它相当于网页中常见的下拉框控件，能方便地罗列所有选项，当需要选择时就会提供一个下拉列表来罗列出供用户选择的所有选项。这大大节省了空间，也使界面整体上更加美观、整齐。

Spinner 是 viewGroup 的间接子类，因此它可作为容器使用。Spinner 支持的常用 XML 属性如表 5-6 所示。

表 5-6　Spinner 支持的常用 XML 属性

XML 属性	说　明
Android：prompt	设置该列表选择框的提示
Android：entries	使用数组资源设置该下拉列表框的列表项目

最初的开始界面十分简洁，如图 5-12 所示。

当要进行选择时，只需要单击选项，就会弹出整张列表，如图 5-13 所示。

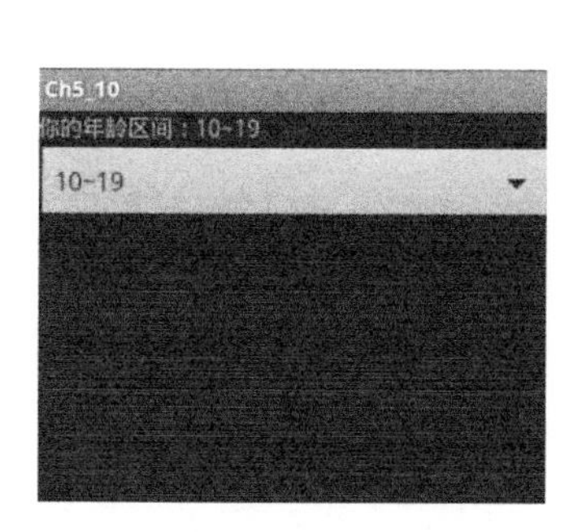

图 5-12　Spinner 示例图 1

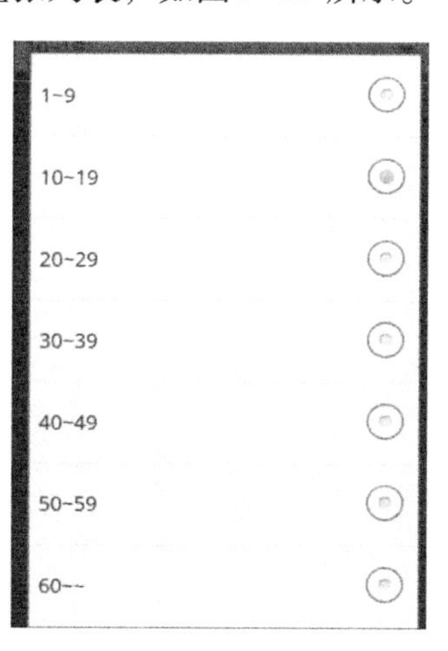

图 5-13　Spinner 示例图 2

【例 5-10】Spinner 应用。

1）在 XML 设置相关控件。

```
<LinearLayout xmlns:android="http://schemas.android.com/apk/res/android"
    android:layout_width="fill_parent"
    android:layout_height="fill_parent"
    android:orientation="vertical"  >
    <TextView
        android:id="@+id/textview"
        android:layout_width="fill_parent"
        android:layout_height="wrap_content"
        android:text="你的年龄" />
    <Spinner
        android:id="@+id/spinner"
        android:layout_width="fill_parent"
        android:layout_height="wrap_content"
        />
</LinearLayout>
```

2）主程序写入相关代码。

```
package edu.zafu.Ch5_10;
import android.app.Activity;
import android.os.Bundle;
import android.view.Menu;
import android.view.View;
import android.view.View.OnClickListener;
import android.widget.AdapterView;
import android.widget.AdapterView.OnItemSelectedListener;
import android.widget.ArrayAdapter;
import android.widget.Button;
import android.widget.EditText;
import android.widget.Spinner;
import android.widget.TextView;
public class MainActivity extends Activity {
    private  String[] x = {"1~9","10~19","20~29","30~39","40~49","50~59","60~
~"};
    private ArrayAdapter<String>  adapter;
    @Override
    protected void onCreate(Bundle savedInstanceState) {
            super.onCreate(savedInstanceState);
            setContentView(R.layout.activity_main);
            Spinner spinner = (Spinner)findViewById(R.id.spinner);
      //将选择条目与 ArrayAdapter 连接起来
      adapter = new ArrayAdapter<String>(this,android.R.layout.simple_spinner_item,x);
      //在此处设置下拉列表的风格
      adapter.setDropDownViewResource(android.R.layout.simple_spinner_dropdown_item);
      //将 adapter 添加到 Spinner 中
      spinner.setAdapter(adapter);
      //添加 Spinner 选择事件的监听
      spinner.setOnItemSelectedListener(new OnItemSelectedListener() {
            TextView textview = (TextView)findViewById(R.id.textview);
                @Override
                //最重要的是第 3 个参数 arg2,是选中的某个 Spinner 中的某个下拉值所在的位
置,一般自上而下,从 0 开始
                public void onItemSelected(AdapterView<?> arg0,View arg1,
                        int arg2,long arg3) {
                    //通过 TextView 输出选择的内容
```

```
                textview.setText("你的年龄区间:" + x[arg2]);
            }
            @Override
            public void onNothingSelected(AdapterView<?> arg0) {
            }
        });
        //设置 Spinner 的默认值
        spinner.setVisibility(View.VISIBLE);
    }
    @Override
    public boolean onCreateOptionsMenu(Menu menu) {
        getMenuInflater().inflate(R.menu.activity_main, menu);
        return true;
    }
}
```

5.3.5　ListView

在 Android 的开发中，ListView（列表视图）作为一个能以列表形式灵活展现内容的组件是十分重要的，开发中基本都需要用到 ListView。如表 5-7 所示为 ListView 支持的 XML 属性。

表 5-7　ListView 支持的 XML 属性

XML 属性	说　明
Android:divider	用于列表视图设置分隔条，既可以用颜色分隔，又也可以用 Drawable 资源分隔
Android:dividerHeight	用于设置分隔条的亮度
Android:entries	用于通过数组资源为 ListView 指定列表项
Android:footerDividersEnabled	用于设置是否在 footer View 之后绘制分隔条，默认值为 true，设置为 false 时，表示不绘制。使用该属性时，需要通过 ListView 组件提供的 addfooterView()方法为 ListView 设置 footer View
Android:headerDividersEnabled	用于设置是否在 header View 之后绘制分隔条，默认值为 true，设置为 false 时，表示不绘制。使用该属性时，需要通过 ListView 组件提供的 addheaderView()方法为 ListView 设置 header View

使用列表显示时要注意三大元素。

1）ListView：用来展示列表的 View。

2）适配器：用来把数据映射到 ListView 的中介。

3）相关数据：将要被映射的具体的字符串、图片或者基本组件。

在 ListView 的使用过程中将会用到 ArrayAdapter，SimpleAdapter 和 Simple CursorAdapter 三种适配器，这也是学习 ListView 的重点。

【例 5-11】ArrayAdapter 应用，每次显示一行文字，效果如图 5-14 所示。

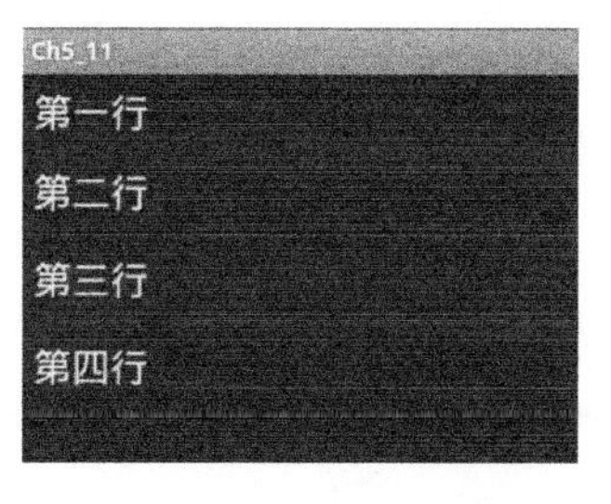

图 5-14　ListView 示例图

首先是代码 Ch5_11 对 XML 的设置。

```
<RelativeLayout xmlns:android = "http://schemas.android.com/apk/res/android"
    xmlns:tools = "http://schemas.android.com/tools"
    android:layout_width = "fill_parent"
    android:layout_height = "fill_parent" >
    <ListView
        android:id = "@ +id/listview"
        android:layout_width = "fill_parent"
        android:layout_height = "wrap_content"/>
    </RelativeLayout>
```

其次是主程序 Ch5_11 的代码。

```
public class MainActivity extends Activity {
        @ Override
    public void onCreate(Bundle savedInstanceState) {
        super.onCreate(savedInstanceState);
        setContentView(R.layout.activity_main);
        ListView listView = (ListView)findViewById(R.id.listview);
        //此处是为 ListView 注册上下文菜单
        this.registerForContextMenu(listView);
        //也可以使用 listview.setOnCreatecontextMenuListener(this)
          String [ ] string = new String[ ]{"第一行","第二行","第三行","第四行"};
          listView.setAdapter(new ArrayAdapter<String>(this,
android.R.layout.simple_list_item_1,string));
        }
    }
```

SimpleAdapter 具有良好的扩充性，可以自由地进行布局，以达到各种列表效果。所以在使用 SimpleAdapter 时，首先需要定义好一个用来显示每列内容以及格式的 XML，以下程序段实现的布局，效果如图 5-15 所示。

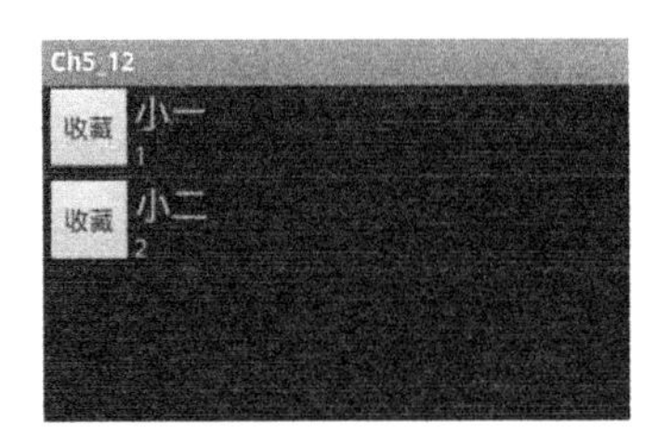

图 5-15　使用 SimpleAdapter 的效果图

```
<LinearLayout xmlns:android = "http://schemas.android.com/apk/res/android"
    xmlns:tools = "http://schemas.android.com/tools"
    android:orientation = "horizontal"
    android:layout_width = "fill_parent"
    android:layout_height = "fill_parent" >
    <Button android:id = "@ +id/button"
        android:layout_width = "wrap_content"
        android:layout_height = "wrap_content"
        android:text = "收藏"/>
    <LinearLayout android:orientation = "vertical"
        android:layout_width = "wrap_content"
        android:layout_height = "wrap_content" >
```

```
        <TextView android:id = "@ +id/name"
            android:layout_width = "wrap_content"
            android:layout_height = "wrap_content"
            android:textSize = "22px" />
        <TextView android:id = "@ +id/number"
            android:layout_width = "wrap_content"
            android:layout_height = "wrap_content"
            android:textSize = "13px" />
    </LinearLayout>
</LinearLayout>
```

【例 5-12】对 SimpleAdapter 进行调用的实现代码。

```
package edu.zafu.Ch5_12;
import java.util.ArrayList;
import java.util.HashMap;
import java.util.List;
import java.util.Map;
import android.os.Bundle;
import android.app.Activity;
import android.app.ListActivity;
import android.view.Menu;
import android.widget.SimpleAdapter;
//注意在这里为了方便,继承的是 ListActivity
public class MainActivity extends ListActivity {
    @Override
    protected void onCreate(Bundle savedInstanceState) {
        super.onCreate(savedInstanceState);
        //调用 SimpleAdapter 适配器,获取每列格式
        SimpleAdapter adapter = new SimpleAdapter(this,getData(),R.layout.activity_main,
            new String[]{"name","number"},
            new int[]{R.id.name,R.id.number});
        setListAdapter(adapter);
    }
    private List<Map<String,Object>> getData(){
      List<Map<String,Object>> list = new ArrayList<Map<String,Object>>();
      //添加列表内容
      Map<String,Object> map = new HashMap<String,Object>();
      map.put("name","小一");
      map.put("number","1");
      list.add(map);
      map = new HashMap<String,Object>();
      map.put("name","小二");
      map.put("number","2");
      list.add(map);
      return list;
    }
    @Override
    public boolean onCreateOptionsMenu(Menu menu){
        //展开菜单,如果有 actionbar,则将菜单各项添加进去
        getMenuInflater().inflate(R.menu.activity_main,menu);
        return true;
    }
}
```

注意创建 SimpleAdapter 时用到的参数，其原型为：SimpleAdapter(Context context，List <? extends Map <String,?> > data,int resource,String[ ] from,int[ ] to)。理解了其中的 5 个参数就能很好地掌握简单适配器了。Context context，上下文参数，指的是关联 List 的上下文视图；List <? extends Map <String,?> > data 数据源，并且是存在 Map 中的数据源；resource，单项 ListView 的布局文件；String[ ]from 是一个 string 数组，指定的是 Map 键名；int[ ]to 指要把从 from 参数得来的数据，加载到 ListView 上的某个控件上。

以上按钮、文字只是作为样式而已，还可以自由地放上其他控件，例如，图片、单选框、复选框等。需要注意的是在使用 ListView 时继承了 ListActivty，会方便许多。

SimpleCursorAdapter 可以说是 SimpleAdapter 与数据库的简单结合，通过列表的形式对数据库的内容进行展示，在此不再展开讨论。

5.4　事件处理

事件处理与界面编程紧密相关，用户通过程序的界面进行各种交互操作时，应用程序必须为用户动作提供响应动作，这种响应动作就要通过事件来完成。

5.4.1　Android 事件处理简介

事件指的是用户与应用 UI 交互的动作。在 Android 中有专门的事件处理器对事件对象进行翻译和处理工作。在 Android 中，事件的发生必须在监听器下进行。Android 系统可以响应按键和触屏两种事件，下面列出几种常用的事件。

1） onClick：按钮单击事件。

2） onLongClick：长按事件。

3） onCreateContextMenu：上下文菜单事件。

4） onFocusChange：焦点事件。

5） onTouchEvent：触屏事件。

6） onKeyUp、onKeyDown：键盘或遥控事件。

7） onTrackballEvent：轨迹球事件。

8） onBackPressed：回退事件。

9） onWindowFocusChanged：获得焦点事件。

基于监听的事件处理是一种面向对象的事件处理，Android 的事件处理与 Java 的 AWT、Swing 的处理方式几乎完全相同。对事件的监听处理主要涉及如下 3 类对象。

- Event Source 事件源：事件方式的场所，一般为各个组件，例如按钮、菜单等。
- Event 事件：界面组件上发生的特定事情，通常对应用户的一次操作。
- EventListener 事件监听器：负责监听事件源所发生的事件，并对事件做出相应的响应。它是实现了特定接口的 Java 类的实例。

在程序中，实现事件监听器通常有匿名内部类、内部类、外部类和 Activity 类等几种形式，下面分别进行介绍。

5.4.2　匿名内部类作为监听器类

当事件监听器没有复用价值，只是临时使用一次时，可以使用匿名内部类作为事件的监听器。以下是按钮单击事件的简单示例，效果如图 5-16 所示。

【例 5-13】匿名内部监听器类。

源代码

```
package edu. zafu. Ch5_13;                              //声明包语句
import android. os. Bundle;                             //引入相关包
import android. app. Activity;                          //引入相关包
import android. view. Menu:                             //引入视图菜单
import android. view. View;                             //引入视觉类
import android. widget. Button;                         //引入控件按钮
import android. widget. Toast;                          //引入悬浮提示控件
public class MainActivity extends Activity {
        @ Override
        protected void onCreate( Bundle savedInstanceState) {       //生成界面
                super. onCreate( savedInstanceState) ;
                setContentView( R. layout. activity_main) ;
                Button button = ( Button) findViewById( R. id. button1) ;
          //设置监听,获取相关的对象
          button. setOnClickListener( new OnClickListener( )
          {
            @ Override
            public void onClick( View v) {
                //设置了一个弹窗来显示事件触发成功
                DisplayToast( "事件触发成功" ) ;
            }
          }) ;
        }
        public void DisplayToast( String str)
      {
          Toast. makeText( this, str, Toast. LENGTH_SHORT). show( ) ;
      }
        @ Override
      //以下是对 Menu 的设置,自动生成,当不需要使用时可以忽视
        public boolean onCreateOptionsMenu( Menu menu) {
                getMenuInflater( ). inflate( R. menu. activity_main, menu) ;
                return true;
        }
}
```

程序中的非黑色字体部分是设置 Button 对象的监听，该监听器就是在本程序部分使用了一次，使用户单击时触发了 onClick 事件。同理，当用 onLongClick 替换 onClick 后，就需要长按后才能触发事件了。

5.4.3　内部类作为事件监听器类

使用内部类作为事件监听器，可以在当前类中复用该监听器。并且监听器类可以访问其所在外部类的所有界面组件。

下面的程序给出了两个按钮同时共享同一个事件处理函数的例子。

【例 5-14】内部监听器类。

```
package edu. zafu. Ch5_14;
import android. os. Bundle;
```

```
import android.app.Activity;
import android.view.Menu;
import android.view.View;
import android.view.View.OnClickListener;
import android.widget.Button;
import android.widget.Toast;
public class MainActivity extends Activity{
    @Override
    protected void onCreate(Bundle savedInstanceState){        //生成界面
            super.onCreate(savedInstanceState);
            setContentView(R.layout.activity_main);
            Button button1 = (Button)findViewById(R.id.button1);
            //获取相关的对象,设置监听
            button1.setOnClickListener(new MyClickListener());
            Button button2 = (Button)findViewById(R.id.button2);
            button2.setOnClickListener(new MyClickListener());
    }
    class MyClickListener implements View.OnClickListener
    {
        @Override
        public void onClick(View v){
            //设置了一个弹窗来显示事件触发成功
            DisplayToast("事件触发成功");
        }
    }
    public void DisplayToast(String str){
        Toast.makeText(this,str,Toast.LENGTH_SHORT).show();
    }
}
```

程序中的非黑色字体部分实现了单击事件处理的监听类，该类是 MainActivity 的内部类，可以为按钮 button1 和 button2 同时使用。

5.4.4 外部类作为事件监听器类

外部类作为事件监听器类一般用于它被多个 GUI 界面所共享的情况，而且主要完成某种业务逻辑的实现。外部类形式的事件监听器不能访问 GUI 界面中的各类组件，需要通过参数传入。

【例 5-15】外部监听器类。

监听器类：MyClickListener. java

```
package edu.zafu.Ch5_15;
import android.app.Activity;
import android.view.View;
import android.view.View.OnClickListener;
import android.widget.Toast;
public class MyClickListener implements OnClickListener{
    private Activity act;
    public MyClickListener(Activity act)
    {
        this.act = act;
    }
    @Override
```

```
        public void onClick(View v){
            //设置了一个弹窗来显示事件触发成功
            DisplayToast("事件触发成功");
        }
        public void DisplayToast(String str){
            Toast.makeText(act,str,Toast.LENGTH_SHORT).show();
        }
}
```

主 Activity 程序：MainActivity. java

```
package edu.zafu.Ch5_15;
import android.os.Bundle;
import android.app.Activity;
import android.view.Menu;
import android.widget.Button;
public class MainActivity extends Activity{
    @Override
    protected void onCreate(Bundle savedInstanceState){          //生成界面
            super.onCreate(savedInstanceState);
            setContentView(R.layout.activity_main);
            Button button = (Button)findViewById(R.id.button1);
            button.setOnClickListener(new MyClickListener(this));
    }
    @Override
    //以下是对 Menu 的设置,自动生成,当不需要使用时可以忽视
    public boolean onCreateOptionsMenu(Menu menu){
            getMenuInflater().inflate(R.menu.activity_main,menu);
            return true;
    }
}
```

注意，设置按钮监听器的时候需要传入当前 Acitity 类的对象 this，以便于在事件处理函数中实现在屏幕上显示消息。

5.4.5 Activity 本身作为事件监听器

使用 Activity 本身作为监听器类，可直接在 Activity 类中定义事件处理函数，形式上比较直观、简洁。

【例 5-16】Activity 本身作为事件监听器。

```
package edu.zafu.Ch5_16;
import android.os.Bundle;
import android.app.Activity;
import android.view.Menu;
import android.view.View;
import android.view.View.OnClickListener;
import android.widget.Button;
import android.widget.Toast;
public class MainActivity extends Activity implements OnClickListener{
    @Override
    protected void onCreate(Bundle savedInstanceState){
        super.onCreate(savedInstanceState);
        setContentView(R.layout.activity_main);
        Button button = (Button)findViewById(R.id.button1);
```

```
        //设置监听,获取相关的对象
        button.setOnClickListener(this);
    }
    public void onClick(View v){
        //设置了一个弹窗来显示事件触发成功
            DisplayToast("事件触发成功");
    }
    public void DisplayToast(String str)
    {
        Toast.makeText(this,str,Toast.LENGTH_SHORT).show();
    }
    @Override
    //以下是对 Menu 的设置,自动生成,当不需要使用时可以忽视
    public boolean onCreateOptionsMenu(Menu menu){
        getMenuInflater().inflate(R.menu.activity_main,menu);
        return true;
    }
}
```

5.5 Intent 和 IntentFilter

微视频

Android 的四类组件是相互独立的，它们之间可以互相调用，协调工作，最终组成一个真正的 Android 应用。而要完成这些组件之间的通信，则主要是由 Intent 协助完成的。

Intent 是一种轻量级的消息传递机制，这种消息描述了应用中一次操作的动作、动作涉及的数据、附加数据。Android 系统根据此 Intent 的描述，负责找到对应的组件，将 Intent 传递给调用的组件，完成组件的调用。

例如，在一个联系人维护的应用中，当在一个联系人列表屏幕（假设对应的 Activity 为 listActivity）上，单击某个联系人后，希望能够看到此联系人的详细信息（假设对应的 Activity 为 detailActivity）。为此，listActivity 需要构造一个 Intent。这个 Intent 用于告诉系统，用户要做“查看”的动作，此动作对应的查看对象是“某联系人”，然后调用 startActivity（Intent intent），将构造的 Intent 传入，系统会根据此 Intent 中的描述，到 AndroidAndroid.xml 中找到满足此 Intent 要求的 Activity。系统会调用找到的 Activity，即 detailActivity，最终传入 Intent。而 detailActivity 则会根据此 Intent 中的描述，执行相应的操作。

Intent 对象包含要接收此 Intent 组件需要的信息（例如，需要的动作和动作需要的信息）与 Android 系统需要的信息（要处理此 Intent 的组件的类别和怎样启动它）。每个组成部分都有相应的属性表示，并提供设置和获取相应属性的方法，如表 5-8 所示。

表 5-8　Intent 属性及其对应方法

组　成	属　性	设置属性方法	获取属性方法
动作	Action	SetAction	getAction
数据	Data	setData	getData
分类	Category	addCategory	
类型	Type	setType	getType
组件	Component	setComponent setClass setClassname	getComponent
扩展信息	Extra	putExtra	getXXXExtra 获取不同数据类型的数据 getExtra 获取 Bundle 包

1. 动作 Action

Action 用于描述 Intent 要完成的动作。通过 setAction()设置 Action，并通过 getAction()进行获取。Intent 类中定义了许多动作常量，如表 5-9 所示。

表 5-9　Action 常用的动作

Action 常量	目标组件	行为描述
ACTION_CALL	Activity	初始化一个电话呼叫
ACTION_EDIT	Activity	显示用户要编辑的数据
ACTION_VIEW	Activity	根据 Data 类型，由对应软件显示数据
ACTION_SEND	Activity	由用户指定方式进行数据发送
ACTION_MAIN	Activity	应用程序入口
ACTION_SYNC	Activity	在设备上同步服务器的数据
ACTION_BATTERY_LOW	Broadcast receiver	电量不足的警告
ACTION_HEADSET_PLUG	Broadcast receiver	耳机插入设备，或者从设备中拔出
ACTION_SCREEN_ON	Broadcast receiver	屏幕点亮
ACTION_TIMEZONE_CHANGED	Broadcast receiver	时区设置改变

2. 数据 Data

Data 属性由两部分构成，数据 URI 和数据 MIME 类型。Action 的定义往往决定了 Data 该如何定义。如果一个 Intent 的 Action 为 ACTION_EDIT，那么它对应的 Data 应该包含待编辑的数据的 URI。如果一个 Action 为 ACTION_CALL，那么 Data 应该为“tel:”电话号码的 URI 形式。类似的，如果 Action 为 ACTION_VIEW，那么 Data 应该为“:http:”URI，接收到的 Activity 会下载并显示相应的数据。

当 Intent 和组件进行匹配时，除了 Data 的 URI 以外，了解 Data 的 MIME 类型也很重要。例如，一个显示图片的组件不应该去播放声音文件。

在许多情况下，Data 的类型可以从 URI 中推测出。尤其是当 URI 为“content:URIs”时，数据通常位于本地设备上而且是由某个 ContentProvider 来控制的。但是，仍然可以在 Intent 对象上设置一个 Data 类型。setData()方法只能设置 URI，setType()只能设置 MIME 类型，而 setDataAndType()则可以对二者都进行设置。获取 URI 和 Data 类型可分别调用 getData()和 getType()方法。

3. 分类 Category

Category 包含处理 Intent 的组件种类信息，对 Action 起到补充说明作用。

一个 Intent 对象可以有任意多个 Category。可以用 addCategory() 添加一个 Category，用 removeCategory()删除一个 Category，用 getCategorys()可获取所有的 Category。

和 Action 一样，在 Intent 类中也定义了几个 Category 常量，如表 5-10 所示。

表 5-10　常用 Category 常量

Category 常量	说　明
CATEGORY_BROWSABLE	目标 Activity 可以使用浏览器显示数据
CATEGORY_GADGET	可内嵌到另外一个 Activity 中
CATEGORY_HOME	该组件为 Home Activity

（续）

Category 常量	说　明
CATEGORY_LAUNCHER	可以让一个 Activity 出现在 launcher
CATEGORY_PREFERENCE	该 Activity 是一个选项面板
CATEGORY_DEFAULT	默认执行方式,按照普通 Activity 方式执行

4. 组件 Component

Component 用于指明处理 Intent 的组件名称，是目标组件的完整限定名（包名 + 类名）。例如“edu. zafu. ch4”，该字段是可选的，如果设置了此字段，那么 Intent Object 将会被传递到这个组件名所对应的类的实例中。如果没有设置，Android 会用 Intent 对象中的其他信息去定位到一个合适的目标组件中。

有两种 Intent 方式可用于寻找目标组件。

- 显式 Intent：直接指定组件 Component 名称实现。设置 Component name 可以通过 setComponent( )，setClass( )或者 setClassName( )。通过 getComponent( )可以进行读取。
- 隐式 Intent：通过 Intent Filter 过滤实现。过滤时通常根据 Action、Data 和 Category 属性进行匹配。

显式 Intent 示例：

```
//创建一个 Intent 对象
Intent intent = new Intent( );
//指定 Intent 对象的目标组件是 Activity2
intent. setClass( Activity1. this, Activity2. class);
```

其中 Activity1. this 为当前环境，Activity2. class 为目标组件类型。由于组件名称通常不会被其他应用程序的开发者知道。所以，显式 Intent 通常在应用程序内部消息中使用。例如，一个 Activity 启动一个从属的 Service 或者启动另一个 Activity。

通过 Intent Filter 实现的隐式 Intent 方式将在接下来进行讨论。

5. 扩展信息 Extras

Extras 用于添加一些附加信息，例如，在发送邮件时，可通过 Extra 属性添加主题和内容。将传递的信息存放到 Extra 属性中有两种方式。

- 直接调用 putExtra( )添加信息到 Extra，然后通过 getXXXExtra( )方法获取附加信息。该方式主要用于数据量较少的情况。

例如：

```
Intent intent = new Intent( );                //生成 Intent 对象
intent. putExtra( "name" , "zhangsan" );
```

而相应的 getXXXExtra 可获取附加信息。例如，刚存入的人名字符串可以使用 getString Extra( )来获得。

```
String name = intent. getStringExtra( "name" );
```

- 将数据封装到 Bundle 包中，通过 putExtra( )方法将 Bundle 对象添加到 Extra 属性中，再使用 getExtra( )方法获取 Bundle 对象。最后就可以读取 Bundle 包中的数据了。这种方式主要用于数据量较多的情况。

6. 启动 Intent

通过 Intent 可以启动或激活 Activity、BroadcastReceiver 以及 Service。对不同的组件，Intent

提供不同的启动方式，如表 5-11 所示。

表 5-11　Intent 启动不同组件方法

组　件	调用方法	作　用
Activity	Context. startActivity( ) Activity. startActivityForResult( )	启动一个新的 Activity，或是用一个已存在的 Activity 去做新的任务
BroadcastReceiver	Context. startService( )	初始化一个 Service 或传递一个新的操作给当前正在运行的 Service
	Context. bindService( )	绑定一个 Service
Service	Context. sendBroadcast( ) Context. sendOrderedBroadcast( ) Context. sendStickyBroadcast( )	对所有想接收消息的 BroadcastReceiver 传递消息

在例 5-17 中演示了通过 Intent 实现多个 Activity 的 Android 应用的启动。主要的代码如下：

```
Intent intent = new Intent( ) ;
intent. setClass( OtherActivity. this, MainActivity. class) ;
startActivity( intent) ;
```

如果要关闭当前的 Activity，则可以使用：

```
Activity1. this. finish( ) ;
```

源代码

下面是一个由 Bundle 负责在不同 Activity 间传递信息的示例。

【例 5-17】Bundle 应用示例。

```
MainActivity. java
public class MainActivity extends Activity{
    EditText ed;                                                //输入的文本框
    @ Override
    protected void onCreate( Bundle savedInstanceState) {
        Button bt;                                              //提交按钮
        super. onCreate( savedInstanceState) ;
        setContentView( R. layout. activity_main) ;             //生成布局
        ed = ( EditText) findViewById( R. id. editText1) ;      //获得文本框对象句柄
        bt = ( Button) findViewById( R. id. button1) ;          //获得按钮对象句柄
        bt. setOnClickListener( new ButtonClickListener( ) ) ;  //设置按钮侦听
    }
    class ButtonClickListener implements OnClickListener{
        public void onClick( View arg0) {
            Intent intent = new Intent( ) ;                     //生成一个 Intent 对象
            //设置启动的 Activity
             intent. setClass( MainActivity. this, OtherActivity. class) ;
            Bundle bundle = new Bundle( ) ;                     //创建 Bundle 对象,记录传输数据
            bundle. putString( "name", ed. getText( ). toString( ) ) ;
                                                                //向 Bundle 对象中保存数据
             intent. putExtras( bundle) ;                        //将 Bundle 对象封装到 Intent 对象
            //通过 Intent 对象将数据传送到相应的 Activity
            MainActivity. this. startActivity( intent) ;
            MainActivity. this. finish( ) ;
        }
    }
}
```

```
OtherActivity.java
public class OtherActivity extends Activity{
    Button bt;                                                     //返回按钮
    public void onCreate(Bundle savedInstanceState){
        super.onCreate(savedInstanceState);
        setContentView(R.layout.activity_other);                   //创建界面
        bt = (Button)findViewById(R.id.button2);                   //获得按钮对象句柄
        bt.setOnClickListener(new ButtonClickListener());          //设置按钮侦听
        Intent intent = this.getIntent();                          //获得 Intent 对象
        Bundle bundle = intent.getExtras();                        //生成 Bundle 对象
        String et = bundle.getString("name");                      //获得字符串
        TextView tv = (TextView)findViewById(R.id.textView2);      //获得文本框句柄
        tv.setText(et);                                            //设置 textview
    }
    class ButtonClickListener implements OnClickListener{
        public void onClick(View arg0){                  //返回按钮,单击后回到 ManiActivity
            Intent intent = new Intent();
            intent.setClass(OtherActivity.this,MainActivity.class);
            OtherActivity.this.startActivity(intent);

            OtherActivity.this.finish();
        }
    }
}
```

程序运行结果如图 5-16 所示，在 MainActivity 中输入的字符串会在 OtherActivity 中显示出来，从而达到数据传递、共享的目的。

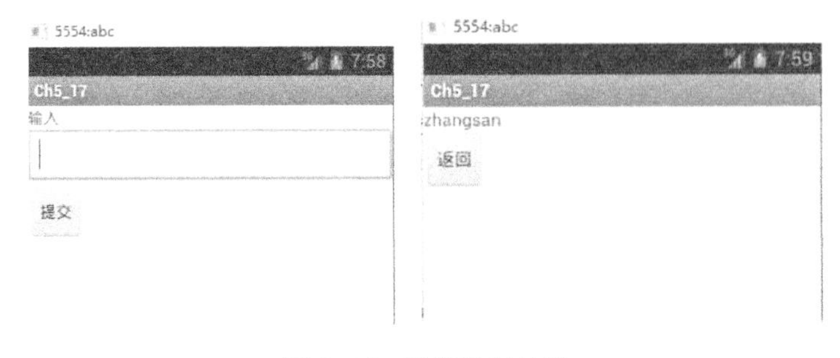

图 5-16　程序运行结果

📖 使用 Eclipse 创建 Android 时，系统默认在 AndroidManifest.xml 中自动生成主 Activity（MainActivity）的定义，不会生成 OtherActivity 的定义。因此需要手工添加 OtherActivity 的相关配置（见下），否则运行时会因找不到 OtherActivity 而异常终止。

```
<activity android:name="edu.zafu.ch4_4.OtherActivity"
    android:label="@string/app_name"  />
```

Intent 的隐式启动方式依靠 Intent Filter 过滤，使得在 Intent 中没有指明 Activity 的情况下，Android 系统也可以根据 Intent 中的数据信息找到需要的 Activity 来进行启动。

Android 系统对隐式 Intent 先进行解析，将 Intent 映射给可处理该 Intent 的活动、广播接收器或服务组件。有两种生成 Intent Filter 的方式：一种是通过 IntentFilter 类生成，另一种是通过在配置文件 AndroiManifest.xml 中定义 intent-filter 元素生成。由于实际应用中多以第二种方式为主，因此这里仅介绍这种方式。

1. <intent - filter>元素

一个 intent filter 是一个 IntentFilter 类的实例。但是 Android 系统必须在组件未启动的情况下就了解它的能力。因此 intent filter 一般不会在 Java 代码中设置，而是在应用的 AndroidManifest. xml 文件中作为<intent - filter>元素的方式声明。Activity、Service 和 BroadcastReceiver 可设置一个或者多个 intent filter 过滤器，以此来告诉 Android 系统可以处理哪个 Intent。每个过滤器描述了组件的一种能力，它过滤掉不想要的 Intent，保留想要的。

一个 intent filter 中包含一个 Intent 对象中的 3 个属性 Action、Data 和 Category，而 Extra 和 Flag 等属性在这方面不起作用。

2. <action>子元素

一个 Intent 对象只能命名一个 Action，但是一个 intent filter 过滤器则可以列出多个 Action，例如：

```
<intent-filter >
    <action android:name="com.example.project.SHOW_CURRENT" />
     <action android:name="com.example.project.SHOW_RECENT" />
     <action android:name="com.example.project.SHOW_PENDING" />
</intent-filter>
```

一个过滤器必须包含一个<action>元素，否则它将阻止所有的 Intent 通过该测试。Intent 被指定的 Action 必须匹配过滤器中所列 Action 的其中之一。如果一个 filter 没有指定任何 Action，那么没有任何 Intent 会被匹配，所有的 Intent 将不会通过此测试。若是 Intent 对象没有指定任何 Action，那么将自动通过此测试——只要这个过滤器中至少有一个 Action。

3. <category>子元素

要通过 category 测试，Intent 对象中包含的每个 category 都必须匹配 filter 中的一个。filter 可以列出额外的 category，但是不能遗漏 Intent 对象中包含的任意一个 category。下面是一个示例。

```
<intent-filter >
    <category android:name="android.intent.category.DEFAULT" />
    <category android:name="android.intent.category.BROWSABLE" />
</intent-filter>
```

原则上，一个没有任何 category 的 Intent 对象总是可以通过此测试。但对隐式 Intent 来说，需默认至少包含了一个"android. intent. category. DEFAULT"的 category。因此，若希望接收该隐式意图的 activitiy，则必须在它们的 intent filter 中包含"android. intent. category. DEFAULT"。

4. <data>子元素

数据在<intent - filter>中的描述如下：

```
<data android:mimeType="video/mpeg"
   android:scheme="http"
   android:host="com.example.android"
   android:path="folder/subfolder
   android:port="8080" />
```

<data>子元素指定了希望接收的 Intent 请求的数据 URI 和数据类型 mimeType，其中 URI 由 scheme、host、path 和 port 组成。

5.6　对话框

在使用 Android 应用时，界面上经常会弹出一些询问或者供用户选择的对话框，这是与用户沟通交流的方式。当然，如果要实现这样的功能就需要在开发的时候使用 Android Dialog 对话框功能。下面详细介绍几种经常使用的 Dialog 对话框。

5.6.1　AlertDialog 创建对话框

微视频

通常，一般都会使用 AlertDialog 来创建一些常用的普通对话框。首先了解几个重要的方法。

- setTitle()：为对话框设置标题。
- setIcon()：为对话框设置图标。
- setMessage()：为对话框设置内容。
- setView()：给对话框设置自定义样式。
- setItems()：设置对话框要显示的一个 list，一般用于在显示几个命令时。
- setMultiChoiceItems()：用来设置对话框显示一系列的复选框。
- setNeutralButton()：普通按钮。
- setPositiveButton()：给对话框添加“Yes”按钮。
- setNegativeButton()：给对话框添加“No”按钮。
- create()：创建对话框。
- show()：显示对话框。

【例 5-18】创建对话框，运行效果如图 5-17 所示。

源代码

图 5-17　AlertDialog 运行效果图

```
package edu.zafu.Ch5_18;
import android.os.Bundle;
import android.app.Activity;
import android.app.AlertDialog;
import android.app.Dialog;
import android.content.DialogInterface;
import android.view.Menu;
import android.widget.Toast;
public class MainActivity extends Activity{
    @Override
    protected void onCreate(Bundle savedInstanceState){
```

```
        super. onCreate( savedInstanceState) ;
        setContentView( R. layout. activity_main) ;
        Dialog alertDialog = new AlertDialog. Builder( this)
        . setTitle( "删除确定")                                    //设置对话框标题
        . setMessage( "您确定删除该条信息吗?")                      //设置文本内容
        . setIcon( R. drawable. ic_launcher)                        //设置图标
        . setPositiveButton( "确定", new DialogInterface. OnClickListener( )     //设置确定按钮
      {
      @ Override
      public void onClick( DialogInterface dialog, int which) {
              DisplayToast( "删除成功") ;
        }
      })
      . setNegativeButton( "取消", new DialogInterface. OnClickListener( )     //设置取消按钮
      {
        @ Override
      public void onClick( DialogInterface dialog, int which) {
             DisplayToast( "取消成功") ;
        }
      })
      . setNeutralButton( "查看详情", new DialogInterface. OnClickListener( ) //设置一般类
                                                                             //普通按钮
      {
          @ Override
      public void onClick( DialogInterface dialog, int which) {
             DisplayToast( "查看相关信息") ;
        }
      })
    . create( ) ;
    alertDialog. show( ) ;
   }
  protected void DisplayToast( String string) {
        Toast. makeText( this, string, Toast. LENGTH_SHORT). show( ) ;
  }
  @ Override
  public boolean onCreateOptionsMenu( Menu menu) {
        getMenuInflater( ). inflate( R. menu. activity_main, menu) ;
        return true;
  }
}
```

5.6.2　PopupWindow 的使用

PopupWindow 是一种较为自由的悬浮式弹窗，它可以悬浮在当前的活动窗口之上，同时不会干扰用户对背后窗口的操作。对于开发时的放置位置也十分自由，可以由开发者自行决定弹窗出现的位置。不过需要注意的是 PopupWindow 的调用必须要有事件触发，否则就会报错。在开发过程中，会与上文所介绍的 AlertDialog 混合使用。

下面是关于 PopupWindow 的简单示例，效果如图 5-18 和图 5-19 所示。

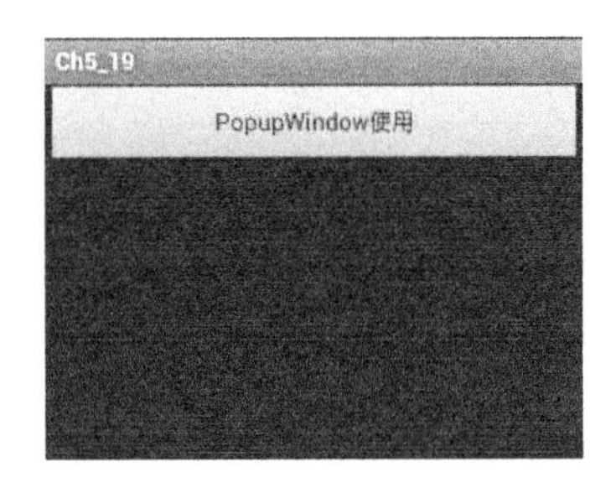

图5-18　效果图1

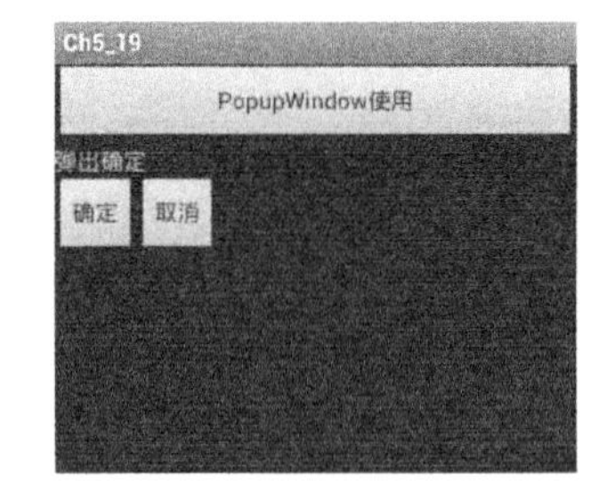

图5-19　效果图2

【例5-19】PopupWindow 简单示例。

```
package edu.zafu.Ch5_19;
import android.os.Bundle;
import android.app.Activity;
import android.content.Context;
import android.support.v4.view.ViewPager.LayoutParams;
import android.view.Gravity;
import android.view.LayoutInflater;
import android.view.Menu;
import android.view.View;
import android.view.View.OnClickListener;
import android.widget.Button;
import android.widget.PopupWindow;
import android.widget.Toast;
public class MainActivity extends Activity{
    Button button;
  @Override
protected void onCreate(Bundle savedInstanceState){
            super.onCreate(savedInstanceState);
            setContentView(R.layout.activity_main);
             button = (Button)findViewById(R.id.button);
             button.setOnClickListener(new OnClickListener(){
            @Override
                    public void onClick(View v){
                            initPopupWindow();
                    }
            });
    }
    protected void initPopupWindow(){
            //加载 PopupWindow 的布局文件
            View contentView = LayoutInflater.from(getApplicationContext())
                            .inflate(R.layout.popup,null);
            //声明一个弹出框,并设置大小
            final PopupWindow popupWindow = new PopupWindow(
                            findViewById(R.id.main),200,300);
            //为弹出框设定自定义的布局
             popupWindow.setContentView(contentView);
            //显示对话框,此处是 button 下方
            popupWindow.showAsDropDown(button);
            Button button1 = (Button)contentView.findViewById(R.id.button1);
            button1.setOnClickListener(new OnClickListener(){
                    @Override
                    public void onClick(View v){
```

```
                    DisplayToast("弹窗已经弹出");
                }
            });
            Button button2 = (Button)contentView.findViewById(R.id.button2);
            button2.setOnClickListener(new OnClickListener() {
                @Override
                public void onClick(View v) {
                    DisplayToast("弹窗正在关闭");
                    popupWindow.dismiss();
                }
            });
        }
        public void DisplayToast(String str) {
            Toast.makeText(this, str, Toast.LENGTH_SHORT).show();
        }
        @Override
        public boolean onCreateOptionsMenu(Menu menu) {
            //Inflate the menu;this adds items to the action bar if it is present.
            getMenuInflater().inflate(R.menu.activity_main, menu);
            return true;
        }
    }
```

LayoutInflater 类的作用类似于 findViewById，不同点在于 LayoutInflater 是用来找 res/layout/ 下的 xml 布局文件，并且实例化；而 findViewById 是找 xml 布局文件下的具体 widget 控件（如 Button、TextView 等）。

📖 Android 中两种对话框：PopupWindow 和 AlertDialog。它们的不同点在于：AlertDialog 的位置固定，而 PopupWindow 的位置是随意的；AlertDialog 是非阻塞线程的，而 PopupWindow 是阻塞线程的。

5.6.3 DatePickerDialog、TimePickerDialog 的使用

DatePickerDialog 日期选择对话框和 TimePickerDialog 时间选择对话框可供开发者在需要对时间进行操作时使用。前者显示选择的年月日，后者显示的是选择的时分秒。调节日期时间对话框较为简单，只需按对话框中“+”和“-”就可改变数值，如图 5-20 和图 5-21 所示。

图 5-20 DatePickerDialog 对话框

图 5-21 TimePickerDialog 对话框

需要注意的是，在 DatePickerDialog 控件中需要实现 DatePicker-Dialog. OnDateSet Listener 接口，并实现该接口中的 onDateSet( )方法。在 TimePickerDialog 控件中需要实现 TimePickerDialog. OnTimeSetListener 接口，并实现该接口中的 onTimeSet( )方法。

源代码 

【例 5-20】DatePickerDialog 的简单示例。

```
package edu. zafu. Ch5_20;
import java. util. Calendar;
import java. util. Date;
import java. util. Locale;
import android. app. Activity;
import android. app. DatePickerDialog;
import android. app. DatePickerDialog. OnDateSetListener;
import android. os. Bundle;
import android. view. View;
import android. view. View. OnClickListener;
import android. widget. Button;
import android. widget. DatePicker;
import android. widget. TextView;
//实现 DatePickerDialog. OnDateSetListener 接口
public class MainActivity extends Activity implements OnDateSetListener,
            OnClickListener{
      @ Override
      public void onCreate( Bundle savedInstanceState) {
            super. onCreate( savedInstanceState) ;
            setContentView( R. layout. activity_main) ;
            Button button = ( Button) findViewById( R. id. button) ;
            button. setOnClickListener( this) ;
      }
      @ Override
      public void onClick( View v) {
//创建一个日历引用 date,通过静态方法 getInstance( )从指定时区 Locale. CHINA 获得一个日
//期实例
            Calendar date = Calendar. getInstance( Locale. CHINA) ;
            //创建一个 Date 实例
            Date mydate = new Date( ) ;
            //设置日历的时间,把一个新建 Date 实例 mydate 传入
            date. setTime( mydate) ;
            //获得日历中的年月日
            int year =  date. get( Calendar. YEAR) ;
            int month =  date. get( Calendar. MONTH) + 1 ;//
            int day = date. get( Calendar. DAY_OF_MONTH) ;
            //新建一个 DatePickerDialog 构造方法
            DatePickerDialog date1 = new DatePickerDialog( this, this, year, month, day) ;
            date1. show( ) ;            //让 DatePickerDialog 显示出来
      }
      @ Override
      //DatePickerDialog 中按钮 Set 按下时自动调用
      public voidonDateSet( DatePicker view, int year, int monthOfYear,
                  int dayOfMonth) {
          //通过 TextView 输出日期展示
            TextView txt = ( TextView) findViewById( R. id. textview) ;
        txt. setText( Integer. toString( year) + " - "
```

```
                        + Integer. toString( monthOfYear + 1 ) + " - "
                        + Integer. toString( dayOfMonth) ) ;
        }
}
```

【例 5-21】TimePickerDialog 的简单示例。

源代码

```
package edu. zafu. Ch5_21;
import java. util. Calendar;
import java. util. Locale;
import android. os. Bundle;
import android. app. Activity;
import android. app. TimePickerDialog;
import android. app. TimePickerDialog. OnTimeSetListener;
import android. text. format. Time;

import android. view. View;
import android. view. View. OnClickListener;
import android. widget. Button;
import android. widget. TextView;
import android. widget. TimePicker;
//实现 TimePickerDialog. OnTimeSetListener 接口
public class MainActivity extends Activity implements OnTimeSetListener,
        OnClickListener{
    @ Override
    public void onCreate( Bundle savedInstanceState) {
        super. onCreate( savedInstanceState) ;
        setContentView( R. layout. activity_main) ;
        Button button = ( Button) findViewById( R. id. button) ;
        button. setOnClickListener( this) ;
    }
    @ Override
    public void onClick( View v) {
        Calendar time = Calendar. getInstance( Locale. CHINA) ;
        Timemytime = new Time( ) ;
        //获得时间
        int hour = time. get( Calendar. HOUR_OF_DAY) ;
        int minute = time. get( Calendar. MINUTE) ;
        //新建一个 TimePickerDialog 构造方法
      TimePickerDialog time1 = new TimePickerDialog( this, this, hour, minute, true) ;
      time1. show( ) ;//让 TimePickerDialog 显示出来
        }
    @ Override
    //TimePickerDialog 中按钮 Set 按下时自动调用
    public void onTimeSet( TimePicker view, int hourOfDay, int minute) {
        //通过 TextView 输出时间展示
        TextView txt = ( TextView) findViewById( R. id. textview) ;
   txt. setText( Integer. toString( hourOfDay) + "时"
                        + Integer. toString( minute) + "分" ) ;
    }
}
```

5.6.4 ProgressDialog 进度对话框的创建

ProgressDialog 是在程序运行时，能够弹出“对话框”作为提醒的一种控件，往往用于应用程序无法操作时。ProgressDialog 也带有取消功能。在单击“取消”按钮后，可以关闭相应的正在加载中的程序。ProgressDialog 分为两种，一种为长条形进度对话框，另一种为圆形进度对话框，如图 5-22 和图 5-23 所示。两种对话框并没有太大的差别，只是在设置 setProgressStyle 时，一个是 ProgressDialog. STYLE_HORIZONTAL，另一个是 ProgressDialog. STYLE_SPINNER。

【例 5-22】ProgressDialog 对话框。

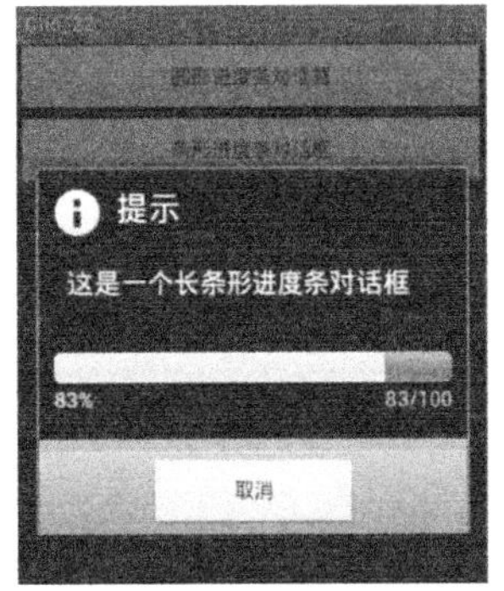

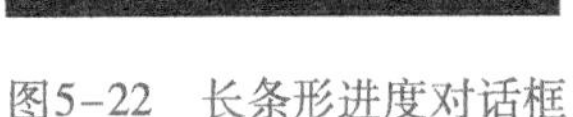

图5-22　长条形进度对话框

图 5-23　圆形进度对话框

```
package edu. zafu. Ch5_22;
import android. os. Bundle;
import android. app. Activity;
import android. app. ProgressDialog;
import android. content. DialogInterface;
import android. view. Menu;
import android. view. View;
import android. view. View. OnClickListener;
import android. widget. Button;
public class MainActivity extends Activity{
        int    count = 0;
        @ Override
        protected void onCreate( Bundle savedInstanceState) {
                super. onCreate( savedInstanceState) ;
                setContentView( R. layout. activity_main) ;
            Button button1 = ( Button) findViewById( R. id. button1) ;
            button1. setOnClickListener( new OnClickListener( ) {
                @ Override
                public void onClick( View v) {
                        //创建 ProgressDialog 对象
                        ProgressDialog    progressDialog = new ProgressDialog( MainActivity. this) ;
                        //设置进度条风格,风格为圆形、旋转的
                        progressDialog. setProgressStyle( ProgressDialog. STYLE_SPINNER) ;
                        progressDialog. setTitle( "提示" ) ;                    //设置 ProgressDialog 标题
                        progressDialog. setMessage( "这是一个圆形进度条对话框" ) ; //设置提示信息
                                //设置 ProgressDialog 的进度条是否不明确
                        progressDialog. setIndeterminate( false) ;
                                //设置 ProgressDialog 是否可以按退回按键取消
                        progressDialog. setCancelable( true) ;
```

```
                //设置取消按钮
                progressDialog.setButton("取消",new DialogInterface.OnClickListener(){
                    @Override
                    public void onClick(DialogInterface dialog,int which){
                        dialog.cancel();
                    }
                });
                progressDialog.show();  //让 ProgressDialog 显示
            }
        });
        Button button2 = (Button)findViewById(R.id.button2);
        button2.setOnClickListener(new OnClickListener(){
            @Override
            public void onClick(View v){
                //创建 ProgressDialog 对象
                final ProgressDialog progressDialog = new ProgressDialog(MainActivity.this);
                //设置进度条风格,风格为长条形,读条
                progressDialog.setProgressStyle(ProgressDialog.STYLE_HORIZONTAL);
                progressDialog.setTitle("提示"); //设置 ProgressDialog 标题
                //设置 ProgressDialog 提示信息
                progressDialog.setMessage("这是一个长条形进度条对话框");
                //设置 ProgressDialog 的进度条是否不明确
                progressDialog.setIndeterminate(false);
                //设置 ProgressDialog 是否可以按退回按键取消
                progressDialog.setCancelable(true);
                //设置取消按钮
                progressDialog.setButton("取消",new DialogInterface.OnClickListener(){
                    @Override
                    public void onClick(DialogInterface dialog,int which){
                        dialog.cancel();
                    }
                });
                progressDialog.show();          //让 ProgressDialog 显示
                //长条形读条景象模拟
                count =0;
                new Thread(){                   //生成线程,用于计数
                    public voidrun(){
                        try{
                            while(count <=100){
                                //由线程来控制进度
                                progressDialog.setProgress(count ++);
                                Thread.sleep(100);
                            }
                            progressDialog.cancel();
                        }
                        catch(InterruptedException e)
                        {
                            progressDialog.cancel();
                        }
                    }
                }.start();
            }});
    }
    @Override
```

```
        public boolean onCreateOptionsMenu(Menu menu){
            getMenuInflater().inflate(R.menu.activity_main,menu);
            return true;
        }
}
```

5.7　菜单

Android 平台提供的菜单功能基本分为三大类：选项菜单、子菜单、上下文菜单。现在对这三大类菜单进行详细介绍。

5.7.1　选项菜单

Optionmenu 选项菜单较为常见，一般在单击按钮后就会跳出其相应的选项菜单，供用户进行选择。其实 Android 暗置了当按下手机 Menu 键就会从屏幕底端弹出相应的选项菜单的功能，不过这个功能需要开发人员通过编程来实现。如图 5-24 所示可以看到在模拟器的右上方的 MENU 按钮。

图 5-24　选项菜单示例 1

不过对于携带图标的选项菜单，每次最多只能显示 6 个。当菜单选项多于 6 个时，将只显示前 5 个和一个扩展菜单选项。单击扩展菜单选项时将会弹出其余的菜单选项。扩展菜单选项中将不会显示图标，但是可以显示单选按钮和复选框。如图 5-25 所示，最下方会出现“More”选项，单击之后则会弹出不带图标的菜单选项，如图 5-26 所示。

【例 5-23】选项菜单。

```
package edu.zafu.Ch5_23;
import android.app.Activity;
import android.os.Bundle;
import android.view.Menu;
import android.view.MenuItem;
import android.widget.Toast;
public class MainActivity extends Activity{
    @Override
    protected void onCreate(Bundle savedInstanceState){
```

```
            super. onCreate( savedInstanceState) ;
            setContentView( R. layout. activity_main) ;
        }
    @ Override
        public boolean onCreateOptionsMenu( Menu menu) {
        //此处用到的是 menu. add 方法
            getMenuInflater( ). inflate( R. menu. activity_main, menu) ;
            menu. add( Menu. NONE,1,7,"删除")
                    . setIcon( android. R. drawable. ic_menu_delete) ;
            menu. add( Menu. NONE,2,2,"保存")
                         . setIcon( android. R. drawable. ic_menu_edit) ;
            menu. add( Menu. NONE,3,5,"帮助")
                         . setIcon( android. R. drawable. ic_menu_help) ;
            menu. add( Menu. NONE,4,1,"添加")
                    . setIcon( android. R. drawable. ic_menu_add) ;
            menu. add( Menu. NONE,5,4,"详细")
                    . setIcon( android. R. drawable. ic_menu_info_details) ;
            menu. add( Menu. NONE,6,3,"发送")
                         . setIcon( android. R. drawable. ic_menu_send) ;
            menu. add( Menu. NONE,7,6,"分享")
                    . setIcon( android. R. drawable. ic_menu_share) ;
            return true;//需要 return true 才能起作用
        }
        public boolean onOptionsItemSelected( MenuItem item) {
            switch( item. getItemId( ) ) {
          //与群中 Item 的 ID 相对应,这里用 Toast 方法只是以弹窗的形式象征功能的实现
            case 1:
                Toast. makeText( this,"删除",Toast. LENGTH_LONG). show( ) ;
              break;
            case 2:
                Toast. makeText( this,"保存",Toast. LENGTH_LONG). show( ) ;
                break;
            case 3:
                Toast. makeText( this,"帮助",Toast. LENGTH_LONG). show( ) ;
                break;
            case 4:
                Toast. makeText( this,"添加",Toast. LENGTH_LONG). show( ) ;
                break;
            case 5:
                Toast. makeText( this,"详细",Toast. LENGTH_LONG). show( ) ;
                break;
            case 6:
                Toast. makeText( this,"发送",Toast. LENGTH_LONG). show( ) ;
                break;
            case 7:
                Toast. makeText( this,"分享",Toast. LENGTH_LONG). show( ) ;
                break;
            default:
                break;
            }
        return false;
```

```
        }
    public void onOptionMenuClosed(Menu menu){
            Toast.makeText(this,"选项菜单关闭了",Toast.LENGTH_LONG).show();
            }
    }
```

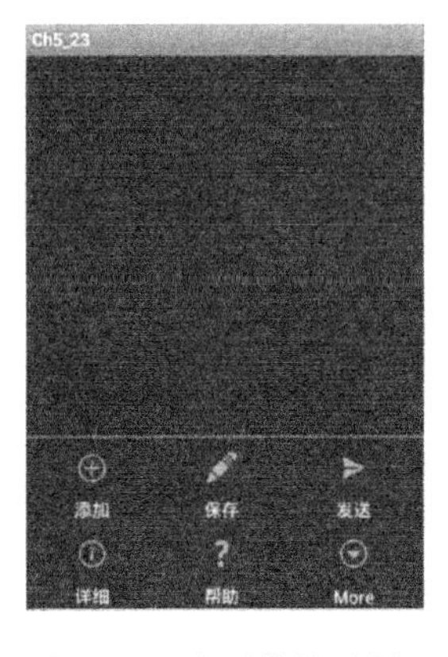

图5-25　选项菜单示例 2

图5-26　选项菜单示例 3

菜单 MENU 的资源文件 activity_main 代码如下：

```
<menu xmlns:android="http://schemas.android.com/apk/res/android" >
    <item
        android:id="@+id/menu_settings"
        android:orderInCategory="100"
        android:title="@string/menu_settings"/>
</menu>
```

5.7.2　子菜单

Submenu 子菜单是在单击菜单的某个选项后就会弹出相应的子菜单。举一个简单的例子：在使用 Word 时，单击“文件”菜单就会弹出一列含有“保存”“另存为”“打开”等的子菜单。不过需要注意的是子菜单不支持嵌套，即子菜单中不能再含有其他的子菜单，这一点需要注意。

同样按下“MENU”键之后会弹出相应菜单，如图 5-27 所示。当单击“文件”选项后，就会弹出相应的子菜单，如图 5-28 所示。

图 5-27　子菜单示例 1

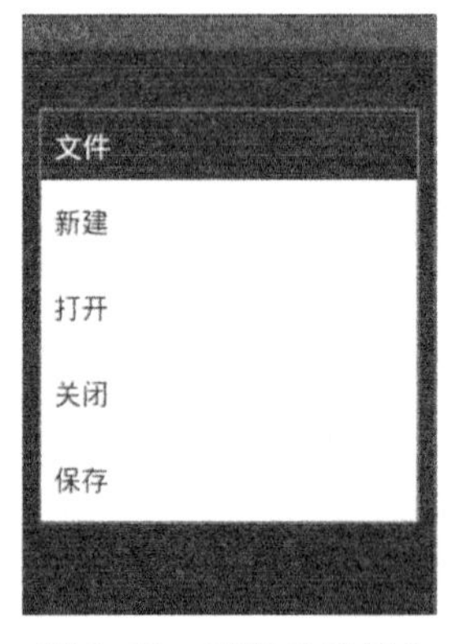

图 5-28　子菜单示例 2

【例 5-24】子菜单。

源代码

```
package edu. zafu. Ch5_24;
import android. os. Bundle;
import android. app. Activity;
import android. view. Menu;
import android. view. MenuItem;
import android. view. SubMenu;
import android. widget. Toast;
public class MainActivity extends Activity{
        @ Override
        protected void onCreate(Bundle savedInstanceState){
                super. onCreate(savedInstanceState);
                setContentView(R. layout. activity_main);
        }
        @ Override
        public boolean onCreateOptionsMenu(Menu menu){
                getMenuInflater(). inflate(R. menu. activity_main,menu);
                //添加子菜单
                SubMenu File = menu. addSubMenu("文件");
                SubMenuEdit = menu. addSubMenu("编辑");
                SubMenuRefactor = menu. addSubMenu("运行");
                SubMenuSource = menu. addSubMenu("源代码");
                //为子菜单添加菜单项,这里作为样例仅对“文件”做了添加处理
                File. add(0,1,1,"新建");
                File. add(0,2,2,"打开");
                File. add(0,3,3,"关闭");
                File. add(0,4,4,"保存");
                return true;
        }
        public boolean onOptionsItemSelected(MenuItem item){
                switch(item. getItemId()){
           /*与群中 Item 的 ID 相对应,这里用 Toast 方法只是以弹窗的形式象征功能的实现*/
                case 1:
                        Toast. makeText(this,"新建",Toast. LENGTH_LONG). show();
                   break;
           case 2:
                        Toast. makeText(this,"打开",Toast. LENGTH_LONG). show();
                        break;
                case 3:
                        Toast. makeText(this,"关闭",Toast. LENGTH_LONG). show();
                        break;
                case 4:
                        Toast. makeText(this,"保存",Toast. LENGTH_LONG). show();
                        break;
                default:
                        break;
                }
    return false;
    }
}
```

5.7.3　上下文菜单

Contextmenu 上下文菜单其实与前面的子菜单有些类似，但上下文菜单是在用户长按了某个视图后才会弹出的一个悬浮菜单。要使这个视图有所反应就必须在程序中为这个视图注册上下文菜单。

任何的视图都能注册上下文菜单。经常会将此菜单应用于 ListView 的 item。下面是具体的样例，效果如图 5-29 所示。选择某一行长按大约 2s 之后就会弹出相应菜单，如图 5-30 所示。

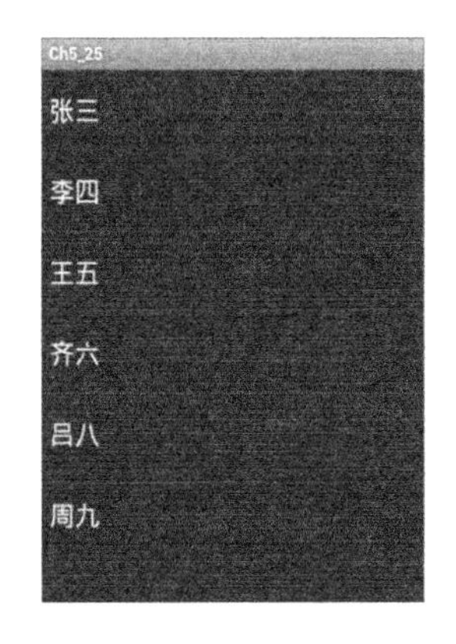

图 5-29　上下文菜单示例 1

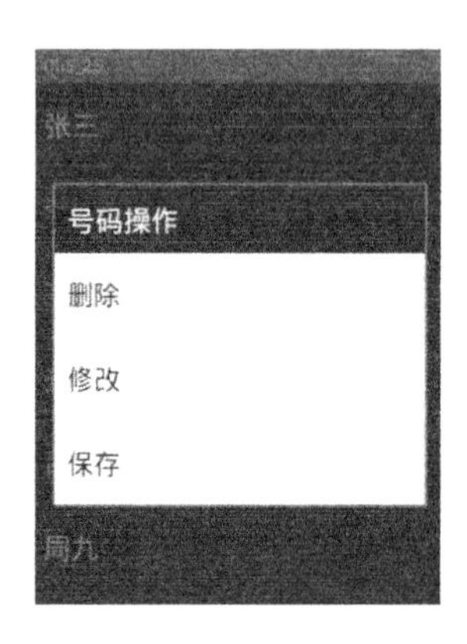

图 5-30　上下文菜单示例 2

【例 5-25】上下文菜单。

源代码

```
package edu. zafu. Ch5_25;
import android. os. Bundle;
import android. app. Activity;
import android. view. ContextMenu;
import android. view. ContextMenu. ContextMenuInfo;
import android. view. Menu;
import android. view. MenuItem;
import android. view. SubMenu;
import android. view. View;
import android. widget. ArrayAdapter;
import android. widget. ListView;
import android. widget. Toast;
public class MainActivity extends Activity{
        @ Override
    public void onCreate( Bundle savedInstanceState) {
            super. onCreate( savedInstanceState) ;
            setContentView( R. layout. activity_main) ;
            ListView listView = ( ListView) findViewById( R. id. listview) ;
            this. registerForContextMenu( listView) ; //此处是为 ListView 注册上下文菜单
            //也可以使用 listview. setOnCreatecontextMenuListener( this)
String[ ]string = new String[ ]{"张三","李四","王五","齐六","吕八","周九"};
          listView. setAdapter( new ArrayAdapter < String > ( this, android. R. layout. simple_list_item_1,
string) ) ;
            }
    @ Override//设置上下文菜单,通过长按条目激活上下文菜单
    public void onCreateContextMenu( ContextMenu menu,View view,
```

```
                ContextMenuInfo menuInfo) {
            menu.setHeaderTitle("号码操作");
            //添加菜单项
            menu.add(0,  1,0,"删除");   //参数依次为“菜单组”“菜单项目编号”“菜单显示次
                                         //序”和“菜单显示文本”
            menu.add(0,  2,0,"修改");
            menu.add(0,  3,0,"保存");
        }
        //菜单单击响应
        @Override
        public boolean onContextItemSelected(MenuItem item) {
            //获取当前被选择的菜单项的信息
            switch(item.getItemId()) {
             case 1:
                //在这里添加处理代码
                  DisplayToast("删除成功");
                break;
             case 2:
                //在这里添加处理代码
                  DisplayToast("修改成功");
                break;
             case 3:
              //在这里添加处理代码
                  DisplayToast("保存成功");
                break;
            }
            return true;
        }
        public void DisplayToast(String str)
        {
              Toast.makeText(this,str,Toast.LENGTH_SHORT).show();
        }
    }
```

5.8 思考与练习

微测试

1. 简述 Android 常用的几种布局方式及区别。
2. 简述 Android 常用的界面控件的功能及应用。
3. 使用线性布局实现图 5-31 所示的界面。

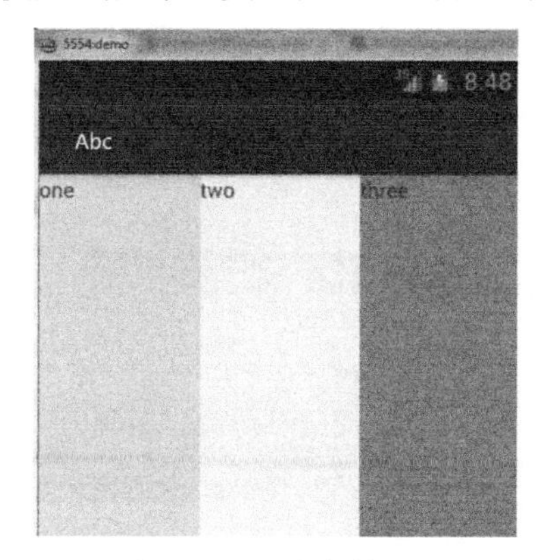

图 5-31　思考与练习 3

习题答案

4. 使用线性布局嵌套实现图 5-32 所示的界面。

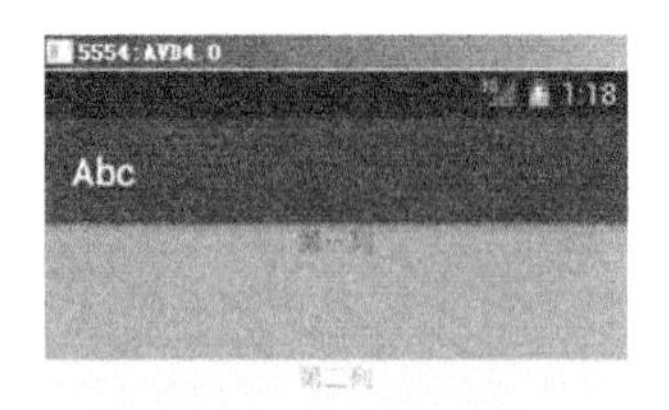

图 5-32　思考与练习 4

5. 使用帧布局实现如图 5-33 所示的霓虹灯的效果。

图 5-33　思考与练习 5

6. 实现文字输入与准确率判断，界面如图 5-34 所示，在编辑框中输入文字后单击“提交”按钮后，提示相关的信息，并输入文字录入的准确率。

7. 编写一个程序，可在第一个 Activity 中输入两个整数，单击“计算”按钮后，在第二个 Activity 中显示两个整数的和。

8. 书中例子 Ch5_9 中，如果未选择过性别或者体育爱好，则单击“确定”按钮时，提示信息会出错。请修改，使程序无论在用户是否有对性别和体育爱好进行选择都能够正确地提示。

9. 请在例子 Ch5_25 基础上，设置上下文菜单为“删除”“添加”。在列表项选择一项长按后，选择删除，则在列表项中删除该选项；选择添加，则出现另一个界面，可以输入一个姓名，单击“确定”按钮后，在主界面的列表项中添加该输入的姓名。

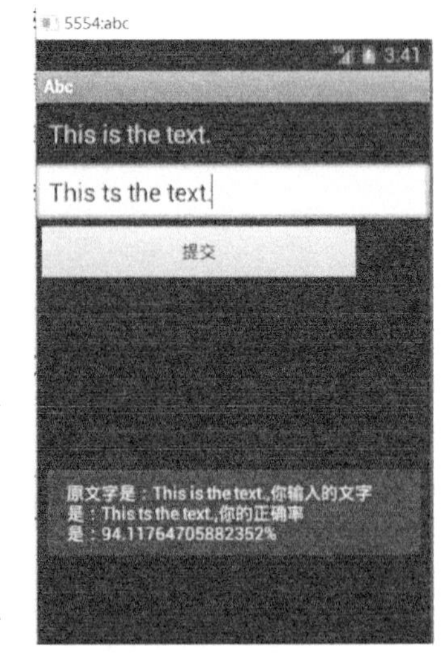

图 5-34　思考与练习 6

第6章 Service和Broadcast广播消息

在第4章中简单地介绍了Service和Broadcast的一些内容，但是在实际开发过程中这些内容还远远不够。很多Android应用只有界面也是不够的，有时候还必须要配合Service和Broadcast一起使用。

当需要创建后台运行程序时，就要使用Service，例如，后台播放音乐，记录地理位置的改变等。它们都需要在后台运行，且是不可见的。另外，系统能够产生各种各样的广播，例如，电池的使用状况，电话和短信的接收等。因此，广播是一个必不可少的组件。在这一章中将对其详细介绍。

6.1 Service简介

Service是Android的四大组件之一，在Android开发中起到了非常重要的作用。Service的官方定义：Service（服务）是一个没有用户界面的、在后台运行执行耗时操作的应用组件。其他应用组件能够启动Service，并且即使用户切换到另外的应用，Service也将持续在后台运行。另外，一个组件能够与一个Service进行绑定并与之交互（IPC机制）。例如，一个Service可能会处理网络操作、播放音乐、操作文件I/O或者与内容提供者（Content Provider）交互，而所有这些活动都是在后台进行的。

Android SDK提供的Service类似于Linux守护进程或者Windows的服务。有如下两种服务类型。

- 本地服务（Local Service）：用于应用程序内部，实现应用程序自身的一些耗时任务，比如查询升级信息。并不占用应用程序比如Activity所属线程，而是单开线程后台执行，这样可获得更好的用户体验。

在这种方式下，它可以调用Context.startService()启动服务，而调用Context.stopService()结束服务。也可以调用Service.stopSelf()或Service.stopSelfResult()来使自己停止。不论调用了多少次startService()方法，只需要调用一次stopService()来停止服务。

- 远程服务（Remote Service）：用于Android系统内部的应用程序之间，可被其他应用程序复用，比如天气预报服务。其他应用程序不需要再写这样的服务，调用已有的即可。

它可以通过自己定义并暴露出来的接口进行程序操作。客户端建立一个到服务对象的连接，并通过那个连接来调用服务。可调用Context.bindService()方法建立连接，调用Context.unbindService()关闭连接。多个客户端可以绑定至同一个服务。如果服务此时还没有加载，则bindService()会先加载它。

Service的运行方式和Activity类似，都具有生命周期函数。但是，Service的生命周期并不像Activity那么复杂，它只继承了onCreate()、onStart()和onDestroy()三个方法。

- 当采用context.startService()启动服务时，Service会经历以下几个过程。

```
context.startService()→onCreate()→onStart()→服务运行
→context.stopService()→onDestroy()→服务停止
```

如果 Service 没有运行，系统会先调用 onCreate( )方法，再调用 onStart( )方法；如果 Service 已经运行，则只调用 onStart( )。所以一个 Service 的 onStart( )方法可能会被重复调用多次。

调用 stopService( )的时候会直接调用 onDestroy( )。如果是调用者自己直接退出而没有调用 stopService( )，则 Service 会一直在后台运行。该 Service 的调用者再启动起来后可以通过 stopService( )关闭 Service。

所以调用 startService( )的生命周期为

```
onCreate( )→onStart( )（可多次调用）→onDestroy( )
```

- 当采用 context. bindService( )启动时，Service 则经历以下几个过程。

```
context. bindService( )→onCreate( )→onBind( )→服务运行
→onUnbind( )→onDestroy( )→服务停止
```

onBind( )将返回给客户端一个 IBind 接口实例，IBind 允许客户端回调服务的方法，比如得到 Service 的实例、运行状态或其他操作。这个时候调用者（Context，例如 Activity）会和 Service 绑定在一起。Context 退出了，Srevice 就会调用 onUnbind( )→onDestroy( )相应退出。

所以调用 bindService 的生命周期为

```
onCreate( )→onBind( )(只一次,不可多次绑定)→onUnbind( )→onDestory( )
```

在 Service 每一次的开启关闭过程中，只有 onStart( )可被多次调用（通过多次 startService( )调用），其他 onCreate( )，onBind( )，onUnbind( )，onDestory( )在一个生命周期中只能被调用一次。Service 的生命周期如图 6-1 所示。

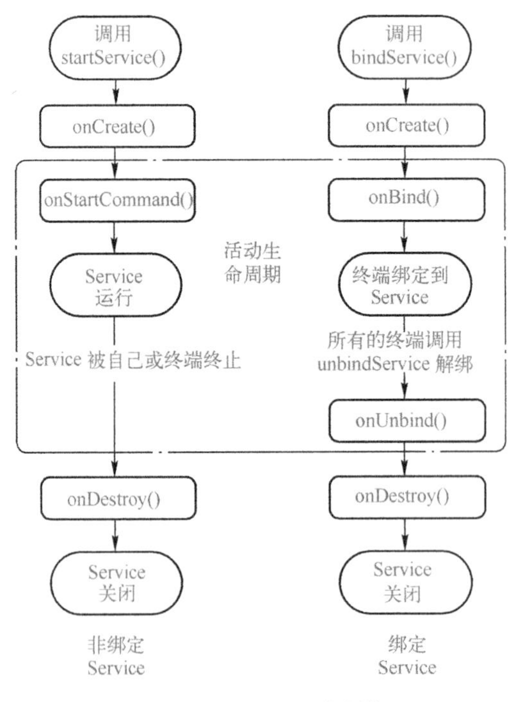

图 6-1　Service 生命周期

如图 6-1 所示为 Service 的生命周期过程图。图中为两种启动 Service 的方式以及它们的声明周期，Bind Service 的不同之处在于当绑定的组件销毁后，对应的 Service 也就被销毁了。Service 的生命周期相比于 Activity 的简单了许多，只要理解好两种启动 Service 方式的异同即可。

6.2 Service 实现

首先要定义一个继承 Service 的类和实现其生命周期中的方法。然后通过 Acitvity 调用相应的启动方法来启动。要注意的是，一个定义好的 Service 必须在 AndroidMainfest. xml 配置文件中通过 <service> 元素声明才能使用。

6.2.1 创建 Service

创建一个 Service 类时，就是要继承 android. app. Service 类，并分别调用 Service 类中的三个事件方法进行交互，这三个事件方法如下。

- public void onCreate( ); //创建服务
- public void onStart( ); //开始服务
- public void onDestroy( ); //销毁服务

一个服务只会创建一次，销毁一次，但可以开始多次。因此，onCreate( )和 onDestroy( )方法只会被调用一次，而 onStart( )方法会被调用多次。

创建 Service 类的代码如下：

```
public class MyService extends Service{                //定义自己的 Service 类
    @ Override
    public IBinder onBind(Intent intent){              //该方法在 Service 绑定到其他程序时调用
        return null;
    }
    @ Override
    public void onCreate(){
        super. onCreate();                             //创建服务
    }
    @ Override
    public void onDestroy(){
        super. onDestroy();                            //销毁服务
    }
    @ Override
    public void onStart(){
        super. onStart();                              //开始服务
    }
}
```

要使用上面代码所定义的 MyService 类，还必须在 AndroidMainfest. xml 配置文件中声明该 Service，并确定如何访问该 Service。否则启动服务时会提示："new Intent 找不到对应的 Service 错误"。

配置文件中相关内容如下：

```
<service android:name=".MyService"> <!—指定 Service 类名 -->
    <intent-filter>
<!—定义 Service 类名,根据该类名启动或停止服务 -->
        <action android:name="zafu. edu. MyService" />
    </intent-filter>
</service>
```

6.2.2　启动和绑定 Service

1. 启动方式：通过 Context.startService 启动 Service

启动 Service 的代码如下：

```
//创建 Intent
Intent intent = new Intent();
//设置 Action 属性
intent.setAction("zafu.edu.ch6_1.MusicService");
//启动 Service
startService(intent);
```

该代码调用者与启动的 Service 之间没有关联。因此，即使调用者退出程序，Service 服务依然运行。调用 startService()启动 Service 后，如果服务未被创建，则系统首先会调用服务的 onCreate()方法，然后会调用 onStart()方法；如果服务已经创建，则系统会直接调用 onStart()方法，不会执行 onCreate()方法。

当然，也可以将 Action 属性值放在创建 Intent 对象时来设置，如下所示：

```
intent = new Intent("zafu.edu.ch6_1.MusicService");
startService(intent);
```

其中，Service 的名称必须是在 AndroidMainfest.xml 配置文件中配置的 Service 名称，即可以通过隐式 Intent 方式找到该 Service。

2. 绑定方式：通过 Context.bindService 启动 Service

其调用代码如下：

```
Context.bindService(intent,conn,Service.BIND_AUTO_CREATE);
//绑定 Service
```

这里可以看到，调用 Context.bindService 绑定一个 Service 服务时，需要提前准备好 3 个参数，分别如下。

1）Intent 对象：与启动方式相同。

2）服务链接对象 ServiceConnection，可通过实现该对象的 onServiceConnected()和 onServiceDisconnected()方法判断连接成功或断开连接。

下面为一个创建 ServiceConnection 对象的例子：

```
ServiceConnection conn = new ServiceConnection() {
    @Override
    public void onServiceConnected(ComponentName name,IBinder service) {
        //连接成功执行代码
    }

    @Override
    public void onServiceDisconnected(ComponentName name) {
        //断开连接执行代码
    }
};
```

3）创建 Service 的方式，常使用绑定时自动创建，即设置为 Service.BIND_AUTO_ CREATE。

通常情况下，bindService 模式下服务是与调用者互相联系的。在绑定结束之后，一旦调用者被销毁，服务也就立即终止。

当客户端使用 bindService 来保持与 Service 的持久关联时，将不会调用 onstartCommand（跟 startService 不一样）。客户端将会在 onBind 回调中接收到 IBinder 接口返回的对象。IBinder 作为一个复杂的接口通常是返回 AIDL 数据。Service 也可以混合启动和绑定方式一起使用。

📖 之前在使用 startService 启动服务时都是习惯重写 onStart( ) 方法，但在 Android 2.0 时系统引进了 onStartCommand( ) 方法取代 onStart( ) 方法。为了兼容以前的程序，在 onStartCommand( ) 方法中其实调用了 onStart( ) 方法，但最好还是重写 onStartCommand( ) 方法。

6.2.3　停止 Service

当 Service 服务完成规定的动作或处理后，需要调用相应的方法来停止该服务，从而释放该服务所占用的资源。根据两种启动 Service 的方式，对应的也有两种停止 Service 的方式。

1）通过 Context. startService 启动 Service 的启动方式，通过调用 Context. stopService 或 Service. stopSelf 方法结束 Service。

2）通过 Context. bindService 绑定 Service 的启动方式，则通过调用 Context. unbindService 解除绑定。

当调用 Context. stopService 或 Service. stopSelf，或者用 Context. unbindService 方法来停止 Service 时，系统最终都会调用 onDestroy( ) 方法销毁服务并释放 Service 所占用的资源。

📖 stopService( ) 和 stopSelf( ) 方法的不同在于，stopService( ) 方法强行终止 Service 服务，而 stopSelf( ) 方法则一直等到相应的 Intent 被处理完以后才停止服务。

下面举一个例子来详细说明 Service 创建、启动和停止的方法。

【例 6-1】Service 应用举例（启动方式）。

源代码 

首先介绍一下第一种启动方式：实现一个简单的播放器程序。首先需要实现播放音乐的 Service，MusicService. java 如下。

```
package zafu.edu.ch6_1;
import android.app.Service;
import android.content.Intent;
import android.media.MediaPlayer;
import android.os.IBinder;

public class MusicService extends Service{
//继承 Service,并重写父类方法
    private MediaPlayer mediaPlayer;            //声明 MediaPlayer 类,实现播放音乐

    @Override
    public IBinder onBind(Intent arg0){
        return null;
    }

    @Override
    public void onCreate(){
//如果 mediaPlayer 为空,则设置播放文件后进行播放
        if(mediaPlayer == null){
```

```
                mediaPlayer = MediaPlayer.create(this,R.raw.tmp);
//设置播放音乐资源文件,该文件位于 res 文件夹下的 raw 文件夹里,名为 tmp
                mediaPlayer.setLooping(false);                    //设置非循环播放
            }
        }

        @Override
        public void onDestroy() {
//销毁 MediaPlayer 对象
            if(mediaPlayer!= null) {
                mediaPlayer.stop();                               //首先停止音乐的播放
                mediaPlayer.rclcasc();                            //在内存中释放
            }
        }

        @Override
        public void onStart(Intent intent,int startId) {
            if(!mediaPlayer.isPlaying()) {
                mediaPlayer.start();                              //播放音乐
            }
        }
    }
```

接着在 AndroidManifedt.xml 文件里进行注册：

```
<service android:name = "zafu.edu.ch6_1.MusicService" >
            <intent - filter >
                <action android:name = "zafu.edu.ch6_1.MusicService" />
            </intent - filter >
</service >
```

最后只要在 Activity 里通过调用 startService()和 stopService()方法就可以开始和停止服务。实现 Activity，MainActivity.java 的代码如下：

```
package zafu.edu.ch6_1;
import android.app.Activity;
import android.content.Intent;
import android.os.Bundle;
import android.view.View;
import android.view.View.OnClickListener;
import android.widget.Button;
import android.widget.Toast;

public class MainActivity extends Activity implements OnClickListener{
//继承 Activity 类并重写父类方法,同时实现 OnClickListener 接口为按钮实现对应的事件
        private Button startBtn;                          //启动按钮
        private Button stopBtn;                           //停止按钮
        private Intent intent;
        //声明对象

        @Override
        public void onCreate(Bundle savedInstanceState) {
                super.onCreate(savedInstanceState);
                setContentView(R.layout.activity_main);   //界面布局
                //为按钮绑定对应的 ID
```

```
            startBtn  = (Button)findViewById(R. id. start);
            stopBtn = (Button)findViewById(R. id. stop);
            //设置事件监听器
            startBtn. setOnClickListener(this);
            stopBtn. setOnClickListener(this);
        }

        @ Override
        public void onClick(View v){
            intent = new Intent("zafu. edu. ch6_1. MusicService");//定义 Intent 对象
    //新建的 Intent,里面的参数与 AndroidManifest. xml 里 Service 中的过滤器里的值相同,即表示启动的
    是该指定的 Service
            switch(v. getId()){//获得按钮的 ID,根据不同的按钮执行不同的功能
            case R. id. start:
                //调用 startService()方法启动 Service
                startService(intent);
                Toast. makeText(getApplicationContext(),"startService",1). show();    //显示信息
                break;
            case R. id. stop:
                //调用 stopService()方法停止 Service
                stopService(intent);
                //显示信息
                Toast. makeText(getApplicationContext(),"stopService",1). show();
                break;
            }
        }
    }
```

上述程序运行后，当单击 startService()按钮启动 Service 后，后台就会开始播放音乐，当单击 stopService()按钮停止 Service 后，音乐便会停止播放。

程序运行后，其主界面如图 6-2 所示。当单击 startService()按钮后，会出现如图 6-3 所示的界面。此时，可以听到音乐已经在后台开始播放。当单击 stopService()按钮后，会出现图 6-4 所示的界面。此时，音乐会停止播放。如果再次单击 startService()按钮，则音乐重新从头开始播放。

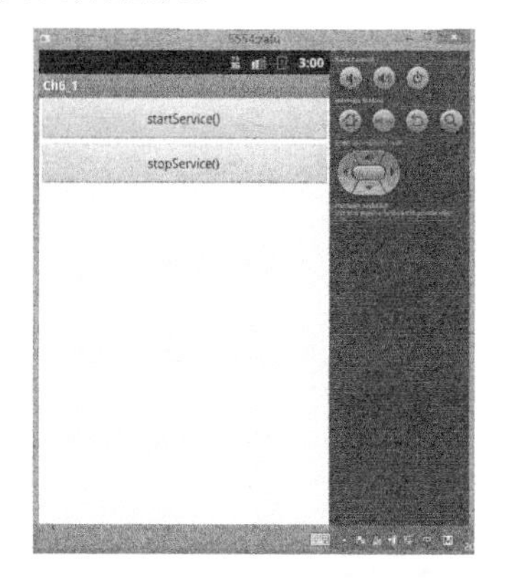

图 6-2　程序主界面

图 6-3　单击 startService 后的界面

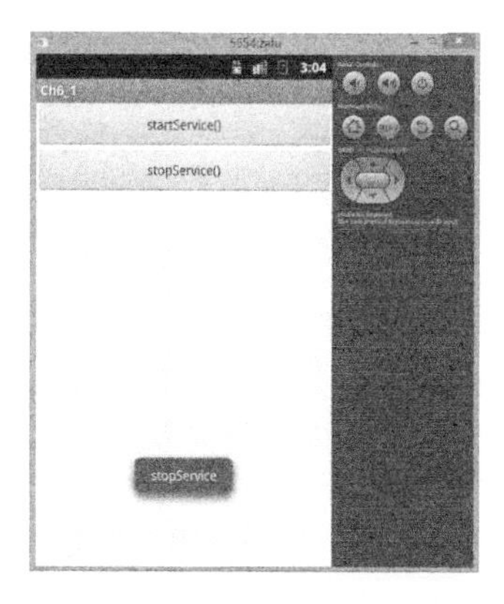

图 6-4　单击 stopService 后的界面

【例 6-2】Service 应用举例（绑定方式）。

同样还是实现例 6-1 的程序功能，但是本例采用了 Service 的第二种实现方法，即绑定方式。

首先使用 ADT 创建一个类，命名为 MusicService：

```
package zafu.edu.ch6_2;
import android.app.Service;
import android.content.Intent;
import android.media.MediaPlayer;
import android.os.Binder;
import android.os.IBinder;

public class MusicService extends Service{

    private MediaPlayer mediaPlayer;                          //声明 MediaPlayer 对象
    private final IBinder binder = new MyBinder();

    public class MyBinder extends Binder{
        MusicService getService(){
            return MusicService.this;
        }
    }

    @Override
    public IBinder onBind(Intent intent){
        return binder;
    }

    @Override
    public boolean onUnbind(Intent intent){
        return super.onUnbind(intent);
    }

    @Override
    public void onCreate(){
        super.onCreate();
    }

    @Override
    public void onDestroy(){
        super.onDestroy();
        if(mediaPlayer!=null){
            mediaPlayer.stop();                               //停止播放
            mediaPlayer.release();                            //释放资源
        }
    }

    public void play(){
//如果 mediaPlayer 为空,则进行相应设置后进行播放,否则,开始播放
        if(mediaPlayer==null){
            mediaPlayer = MediaPlayer.create(this,R.raw.tmp);
            mediaPlayer.setLooping(false);
        }
        if(!mediaPlayer.isPlaying()){
            mediaPlayer.start();
        }
    }
}
```

此处 Service 与上一节的 Service 大部分代码都是相同的。至此，一个 Service 就创建好了。

当一个 Activity 绑定到一个 Service 上时，它负责维护 Service 实例的引用，允许对正在运行的 Service 进行一些方法调用。上一节创建了一个 Service，但是里面并没有提供绑定的方法。要想使用它，就必须为它实现一个绑定的方法。在此添加如下代码：

```
private final IBinder binder = new MyBinder();//新建一个 IBinder 对象
//内部类,继承 Binder 类
    public class MyBinder extends Binder{
        MusicService getService(){
            return MusicService.this;
//将此 Service 返回
        }
    }
    @Override
    public IBinder onBind(Intent intent){
        return binder;          //返回 IBinder 对象
    }
```

Service 和 Activity 的连接可以用 ServiceConnection 来实现。因此需要实现一个新的 ServiceConnection，重写 onServiceConnected()和 onServiceDisconnected()方法，一旦连接建立，就能得到 Service 实例的引用。

```
private MusicService musicService;//声明 Service 对象
private ServiceConnection sc = new ServiceConnection(){
//创建 ServiceConnection 对象进行 Service 和 Activity 的连接,并实现相应的方法
    @Override
//成功建立连接后调用下面的方法
    public void onServiceConnected(ComponentName name,IBinder service){
        musicService = ((MusicService.MyBinder)(service)).getService();//取得 Servive 对象
        if(musicService != null){
            musicService.play();          //如果 musicService 不为空,就调用 play()方法
        }
    }
//取消连接后调用下面的方法
    @Override
    public void onServiceDisconnected(ComponentName name){
        musicService = null;
    }
};
```

执行绑定，调用 bindService()方法，传入一个选择了要绑定 Service 的 Intent（显式或隐式）和一个实现了的 ServiceConnection 实例，代码如下：

```
Intent intent = new Intent("zafu.edu.ch6_2.MusicService");
//新建一个 Intent 对象,其参数对应 Intent 过滤器里的值
bindService(intent,sc,Context.BIND_AUTO_CREATE);
//执行绑定方法,将 ServiceConnection 对象作为参数传入
```

一旦 Service 对象找到，通过 onServiceConnected()函数获得 MusicService 的对象就能得到它的公共方法和属性。

停止 Service 可以通过解除绑定来实现，在 Activity 中添加如下代码。当单击按钮后便会解除绑定，一旦解除绑定成功，就会调用 ServiceConnection 的 onServiceDisconnected()方法。

```
private Button bt2 = null;
bt2 = (Button)findViewById(R.id.unbind);
    bt2.setOnClickListener(new OnClickListener() {
        @Override
        public void onClick(View arg0) {
            unbindService(sc);
        }
    });
```

这样，就解除了 Activity 和 Service 的绑定，服务就停止了。当 Activity 被销毁时，与之绑定的 Service 也会停止。

6.3　Broadcast 广播消息

在 Android 中，有一些操作完成以后，会发送广播，比如发出一条短信或打出一个电话。如果某个程序接收到这个广播，就会做相应的处理。之所以叫作广播，就是因为它只负责发送消息，而不管接收方如何处理。另外，广播可以被多个应用程序所接收，当然也可能不被任何应用程序所接收。

Broadcast 就是一种广泛运用在应用程序之间传输信息的机制。而 BroadcastReceiver 是 Android 应用程序中的第三个组件，对发送出的 Broadcast 进行过滤接收并响应的一类组件。BroadcastRecivER 和事件处理机制类似，不同的是，事件处理机制是用于应用程序组件级别的。比如一个按钮的 OnClickListener 事件，只能够在一个应用程序中处理。而广播事件处理机制是系统级别的，不同的应用程序都可以处理广播事件。

下面将详细阐述如何发送 Broadcast 和使用 BroadcastReceiver 过滤接收的过程。

首先在需要发送信息的地方，把要发送的信息和用于过滤的信息（如 Action、Category）装入一个 Intent 对象，然后通过调用 Context.sendBroadcast()、sendOrder Broadcast()或 sendStickyBroadcast()方法，将 Intent 对象以广播方式发送出去。

当 Intent 发送以后，所有已经注册的 BroadcastReceiver 会检查注册时的 IntentFilter 是否与发送的 Intent 相匹配，若匹配则会调用 BroadcastReceiver 的 onReceive()方法。所以当定义一个 BroadcastReceiver 的时候，都需要实现 onReceive()方法。

注册 BroadcastReceiver 有以下两种方式。

1）一种方式是，静态地在 AndroidManifest.xml 中用 <receiver> 标签中进行注册，并在标签内用 <intent-filter> 标签设置过滤器。

2）另一种方式是，动态地在代码中先定义并设置好一个 IntentFilter 对象，然后在需要注册的地方调用 Context.registerReceiver()方法，如果取消时就调用 Context.unregister Receiver()方法。如果用动态方式注册的 BroadcastReceiver 的 Context 对象被销毁，BroadcastReceiver 也就会自动取消注册了。

下面看一个简单的例子。

【例 6-3】在该程序的界面上有一个按钮，当单击该按钮时会发送一个广播，当广播接收器收到该广播时会在界面上显示一个通知，效果图如图 6-5 所示。

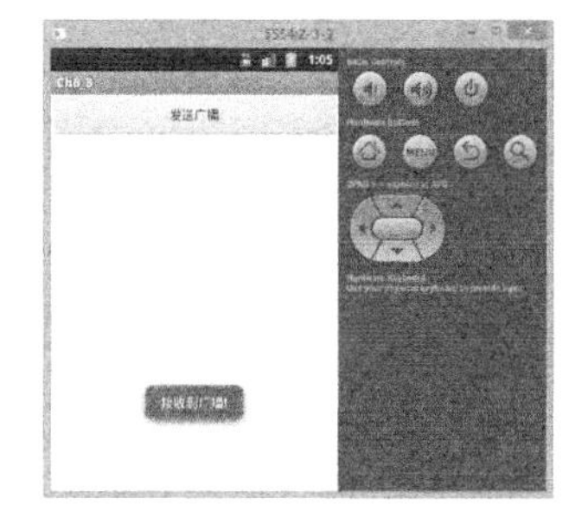

图 6-5　广播接收器运行效果图

主界面的代码如下：

```
//定义和引入包
package zafu.edu.ch6_3;
import android.app.Activity;
import android.content.Intent;
import android.os.Bundle;
import android.view.View;
import android.view.View.OnClickListener;
import android.widget.Button;

public class MainActivity extends Activity{                    //主 Activity

    private Button button = null;                              //定义按钮对象
    private final String action = "MyBroadcast";
            //此值与对应的 Receiver 里的过滤器里的值相同

    protected void onCreate(Bundle savedInstanceState){
        super.onCreate(savedInstanceState);
        setContentView(R.layout.activity_main);

        button = (Button)findViewById(R.id.button1);
        button.setOnClickListener(new OnClickListener(){       //设置监听方法
            public void onClick(View v){
                Intent intent = new Intent();
                intent.setAction(action);
                MainActivity.this.sendBroadcast(intent);       //发送广播
            }
        });
    }
}
```

该代码中对按钮进行监听，当按下该按钮时就会发送广播。其中 action 的值与 AndroidManifest.xml 文件里的值相对应。

自定义的广播接收器代码如下：

```
package zafu.edu.ch6_3;
import android.content.BroadcastReceiver;
import android.content.Context;
import android.content.Intent;
import android.widget.Toast;

public class MyReceiver extends BroadcastReceiver{
```

```
        public void onReceive(Context context,Intent intent) {
            //收到广播显示一个通知
            Toast.makeText(context,"接收到广播!",Toast.LENGTH_LONG).show();
        }
    }
```

当收到广播时，在界面上会显示一个通知，内容为“接收到广播!”。

界面的布局文件代码如下：

```
<LinearLayout xmlns:android = "http://schemas.android.com/apk/res/android"
    android:layout_width = "fill_parent"
    android:layout_height = "fill_parent"  >

    <Button
        android:id = "@ +id/button1"
        android:layout_width = "fill_parent"
        android:layout_height = "wrap_content"
        android:text =" 发送广播" />

</LinearLayout >
```

在 AndroidManifest.xml 文件里注册广播接收器的代码如下：

```
<receiver android:name = ".MyReceiver" >
        <intent - filter >
            <action android:name = "MyBroadcast" / >
        </intent - filter >
</receiver >
```

其中 <intent - filter > 里面的 action 的 name 属性与发送广播时的字符串相对应。

以上程序采用在 AndroidManifest.xml 文件中注册广播接收器的方式。这种注册方式有一个特点，即使应用程序已经被关闭，这个 BroadcastReceiver 依然可以接收到广播出来的对象。例如，要监听电池的电量时，就可以采用这种方法。但是有时候并不需要总是收到广播，这时则需要采用在 Java 代码中进行注册的方法。

源代码

【例 6-4】Service 应用举例（绑定方式）。

下面来实现一个程序，该程序的作用是当收到短信时，显示一个通知。主界面里的代码如下。

```
package zafu.edu.ch6_4;

import android.app.Activity;
import android.content.IntentFilter;
import android.os.Bundle;
import android.view.View;
import android.view.View.OnClickListener;
import android.widget.Button;

public class MainActivity extends Activity{
    private Button button = null;
    private MyReceiver mr = null;
    private IntentFilter i = null;
    private final String SMS_ACTION = "android.provider.Telephony.SMS_RECEIVED";
```

```
    protected void onCreate(Bundle savedInstanceState) {
        super.onCreate(savedInstanceState);
        setContentView(R.layout.activity_main);
        button = (Button)findViewById(R.id.button1);
        button.setOnClickListener(new OnClickListener() {
            public void onClick(View v) {
                mr = new MyReceiver();
                i = new IntentFilter();
                i.addAction(SMS_ACTION);
                MainActivity.this.registerReceiver(mr,i);//代码动态注册广播
            }
        });
    }
}
```

该代码中，新建了一个 Receiver 对象和 IntentFilter 对象，并将其当作参数调用 registerReceiver 注册方法。当按下按钮时注册广播接收器，此时才能收到广播，否则是不会收到广播的。

自己实现的广播接收器代码如下：

```
package edu.zafu.ch6_4;

import android.content.BroadcastReceiver;
import android.content.Context;
import android.content.Intent;
import android.widget.Toast;

public class MyReceiver extends BroadcastReceiver{

    public void onReceive(Context arg0,Intent arg1) {
        Toast.makeText(arg0,"收到短信!",0).show();
    }
}
```

这种注册方式可以随时在代码中进行注册和取消注册。如果要取消注册，则调用 unregisterReceiver（Receiver r）方法即可。如果一个 BroadcastReceiver 用于更新 UI，则通常会使用这种方法进行注册。在 Activity 启动时注册广播接收器，在 Activity 不可见之后取消注册。

6.4　思考与练习

1. Service 的启动方式有哪几种，有什么不同？

2. Broadcast 有哪几种不同的注册方法，有什么区别？

3. 查一查，你能得到哪些 Android 系统广播消息，并尝试捕获和处理一下。

4. 编写一个程序，实现简单的短信收发操作，如图 6-6 所示。

5. 将书中例 6-4 中的短信改为来电，若有来电，进行提示，显示来电的号码。

图 6-6　思考与练习 4

第7章　Android 图形图像和多媒体开发

一款好的 Android 应用，除了有强大的功能，还必须同时拥有友好的交互界面。因此可以使用前面介绍的各种 Android 系统内置的控件，同时也可以在界面中使用漂亮的图片。Android 系统提供了丰富的图片功能支持，其中包括静态效果以及动画效果。

在 Android 系统中可以使用 ImageView 显示普通的静态图片，使用 AnimationDrawble 显示动画，还可以通过 Animation 对普通图片使用补间动画。现今十分流行的 Android 游戏，如益智类游戏和 2D 游戏等，在开发时就需要使用到大量的图形、图像处理。

通过本章的学习，读者能掌握 Android 应用中图形、图像的处理，以及在 Android 平台上开发出各种小游戏，甚至可以通过 OpenGL ES 来开发一些炫丽的 3D 游戏。

7.1　图形

一个 Android 应用经常需要在界面上绘制各种图形，比如一个 Andorid 游戏会在运行时根据用户的输入状态生成各种各样的图片，使游戏变得丰富精彩，这就需要借助于 Android 图形系统的支持。

Android 中，绘制图像最常用的是 Paint 类、Canvas 类、Bitmap 类和 BitmapFactory 类。在现实生活中，绘图需要画笔和画布。同样，Android 绘图系统中 Paint 类就是画笔，Canvas 类就是画布，通过这两个类就可在 Android 系统中绘图。

7.1.1　Canvas 画布简介

如果读者以前学习过 Java 的 Swing 编程就会知道，在 Swing 中绘图的一般思路是开发一个自定义类，该类继承 JPanel，并且重写 JPanel 的 paint（Graphics g）方法。Android 的绘图思路与此十分类似，要在 Android 中绘图，首先要铺好画布，也就是创建一个继承自 View 类的视图，并且在该类中重写它的 onDraw（Canvas canvas）方法，然后在显示绘图的 Activity 中添加该视图。

7.1.2　Canvas 常用绘制方法

Canvas 类提供了一些方法来绘制各种图形，如表 7-1 所示（更多方法请参考官方 API 文档）。

表 7-1　Canvas 提供的绘图方法

方法声明	说　明
public boolean clipPath(Path path)	沿着指定 Path 切割
public void drawARGB(int a,int r,int g,int b)	填满整张位图

（续）

方法声明	说　明
public void drawArc(RectF oval,float startAngle,float sweepAngle,boolean useCenter,Paint paint)	绘制弧
public void drawBitmap(Bitmap bitmap,Matrix matrix,Paint paint)	在指定的矩形中绘制位图
public void drawCircle(float cx,float cy,float radius,Paint paint)	绘制圆
public void drawColor(int color)	用一种颜色填充
public void drawLine(float startX,float startY,float stopX,float stopY,Paint paint)	画线
public void drawOval(RectF oval,Paint paint)	画椭圆
public void drawPaint(Paint paint)	指定画笔填充位图
public void drawPath(Path path,Paint paint)	沿着 Path 绘图
public void drawPicture(Picture picture)	绘制指定图片
public void drawPoint(float x,float y,Paint paint)	绘制点
public void drawPosText(String text,float[] pos,Paint paint)	绘制文本
public void drawRect(Rect r,Paint paint)	绘制矩形
public void drawText(String text,float x,float y,Paint paint)	绘制文本
public final void rotate(float degrees,float px,float py)	旋转画布
public void scale(float sx,float sy)	缩放画布
public void translate(float dx,float dy)	移动画布

Canvas 提供的这些绘图方法，都有一个 Paint 类型的参数。Paint 是 Android 在绘图操作中十分重要的 API。Paint 表示画布 Canvas 上的画笔，Paint 类主要用于设置绘制风格，包括画笔颜色、画笔笔触粗细、填充风格等。Paint 类提供了许多设计画笔的常用方法，如表 7-2 所示。

表 7-2　Paint 的常用方法

方法声明	说　明
setARGB(int a,int r,int g,int b)	设置颜色
setAlpha(int a)	设置透明度
setAntiAlias(boolean aa)	设置是否去锯齿
setColor(int color)	设置颜色
setPathEffect(PathEffect effect)	设置路径效果
setShader(Shader shader)	设置填充效果
setShadowLayer(float radius,float dx,float dy,int color)	设置阴影
setStrokeJoin(Paint. Join join)	设置转弯处连接风格
setStrokeWidth(float width)	设置画笔宽度
setStyle(Paint. Style style)	设置填充风格
setTextAlign(Paint. Align align)	设置文本对齐方式
setTextSize(float textSize)	设置文本大小

下面通过一个具体的实例展示 Canvas 类的使用方法和绘图效果。

源代码

【例 7-1】使用 Canvas 类绘制图形。

首先自定义一个继承自 View 类的类，重写 View 类的 onDraw(Canvas canvas) 方法。该类的代码如下：

```
package edu.zafu.ch7_1;
import edu.zafu.ch7_1.R;
import android.content.Context;
import android.graphics.Canvas;
import android.graphics.Color;
import android.graphics.LinearGradient;
import android.graphics.Paint;
import android.graphics.Path;
import android.graphics.RectF;
import android.graphics.Shader;
import android.util.AttributeSet;
import android.view.View;
public class MyView extends View
{
    public MyView(Context context,AttributeSet set)
    {
        super(context,set);
    }
    @Override
    protected void onDraw(Canvas canvas)                //重写该方法,进行绘图
    {
        super.onDraw(canvas);
        canvas.drawColor(Color.WHITE);                  //把整张画布绘制成白色
        Paint paint = new Paint();
        paint.setAntiAlias(true);                       //去锯齿
        paint.setColor(Color.BLUE);
        paint.setStyle(Paint.Style.STROKE);
        paint.setStrokeWidth(3);
        canvas.drawCircle(40,40,30,paint);              //绘制圆形
        canvas.drawRect(10,80,70,140,paint);            //绘制正方形
        canvas.drawRect(10,150,70,190,paint);           //绘制矩形
        RectF re1 = new RectF(10,200,70,230);
        canvas.drawRoundRect(re1,15,15,paint);          //绘制圆角矩形
        RectF re11 = new RectF(10,240,70,270);
        canvas.drawOval(re11,paint);                    //绘制椭圆
        Path path1 = new Path();                        //定义一个 Path 对象,封闭成一个三角形
        path1.moveTo(10,340);
        path1.lineTo(70,340);
        path1.lineTo(40,290);
        path1.close();
        canvas.drawPath(path1,paint);                   //根据 Path 进行绘制,绘制三角形
        Path path2 = new Path();                        //定义一个 Path 对象,封闭成一个五角形
        path2.moveTo(26,360);
        path2.lineTo(54,360);
        path2.lineTo(70,392);
        path2.lineTo(40,420);
        path2.lineTo(10,392);
        path2.close();
        canvas.drawPath(path2,paint);                   //根据 Path 进行绘制,绘制五角形
        //----------设置填充风格后绘制----------
        paint.setStyle(Paint.Style.FILL);
        paint.setColor(Color.RED);
        canvas.drawCircle(120,40,30,paint);
        canvas.drawRect(90,80,150,140,paint);           //绘制正方形
```

```
canvas. drawRect(90,150,150,190,paint);                    //绘制矩形
RectF re2 = new RectF(90,200,150,230);
canvas. drawRoundRect(re2,15,15,paint);                    //绘制圆角矩形
RectF re21 = new RectF(90,240,150,270);
canvas. drawOval(re21,paint);                              //绘制椭圆
Path path3 = new Path();
path3. moveTo(90,340);
path3. lineTo(150,340);
path3. lineTo(120,290);
path3. close();
canvas. drawPath(path3,paint);                             //绘制三角形
Path path4 = new Path();
path4. moveTo(106,360);
path4. lineTo(134,360);
path4. lineTo(150,392);
path4. lineTo(120,420);
path4. lineTo(90,392);
path4. close();
canvas. drawPath(path4,paint);                             //绘制五角形
//设置渐变器后绘制,为 Paint 设置渐变器
Shader mShader = new LinearGradient(0,0,40,60
    ,new int[]{Color. RED,Color. GREEN,Color. BLUE,Color. YELLOW}
    ,null,Shader. TileMode. REPEAT);
paint. setShader(mShader);
paint. setShadowLayer(45,10,10,Color. GRAY);               //设置阴影
canvas. drawCircle(200,40,30,paint);                       //绘制圆形
canvas. drawRect(170,80,230,140,paint);                    //绘制正方形
canvas. drawRect(170,150,230,190,paint);                   //绘制矩形
RectF re3 = new RectF(170,200,230,230);
canvas. drawRoundRect(re3,15,15,paint);                    //绘制圆角矩形
RectF re31 = new RectF(170,240,230,270);
canvas. drawOval(re31,paint);                              //绘制椭圆
Path path5 = new Path();
path5. moveTo(170,340);
path5. lineTo(230,340);
path5. lineTo(200,290);
path5. close();
canvas. drawPath(path5,paint);                             //根据 Path 进行绘制,绘制三角形
Path path6 = new Path();
path6. moveTo(186,360);
path6. lineTo(214,360);
path6. lineTo(230,392);
path6. lineTo(200,420);
path6. lineTo(170,392);
path6. close();
canvas. drawPath(path6,paint);                             //根据 Path 进行绘制,绘制五角形
paint. setTextSize(24);                                    //设置字符大小后绘制
paint. setShader(null);
//绘制 7 个字符串
canvas. drawText(getResources(). getString(R. string. circle),240,50,paint);
                                                           //代码中使用 xml 资源
canvas. drawText(getResources(). getString(R. string. square),240,120,paint);
canvas. drawText(getResources(). getString(R. string. rect),240,175,paint);
canvas. drawText(getResources(). getString(R. string. round_rect),230,220,paint);
```

```
            canvas.drawText(getResources().getString(R.string.oval),240,260,paint);
            canvas.drawText(getResources().getString(R.string.triangle),240,325,paint);
            canvas.drawText(getResources().getString(R.string.pentagon),240,390,paint);
        }
    }
```

接下来在布局文件中加载 View 视图。布局文件代码如下：

```
<?xml version="1.0" encoding="utf-8"?>
<LinearLayout xmlns:android="http://schemas.android.com/apk/res/android"
    android:orientation="vertical"
    android:layout_width="fill_parent"
    android:layout_height="fill_parent"
    >
<edu.zafu.ch7_1.MyView  //自定义视图
    android:layout_width="wrap_content"
    android:layout_height="wrap_content"
    />
</LinearLayout>
```

最后通过 setContentView()函数来加载布局。代码如下：

```
package edu.zafu.ch7_1;
import edu.zafu.ch7_1.R;
import android.app.Activity;
import android.os.Bundle;
public class CanvasTest extends Activity
{
    @Override
    public void onCreate(Bundle savedInstanceState)
    {
        super.onCreate(savedInstanceState);
        setContentView(R.layout.main);
    }
}
```

📖 本书后面类似于布局文件代码以及程序入口处代码，除非必要时不再给出，以避免篇幅过长。读者可以扫描源代码对应的二维码进行查阅或下载。

上面的程序调用大量的 Canvas 方法来显示一系列的图形，并且其中一些图形设置了阴影和渐变效果。图 7-1 为程序运行的效果图。

Canvas 提供的绘图方法不仅仅如此，甚至还可以通过 Canvas 直接在界面上绘制一张位图，这样可以使得美工人员处理后的精美图片能十分简单地展现在界面上。读者可以通过阅读 Canvas 类的官方 API 来获取 Canvas 类更多绘图方法的解释以及示例。

微视频

7.1.3　Canvas 绘制的辅助类

Canvas 提供的绘图方法中，常常需要辅以一些辅助类，如上一节中提到的 Paint 类就是一个十分重要的辅助类。可以从 Canvas 提供的绘图

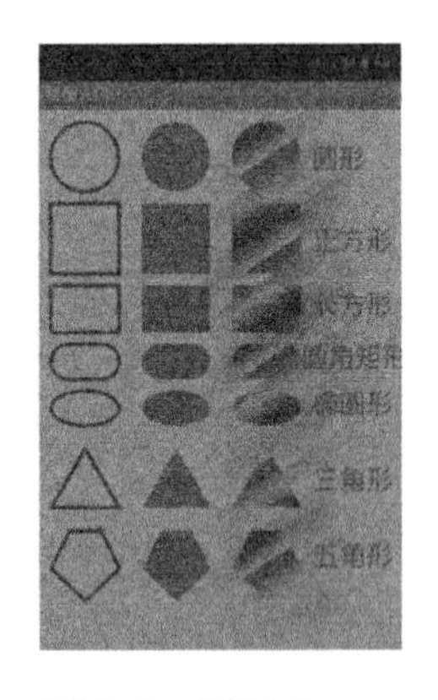

图 7-1　利用 Canvas 显示的图形

方法中看到这些辅助类，其中包括 Paint 类、Path 类、Bitmap 类、Pictrue 类、Rect 类以及 Point 类等。现在，首先介绍 Path 类和 Rect 类的使用，Bitmap 类和 Pictrue 类将在下一节中介绍。

1. Path 类

在例 7-1 中已经介绍了 Path 类的使用。Android 提供了 Path 类来表示画笔绘制的路径，它可以预先在 View 上将 N 个点连成一条路径，再调用 Cavans 的 drawPath( )方法即可沿着路径绘制出图形。同时可以使用 PathEffect 来定义绘制效果。Android 定义了一系列效果，每个效果都是 PathEffect 的一个子类。也可以派生 PathEffect 类来自定义路径绘制效果。常见的 PathEffect 子类有以下几种。

- ComposePathEffect。
- CornerPathEffect。
- DashPathEffect。
- DiscretePathEffect。
- PathDashPathEffect。
- SumPathEffect。

下面通过例 7-2 来了解这几个子类效果的不同之处。

【例 7-2】使用 PathEffect 类绘制路径。

```
public class PathEffectView extends View{
    private int[ ] color;
    private PathEffect[ ] pathEffects = new PathEffect[7];
    private Paint paint;
    private float phase;
    private Path path;
    /*初始化工作 */
    public PathEffectView(Context context,AttributeSet set){
        super(context,set);
        paint = new Paint();
        paint.setAntiAlias(true);
        paint.setStyle(Paint.Style.STROKE);
        paint.setStrokeWidth(5);
        color = new int[ ]{Color.BLACK,Color.BLUE,Color.YELLOW,Color.
RED,Color.GRAY,Color.GREEN,Color.CYAN};
        path = new Path();
        path.moveTo(0,0);
        for(int i = 1;i < 15;i ++){                    //画出 15 个点,连成一条线
            path.lineTo(i * 20,(float)Math.random() * 60);
        }
        path.close();
    }
    @Override
    protected void onDraw(Canvas canvas){
        super.onDraw(canvas);
        canvas.drawColor(Color.WHITE);
        pathEffects[0] = null;
        pathEffects[1] = new CornerPathEffect(10);
        pathEffects[2] = new DiscretePathEffect(3,5);
        pathEffects[3] = new DashPathEffect(new float[ ]{20,10,5,10},10);
        Path p = new Path();
        p.addRect(0,0,8,8,Path.Direction.CCW);
```

```
            pathEffects[4] = new PathDashPathEffect(p,12,phase,
                    PathDashPathEffect.Style.ROTATE);
            pathEffects[5] = new SumPathEffect(pathEffects[3],pathEffects[4]);
            pathEffects[6] = new ComposePathEffect(pathEffects[3],pathEffects[4]);
            canvas.translate(8,8);
            for(int i =0;i < pathEffects.length;i ++){
                paint.setColor(color[i]);
                paint.setPathEffect(pathEffects[i]);
                canvas.drawPath(path,paint);
                canvas.translate(0,60);
            }
            phase +=1;                          //这里的 phase 如果不自增则没有动画效果
            invalidate();                       //回调 onDraw 重新绘制
        }
    }
```

从上面的程序中可以看到，定义 DashPathEffect、PathDashPathEffect 时可以指定一个 phase 参数。该参数用于指定路径效果的相位，当该 phase 参数改变时，绘制效果也略有变化。不断改变 phase 参数的值，并不停地重绘 View 组件，就可以看到动画效果。读者可以通过扫描二维码下载并运行工程代码查看动画效果。如图 7-2 所示为该程序的静态效果图。

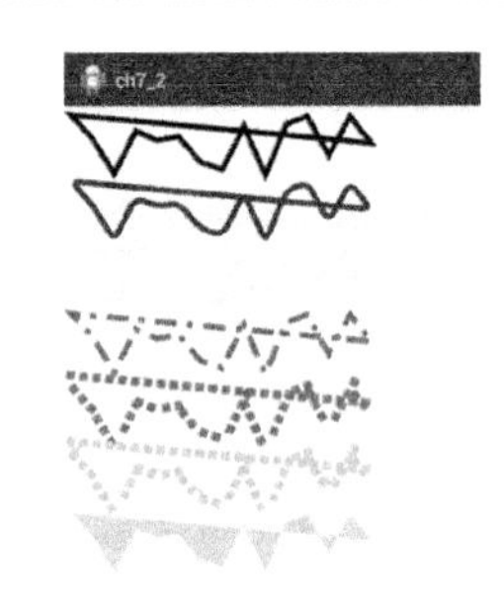

图 7-2 使用 PathEffect 的静态效果图

从图 7-2 中可以看出各种 PathEffect 的效果。除此之外，Canvas 类还提供了一个 DrawTextOnPath(String text,Path path,float hOffset,float vOffset,Paint paint)方法，该方法可以沿着 Path 路径绘制文本。其中 hOffset 参数指定水平偏移，vOffset 指定垂直偏移。

2. Rect 类

Canvas 的另外一个比较重要的辅助类是 Rect 类。Rect 类表示一个矩形，或者一个范围框。但是，使用到 Rect 类的地方不仅只有 Canvas 类，其他 API 类的方法都有出现以 Rect 类为参数的情况。Canvas 类的 drawRect(Rect r,Paint paint)用一种风格的 Paint 填充整个指定的矩形。接下来通过例 7-3 演示这个函数的使用方法以及效果。

源代码

【例 7-3】使用 Canvas 类的 drawRect 方法实现切分屏幕效果。

```
public class RectView extends View{
    private Rect rect;
    private Paint paint;
    private int width;
    private int height;
    public RectView(Context context,AttributeSet attrs){
        super(context,attrs);
        rect = new Rect();
        paint = new Paint();
        DisplayMetrics dm = new DisplayMetrics();           //获取设备屏幕的宽和高
        ((Activity)context).getWindowManager().getDefaultDisplay().getMetrics(dm);
        width = dm.widthPixels;
        height = dm.heightPixels;
    }
    protected void onDraw(Canvas canvas){
```

```
            rect.set(0,0,width,height / 2);      //填充屏幕上半部分,填充颜色为蓝色
            paint.setColor(Color.BLUE);
            canvas.drawRect(rect,paint);
            rect.set(0,height / 2,width,height);  //填充屏幕下半部分,填充颜色为红色
            paint.setColor(Color.RED);
            canvas.drawRect(rect,paint);
        }
    }
```

该程序首先使用一个 Acticity 类的方法获取当前运行设备屏幕的宽和高（以像素为单位），再根据屏幕的宽和高设置 Rect 的大小以及位置，接着填充颜色。通过改变两次 Rect，两次填充颜色以使屏幕达到切分屏幕的简单效果，如图 7-3 所示。

图 7-3　切分屏幕效果图

Rect 类的方法不多，使用相对简单。通过阅读例 7-3 的程序段，看到设置 Rect 的大小以及位置可以使用 set(int left,int top,int right,int bottom)方法。

Rect 的其他一些方法也相对较为简单，常用方法有以下几种。

- boolean contains(int x,int y)矩形中是否包含该点。
- Boolean contains(Rect r)矩形中是否包含另一个矩形。
- void offset(int dx,int dy)移动矩形。
- Boolean setIntersect(Rect a,Rect b)设置为两个矩形的相交部分。

7.2　图像

7.1 节介绍的 Android 图形绘制都是在程序运行时实时绘制上去的，而这些图案都是一些较为规则的形状。如果希望绘制上去的是一张已经制作好的图片，就需要使用 Android 绘制图像的知识。这一节将学习 Android 系统绘制图像中较为常用的 Drawable 类和 Bitmap 类。

7.2.1　Drawable 和 ShapeDrawable 通用绘图类

微视频

Drawable 对象是一种资源对象，当为 Android 程序添加一个 Drawable 资源后，Android SDK 会为这份资源在 R.java 清单中创建一个 ID（或者称之为索引），索引名称一般为：R.drawable.file_name。

接下来可在 XML 资源文件中通过@ drawable/file_name 来访问该 Drawable 资源，也可在 Java 代码中通过 R.drawable.file_name 访问该 Drawable 对象。在前面章节中也都使用过这两种方法。接下来，例 7-4 和例 7-5 将分别使用这两种方法来全屏显示一张图片。

源代码

【例 7-4】使用 XML 文件形式访问 Drawable 资源。

```
<RelativeLayout xmlns:android = "http://schemas.android.com/apk/res/android"
    xmlns:tools = "http://schemas.android.com/tools"
    android:layout_width = "fill_parent"
    android:layout_height = "fill_parent"
    android:paddingBottom = "@ dimen/activity_vertical_margin"
```

```
        android:paddingLeft = "@dimen/activity_horizontal_margin"
        android:paddingRight = "@dimen/activity_horizontal_margin"
        android:paddingTop = "@dimen/activity_vertical_margin"
        android:background = "@drawable/bk"
        tools:context = ".DrawableTest"  >
</RelativeLayout>
```

在代码中仅使用了一行 android:background = "@drawable/bk" 代码实现。

源代码

【例 7-5】使用 Java 代码形式访问 Drawable 资源。

```
public class DrawablcTcst2 cxtcnds Activity{
    RelativeLavout relativeLavout:
    protected void onCreate(Bundle savedInstanceState){
        super.onCreate(savedInstanceState);
        setContentView(R.layout.main);
        relativeLayout = (RelativeLayout)findViewById(R.id.layout);
        relativeLayout.setBackgroundDrawable(getResources().getDrawable
(R.drawable.bk));
    }
}
```

在上面代码中使用 Java 代码来访问 Drawable 对象会更灵活，且并不比使用 XML 文件的方式复杂多少。运行这两个实例，将得到如图 7-4 所示的运行结果。

图 7-4　Drawable 测试的最终效果

事实上，Drawable 对象是一个抽象类（Abstract Class），所以如果要理解 Drawable 类具体是如何画图的，则需要分析 Drawable 的子类。例如 BitmapDrawable 是比较常见的一个绘图类，在 BitmapDrawable 类中就可以看到位图的具体操作。

接下来介绍 Drawable 抽象类的另外一个比较常见的子类 ShapeDrawable 类。学习 ShapeDrawable 类，不仅要掌握该类的使用方法，还要能够举一反三，自主学习 Drawable 类的其他各个子类（如 ColorDrawable 等）。

前面 Drawable 资源其实都是在介绍 BitmapDrawable 子类。BitmapDrawable 代表了位图资源，而 ShapeDrawable 代表的是图形资源。当去画一些动态的二维图片时，ShapeDrawable 对象就是一个非常好的工具。通过 ShapeDrawable，可以编程画出任何想得到的图像与样式。ShapeDrawable 继承自 Drawable 抽象类，所以可以调用 Drawable 里所有的方法，如通过 setBackgroundDrawable()设置视图的背景。

当然，也可以在自定义视图布局中画出图形，因为 ShapeDrawable 有自己的 draw()方法。可以在 View.OnDraw()方法期间创建一个视图的子类去画 ShapeDrawable。ShapeDrawable 类（在 android.graphics.drawable 包中）允许定义 Drawable 方法的各种属性。有些属性可以调整，包括透明度、颜色过滤、不透明度和颜色。例 7-6 实现了用 ShapeDrawable 画出各种样式的图形。

【例 7-6】用 ShapeDrawable 绘画。

```
public class ShapeDrawableTest extends Activity{
    protected void onCreate(Bundle savedInstanceState){
```

```
            super. onCreate( savedInstanceState) ;
            setContentView( new SampleView( this) ) ;   //设置自定义屏幕
        }
        private static class SampleView extends View{
            private ShapeDrawable[ ] mDrawables;
            private static Shader makeSweep( ) {
                return new SweepGradient( 150,25,
                    new int[ ] {0xFFFF0000,0xFF00FF00,0xFF0000FF,0xFFFF0000 } ,null) ;
            }
            private static Shader makeLinear( ) {
                return new LinearGradient(0,0,50,50,new int[ ] {0xFFFF0000,0xFF00FF00,0xFF0000FF
} ,null,Shader. TileMode. MIRROR) ;
            }
            private static Shader makeTiling( ) {
                int[ ] pixels = new int[ ] {0xFFFF0000,0xFF00FF00,0xFF0000FF,0} ;
                Bitmap bm = Bitmap. createBitmap( pixels,2,2,Bitmap. Config. ARGB_8888) ;
                return new BitmapShader( bm,Shader. TileMode. REPEAT,Shader. TileMode. REPEAT) ;
            }
            private static class MyShapeDrawable extends ShapeDrawable{
                private Paint mStrokePaint = new Paint( Paint. ANTI_ALIAS_FLAG) ;
                public MyShapeDrawable( Shape s) {
                    super( s) ;
                    mStrokePaint. setStyle( Paint. Style. STROKE) ;
                }
                public Paint getStrokePaint( ) {
                    return mStrokePaint;
                }
                protected void onDraw( Shape s,Canvas c,Paint p) {
                    s. draw( c,p) ;
                    s. draw( c,mStrokePaint) ;
                }
            }
            public SampleView( Context context) {
                super( context) ;
                setFocusable( true) ;
                float[ ] outerR = new float[ ] {12,12,12,12,0,0,0,0 } ;
                RectF    inset = new RectF(6,6,6,6) ;
                float[ ] innerR = new float[ ] {12,12,0,0,12,12,0,0 } ;
                Path path = new Path( ) ;//定义一个 Path,Path 的形状为菱形
                path. moveTo(50,0) ;
                path. lineTo(0,50) ;
                path. lineTo(50,100) ;
                path. lineTo(100,50) ;
                path. close( ) ;
                //初始化 ShapeDrawable,并将每一个 ShapeDrawable 设置为不一样的形状
                mDrawables = new ShapeDrawable[7] ;
                mDrawables[0] = new ShapeDrawable( new RectShape( ) ) ;
                mDrawables[1] = new ShapeDrawable( new OvalShape( ) ) ;
                mDrawables[2] = new ShapeDrawable( new RoundRectShape( outerR,null,null) ) ;
                mDrawables[3] = new ShapeDrawable( new RoundRectShape( outerR,inset,null) ) ;
                mDrawables[4] = new ShapeDrawable( new RoundRectShape( outerR,inset,innerR) ) ;
                mDrawables[5] = new ShapeDrawable( new PathShape( path,100,100) ) ;
                mDrawables[6] = new MyShapeDrawable( new ArcShape(45, -270) ) ;
                //为每一个图形设置颜色或者渲染
```

```
            mDrawables[0].getPaint().setColor(0xFFFF0000);
            mDrawables[1].getPaint().setColor(0xFF00FF00);
            mDrawables[2].getPaint().setColor(0xFF0000FF);
            mDrawables[3].getPaint().setShader(makeSweep());
            mDrawables[4].getPaint().setShader(makeLinear());
            mDrawables[5].getPaint().setShader(makeTiling());
            mDrawables[6].getPaint().setColor(0x88FF8844);
            PathEffect pe = new DiscretePathEffect(10,4);
            PathEffect pe2 = new CornerPathEffect(4);
            mDrawables[3].getPaint().setPathEffect(new ComposePathEffect(pe2,pe));
            MyShapeDrawable msd = (MyShapeDrawable)mDrawables[6];
            msd.getStrokePaint().setStrokeWidth(4);
        }
        protected void onDraw(Canvas canvas){
            int x = 10;
            int y = 10;
            int width = 300;
            int height = 50;
            for(Drawable dr : mDrawables){
                dr.setBounds(x,y,x + width,y + height);
                dr.draw(canvas);
                y += height + 5;
            }
        }
    }
}
```

从上面的程序可以看出，初始化一个 ShapeDrawable 对象使用的构造器有一个 Shape 参数，是一个抽象类，因此这个 Shape 参数填写是由 Android SDK 实现的各个子类。ShapeDrawable 可根据不同的 Shape 参数画出不同的图形，如图 7-5 所示。

因此，只要是用户能够想出来的形状，并且能画出其路径，都可以用 ShapeDrawable 类在 Android 界面上画出来。

ShapeDrawable 类是 Drawable 类的一个子类，读者学习完 ShapeDrawable 后，如果要掌握 Drawable 类，可以通过查阅其他资料（如官方开发者文档）学习其他 Drawable 类的子类，如 PictureDrawable、ClipDrawable 类等。

图 7-5　ShapeDrawable 效果图

7.2.2　Bitmap 和 BitmapFactory 图像类

微视频

Bitmap 类代表位图，是 Android 系统图像处理中的一个重要的类。BitmapDrawable 里封装的图片就是一个 Bitmap 对象。把一个 Bitmap 对象包装成 BitmapDrawable 对象，需调用 BitmapDrawable 的构造器，代码如下。

```
//把一个 Bitmap 对象包装成 BitmapDrawable 对象
BitmapDrawable drawable = new BitmapDrawable(bitmap);
```

如果需要获取 BitmapDrawable 所包装的 Bitmap 对象，则可调用 BitmapDrawable 的 getBitmap()方法，代码如下。

```
//获取一个 BitmapDrawable 所包装的 Bitmap 对象
Bitmap bitmap = bitmapDrawable. getBitmap();
```

除此之外，Bitmap 还提供了一些静态方法来创建新的 Bitmap 对象，如下所示。

- createBitmap(Bitmap source,int x,int y,int width,int height)：从源位图 source 的指定坐标点开始，从中挖取指定宽和高的一块位图出来，并创建新的 Bitmap 对象。
- createScaleBitmap(Bitmap src,int dstWidth,int dstHeight,Boolean filter)：对源位图 src 进行缩放，缩放成指定宽和高的新位图。
- createBitmap(int width,int height,Bitmap. Config config)：创建一个指定宽和高的新位图。
- createBitmap(Bitmap source,int x,int y,int width,int height,Matrix m,Boolean filter)：从源位图 source 的指定坐标开始，从中挖取指定宽和高的一块出来，并创建新的 Bitmap 对象，按 Matrix 指定的规则进行交换。

BitmapFactory 是一个工具类，它用于提供大量的方法，这些方法可用于从不同的数据源来解析、创建 Bitmap 对象。BitmapFactory 包含如下方法。

- decodeByteArray(byte[] data,int offset,int length)：从指定字节数组的 offset 位置开始，将长度为 length 的字节数据解析成 Bitmap 对象。
- decodeFile(String pathName)：从 pathName 指定的文件中解析、创建 Bitmap 对象。
- decodeFileDescriptor(FileDescriptor fd)：用于从 FileDescriptor 对应的文件中解析、创建 Bitmap 对象。
- decodeResource(Recources res,int id)：用于根据给定的资源 ID 从指定资源中解析、创建 Bitmap 对象。
- decodeStream(InputStream is)：用于从指定输出流中解析、创建 Bitmap 对象。

通常只要把图片放在"/res/drawable - mdpi"目录下，就可以在程序中通过该图片对应的资源 ID 来获取封装该图片的 Drawable 对象。但由于手机系统的内存比较小（虽然现在手机内存大幅度提升），如果系统不停地去解析、创建 Bitmap 对象，也可能由于前面创建 Bitmap 所占用的内存还没有回收，导致程序运行时引发 OutOfMemory 错误。

Android 为 Bitmap 提供了两种方法判断是否已回收，以及强制 Bitmap 回收自己。

- boolean isRecycled()：返回该 Bitmap 对象是否已经被回收。
- void recycle()：强制一个 Bitmap 对象立即回收自己。

除此之外，如果 Android 应用需要访问其他存储路径（比如在 SD 卡中）里的图片，都需要借助 BitmapFactory 来解析、创建 Bitmap 对象。

下面通过图片查看器实例，介绍 Bitmap 类和 BitmapFactory 类的使用。

【例 7-7】图片查看器。程序只包含一个 ImageView 和一个按钮，当用户单击该按钮时，程序会自动搜寻"/asserts/"目录下的下一张图片。代码如下：

```
public class BitmapTest extends Activity
{
    String[] images = null;
    AssetManager assets = null;
    int currentImg = 0;
```

```
ImageView image;
public void onCreate(Bundle savedInstanceState)
{
    super.onCreate(savedInstanceState);
    setContentView(R.layout.main);
    image = (ImageView)findViewById(R.id.image);
    try
    {
        assets = getAssets();
        images = assets.list("");                          //获取/assets/目录下所有文件
    }
    catch(IOException e)
    {
        e.printStackTrace();
    }
    final Button next = (Button)findViewById(R.id.next); //获取 bn 按钮
    //为 bn 按钮绑定事件监听器,该监听器将会查看下一张图片
    next.setOnClickListener(new OnClickListener()
    {
        public void onClick(View sources)
        {
            if(currentImg >= images.length)          //如果发生数组越界
            {
                currentImg = 0;
            }
            while(!images[currentImg].endsWith(".png")//找到下一个图片文件
                &&!images[currentImg].endsWith(".jpg")
                &&!images[currentImg].endsWith(".gif"))
            {
                currentImg ++;
                if(currentImg >= images.length)      //如果已发生数组越界
                {
                    currentImg = 0;
                }
            }
            InputStream assetFile = null;
            try
            {                                        //打开指定资源对应的输入流
                assetFile = assets.open(images[currentImg ++]);
            }
            catch(IOException e)
            {
                e.printStackTrace();
            }
        BitmapDrawable bitmapDrawable = (BitmapDrawable)image.getDrawable();
            //原控件上的图片如果还未回收,先强制回收该图片
            if(bitmapDrawable != null &&! bitmapDrawable.getBitmap().isRecycled()) //1
            {
                bitmapDrawable.getBitmap().recycle();
            }
            //改变 ImageView 显示的图片
        image.setImageBitmap(BitmapFactory.decodeStream(assetFile));   //2
        }
    });
```

```
        }
        public boolean onCreateOptionsMenu(Menu menu){
            //Inflate the menu;this adds items to the action bar if it is present.
            getMenuInflater(). inflate(R. menu. bitmap_test,menu);
            return true;
        }
    }
```

上面程序的第一行粗体字代码用于判断当前 ImageView 所显示的图片是否已经被回收，如果该图片还未回收，系统强制回收该图片；程序的第二行粗体字代码调用了 BitmapFactory 从指定输入流解析，并创建 Bitmap 对象。程序执行结果如图 7-6 所示。

通过这两节的学习，可以对 Android 程序使用 2D 图形图像有一定的了解。关于如何产生更加美观的 3D 图形，将会在本章的最后一节中详细介绍。

图 7-6　Bitmap 测试的最终效果

7.3　音频和视频

随着移动网络的速度越来越快，智能手机早已不再仅仅局限于通信功能，大多数用户开始更加关注智能手机的其他功能。其中，多媒体功能一直受到用户群体的关注，用户已经开始习惯于使用智能手机来听音乐、看视频。因此，Android 应用程序市场中早已涌现出大量的多媒体应用。而作为 Android 应用程序的开发者而言，更关心的是如何编写这类应用。

Android SDK 提供了简单的 API 来播放音频、视频，从而让大部分的开发者无需为音频和视频的一些底层操作而担忧。Android 提供了常见音频、视频的编码、解码机制。Android 支持的音频格式较多，常见的有 MP3、WAV 和 3GP 等，支持的视频格式有 MP4 和 3GP 等。下面将会详细介绍如何使用 Android SDK 提供的 API 来播放音频以及视频。

微视频

7.3.1　Media Player 播放音频

Android SDK 提供了一个非常强大的多媒体 API 类 MediaPlayer 来播放音频和视频。

使用 MediaPlayer 播放音频十分简单，当程序控制 MediaPlayer 对象装载音频完成之后，程序就可以调用 MediaPlayer 的几个简单方法来进行控制播放，如下所示。

- start()：开始播放或者恢复播放。
- stop()：停止播放。
- pause()：暂停播放。

装载音频文件的方法通常有两种重载形式，这两种方法都是 MediaPlayer 提供的静态方法。方法如下。

- static MediaPlayer create(Context context,Uri uri)：从指定 URI 中装载音频文件，并创建一个对应的 MediaPlayer 对象。
- static MediaPlayer create(Context context,int resid)：从 resid 资源 ID 对应的资源文件中装载音频文件，并创建一个对应的 MediaPlayer 对象。此方法一般用于装载本地音频。

上面两个方法虽然简单，但是也有一定的局限性。如果需要循环播放多个音频，若使用这两种方法将会变成重复重建和释放对象，程序性能会有所下降。在此种情况下，可以使用 MediaPlayer 的 setDataSource( )方法来装载指定的音频文件，方法如下。

- void setDataSource(String path)：指定装载 path 路径所代表的文件。
- void setDataSource(FileDescriptor fd,long offset,long length)：指定装载 fd 所代表的文件中从 offset 开始、长度为 length 的文件内容。
- void setDataSource(FileDescriptor fd)：指定装载 fd 所代表的文件。
- void setDataSource(Context context,Uri uri)：指定装载 uri 代表的文件。

当使用上面的 setDataSource( )方法后，并没有像 create( )方法那样真正装载了音频文件。如果要真正装载已指定的音频，还需要调用 prepare( )方法去准备（装载）音频。

下面通过例 7-8 介绍如何具体使用 MediaPlayer 类来播放音频。

【例 7-8】使用 MediaPlayer 类来播放音频。程序在刚启动时，会立即播放事先指定的音频，并且通过一行文本显示正在播放音频。代码如下：

```
public class MediaPlayerTest extends Activity{
    private MediaPlayer mMediaPlayer;
    private TextView tx;
    @ Override
    public void onCreate(Bundle icicle) {
        super. onCreate(icicle);
        tx = new TextView(this);
        setContentView(tx);
        playAudio( );
    }
    private void playAudio( ) {
        try{
            //使用 create( )方法装载 res. raw. test_cbr. mp3 这个音频文件
            mMediaPlayer = MediaPlayer. create(this,R. raw. test_cbr);          //1
            //直接开始播放音频
            mMediaPlayer. start( );                                              //2
            tx. setText("Playing audio... ");
        }catch(Exception e){
            e. printStackTrace( );
        }
    }
    protected void onDestroy( ) {
        super. onDestroy( );
        if(mMediaPlayer ! = null) {
            //注意,销毁 Activity 的同时也需要释放 MediaPlayer 对象
            mMediaPlayer. release( );                                            //3
            mMediaPlayer = null;
        }
    }
    public boolean onCreateOptionsMenu(Menu menu) {
        //展开菜单,如果有 action bar,则将菜单各项添加进去
        getMenuInflater( ). inflate(R. menu. media_player_test,menu);
        return true;
    }
}
```

从上面程序可以看出，播放一个音频十分简单，只需要用 create( )方法装载好音频文件

后，使用 start( )、pause( )和 stop( )就可以控制音频的播放。但要注意的是，MediaPlayer 必须要通过程序来释放。一般是在销毁一个 Activity 的同时释放 MediaPlayer 对象。

当然，MediaPlayer 类也提供了一些监听器用于监听播放过程中的特定事件。绑定事件监听器的方法如下。

- setOnCompletionListener(MediaPlayer. OnCompletionListener listener)：设置 MediaPlayer 在播放完成后触发的事件监听器。
- setOnErrorListener(MediaPlayer. OnErrorListener listener)：设置 MediaPlayer 在播放过程中发生错误而触发的事件监听器。
- setOnPreparedListener(MediaPlayer. OnPrepareListener listener)：设置 MediaPlayer 调用 prepare( )方法后触发的事件监听器。
- setOnSeekCompleteListener(MediaPlayer. OnSeekCompleteListener listener)：当 Media Plyaer 调用 seek( )方法后触发的事件监听器。

【例 7-9】验证监听器的有效性。

源代码

程序仅仅在发生这些事件时用 TextView 显示刚刚发生的事件，从而验证确实触发了监听器，代码如下。

```
public class MediaPlayerListenerTest extends Activity{
    private MediaPlayer mMediaPlayer;
    private TextView tx;
    AssetManager assetManager;
    public void onCreate(Bundle icicle){
        super. onCreate(icicle);
        tx = new TextView(this);
        setContentView(tx);
        playAudio();
    }
    private void playAudio(){
        try{
            //setDataSource(FileDescriptor fd)装载音频
            assetManager = getAssets();                          //获取 assert 管理器
            mMediaPlayer = new MediaPlayer();                    //初始化 MediaPlayer 对象
            //设置监听器
        mMediaPlayer. setOnCompletionListener(new MyOnCompletionListener());          //1
            mMediaPlayer. setOnErrorListener(new MyOnErrorListener());                //2
            mMediaPlayer. setOnPreparedListener(new MyOnPreparedListener());          //3
        mMediaPlayer. setOnSeekCompleteListener(new MyOnSeekCompleteListener());      //4
            //在 start 前停止 MediaPlayer,产生不会致命的错误,从而发出 ERROR 监听
            mMediaPlayer. stop();                                                     //5
            //设置音频来源
            AssetFileDescriptor fileDescriptor = assetManager. openFd("test_cbr. mp3");
            mMediaPlayer. setDataSource(fileDescriptor. getFileDescriptor());
            //准备播放,触发"准备"监听器
            mMediaPlayer. prepare();                                                  //6
            mMediaPlayer. start();                               //直接开始播放音频
            Thread. sleep(2000);                                 //使线程暂停 2s,便于观察变化
            //定位到 1s 处
            mMediaPlayer. seekTo(1000);                                               //7
        }catch(Exception e){
            e. printStackTrace();
        }
    }
```

```
    @ Override
    protected void onDestroy() {
        super.onDestroy();
        if(mMediaPlayer != null) {
            mMediaPlayer.release();      //注意,销毁 Activity 的同时也需要释放 MediaPlayer 对象
            mMediaPlayer = null;
        }
    }
    private class MyOnErrorListener implements MediaPlayer.OnErrorListener{
        @ Override
        public boolean onError(MediaPlayer mp,int what,int extra) {
            tx.setText(tx.getText() + "player error");
        return true;
        }
    }
    private class MyOnCompletionListener implements MediaPlayer.OnCompletionListener{
        @ Override
        public void onCompletion(MediaPlayer mp) {
            tx.setText(tx.getText() + "player completed");
        }
    }
    private class MyOnPreparedListener implements MediaPlayer.OnPreparedListener{
        @ Override
        public void onPrepared(MediaPlayer mp) {
            tx.setText(tx.getText() + "player prepared");
        }
    }
    private class MyOnSeekCompleteListener implements MediaPlayer.OnSeekCompleteListener{
        @ Override
        public void onSeekComplete(MediaPlayer mp) {
            tx.setText(tx.getText() + "player seek");
        }
    }
}
```

当音乐播放完毕后，程序界面会显示一行文本，如图 7-7 所示。

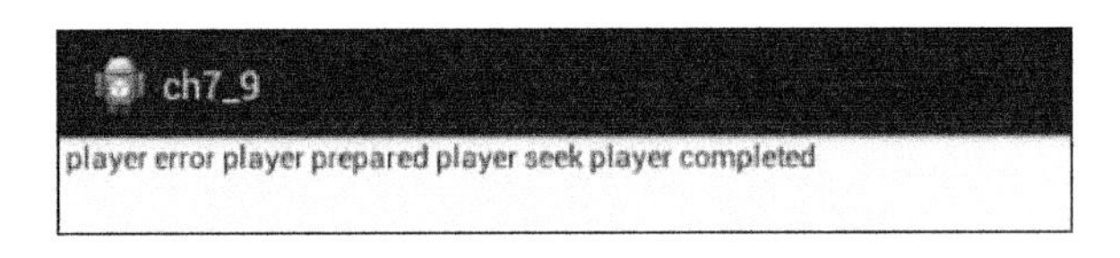

图 7-7　MediaPlayer 的监听器测试显示

从显示的结果可以看出，程序里设置的 4 个监听器均有触发。程序首先是触发了 MyOnErrorListener 监听器，这是因为在第 5 行粗体字代码处，程序在 MediaPlayer 没有 start 前就执行了 stop，从而引起错误触发了该监听。当执行完第 6 行粗体字代码后，也就是 MediaPlayer 执行完 prepare()后，触发了 MyOnPreparedListener 监听器。通过执行第 7 行粗体字代码，将音频播放的进度直接拖放到了 1s 处，触发了 MyOnSeekCompleteListener 监听器。最后，音频播放完毕，触发 MyOnCompletionListener 监听器。

7.3.2　Media Recorder 录音

微视频

随着手机硬件设备的发展，手机已能够像录音机一样进行录音。

一般手机都提供了麦克风（送话器）硬件，Android 系统可以利用它来录制音频。

使用 Android SDK 的 API MediaRecorder 类进行音频录制，其过程同样很简单。使用 MediaRecorder 类的过程代码如下。

```
MediaRecorder recorder = new MediaRecorder();  //首先创建一个 MediaRecorder 对象
//设置声音来源,一般使用的参数为 MediaRecorder. AudioSource. MIC 代表麦克风
recorder. setAudioSource( MediaRecorder. AudioSource. MIC);
//设置录制而成的音频文件的格式
recorder. setOutputFormat( MediaRecorder. OutputFormat. THREE_GPP);
//设置录制而成的音频文件的编码方式
recorder. setAudioEncoder( MediaRecorder. AudioEncoder. AMR_NB);
recorder. setOutputFile( PATH_NAME);           //设置录制而成的音频文件的保存(输出)位置
recorder. prepare();                          //准备录制
recorder. start();                            //开始录制
recorder. stop();                             //结束录制
recorder. reset();                            //重设返回到 setAudioSource()后的状态
recorder. release();                          //释放资源
```

注意必须先调用 setOutputFormat 后再调用 setAudioEncoder，如果调用顺序相反，会引发 IllegalState Exception 异常。

下面通过例 7-10 来介绍如何录音。

源代码

【例 7-10】 用 MediaRecorder 类实现录音。程序的界面只有两个按钮，一个开始录音按钮和一个停止录音按钮。当用户单击开始录音按钮后，立即进行录音。待用户单击了停止录音按钮后，将会保存录音文件到指定的路径中，代码如下。

```
public class MediaRecorderTest extends Activity implements OnClickListener{
    Button record,stop;                           //程序中的两个按钮
    File soundFile;                               //系统的音频文件
    MediaRecorder mRecorder;
    public void onCreate( Bundle savedInstanceState)
    {
        super. onCreate( savedInstanceState);
        setContentView( R. layout. main);
        record = ( Button) findViewById( R. id. record);  //获取程序界面中的两个按钮
        stop = ( Button) findViewById( R. id. stop);
        record. setOnClickListener( this);          //为两个按钮的单击事件绑定监听器
        stop. setOnClickListener( this);
    }
    public void onDestroy()
    {
        if( soundFile != null && soundFile. exists())
        {
            mRecorder. stop();                    //停止录音
            mRecorder. release();                 //释放资源
            mRecorder = null;
        }
        super. onDestroy();
    }
    public void onClick( View source)
    {
```

```
        switch(source.getId())
        {
            case R.id.record:                              //单击录音按钮
                if(!Environment.getExternalStorageState().equals(
                    android.os.Environment.MEDIA_MOUNTED))
                {
                Toast.makeText(MediaRecorderTest.this,"SD 卡不存在,请插入 SD 卡!"
                        ,Toast.LENGTH_LONG)
                        .show();
                    return;
                }
                try
                {   //创建保存录音的音频文件
                    soundFile = new File(Environment
                        .getExternalStorageDirectory()
                        .getCanonicalFile() + "/sound.amr");
                    mRecorder = new MediaRecorder();
                    //设置录音的声音的来源
                    mRecorder.setAudioSource(MediaRecorder.AudioSource.MIC);
                    //设置录制的声音的输出格式(必须在设置声音编码格式之前设置)
                    mRecorder.setOutputFormat(MediaRecorder
                        .OutputFormat.THREE_GPP);
                    //设置声音编码的格式
                    mRecorder.setAudioEncoder(MediaRecorder
                        .AudioEncoder.AMR_NB);
                    mRecorder.setOutputFile(soundFile.getAbsolutePath());
                mRecorder.prepare();
                                                           //开始录音
                    mRecorder.start();
                }
                catch(Exception e)
                {
                    e.printStackTrace();
                }
                break;
            case R.id.stop:                                //单击停止按钮
                if(soundFile != null && soundFile.exists())
                {
                    mRecorder.stop();                      //停止录音
                    mRecorder.release();                   //释放资源
                    mRecorder = null;
                }
                break;
        }
    }
}
```

程序中的粗体字代码是之前介绍过的使用 MediaRecorder 录制音频的一般步骤，与 Media-Player 相似。使用 MediaRecorder 同样需要注意及时释放其资源。

运行该程序，将看到如图 7-8 所示的界面。单击第一个按钮开始录音，单击第二个按钮结束录音。录音完成后可以在“/mnt/stcard/”目录下生成一个 sound.amr 文件，这就是刚刚录制的音频文件。Android 模拟器直接使用宿主计算机上的麦克风，因此如果用户计算机上有麦克风，该程序即可正常录制声音。

图 7-8　MediaRecorder 测试界面

📖 注意，有些计算机上安装的 Android 模拟器是默认没有 SD 卡支持的，读者若测试此程序时提示没有 SD 卡，则读者可以通过一些设置，开启模拟器支持 SD 卡。

上面的程序需要使用系统的麦克风进行录音，因此需要向该程序授予录音的权限，也就是在 AndroidManifest. xml 文件中添加如下代码：

```
    <!--添加允许使用麦克风进行录音的权限-->
<uses-permission android:name="android.permission.RECORD_AUDIO"/>
```

7.3.3　Video View 播放视频

微视频

Android 提供了 VideoView 组件，可以在 Android 应用中播放视频。该组件是一个位于 android. widget 包下的组件，它的作用与 ImageView 相似，只是 ImageView 用于显示图片，而 VideoView 用于播放视频。

使用 VideoView 播放视频的一般步骤如下。

1）在界面布局文件中定义 VideoView 组件，或在代码中创建 VideoView 组件。

2）调用 VideoView 的两个方法来加载指定视频。

- setVideoPath(String path)：加载 path 文件所代表的视频。
- setVideoURI(Uri uri)：加载 uri 所对应的视频。

3）调用 ViedoView 的 start()、stop()、pause()方法来控制视频播放。

实际上与 VideoView 一起结合使用的还有 MediaController 类，它的作用是提供友好的图形控制界面，通过该控制界面来控制视频的播放，如例 7-11 所示。

【例 7-11】使用 VedioView 播放视频。提供一个简单的界面，界面布局的代码如下。

```
<RelativeLayout xmlns:android="http://schemas.android.com/apk/res/android"
    xmlns:tools="http://schemas.android.com/tools"
    android:layout_width="match_parent"
    android:layout_height="match_parent"
    android:paddingBottom="@dimen/activity_vertical_margin"
    android:paddingLeft="@dimen/activity_horizontal_margin"
    android:paddingRight="@dimen/activity_horizontal_margin"
    android:paddingTop="@dimen/activity_vertical_margin"
    tools:context=".VedioViewTest" >
    <VideoView
        android:id="@+id/surface_view"
        android:layout_width="wrap_content"
        android:layout_height="wrap_content"   />
</RelativeLayout>
```

界面布局中定义了一个 ViedoView 组件，可以在程序中使用该组件来播放视频。

```
public class VideoViewTest extends Activity{                                   //VideoView 组件
    private VideoView mVideoView;
    @ Override
    public void onCreate( Bundle icicle) {
        super. onCreate( icicle) ;
        setContentView( R. layout. main) ;
        mVideoView = ( VideoView) findViewById( R. id. surface_view) ;   //获取 VideoView 组件
      //从指定的 URI 加载视频文件
        mVideoView. setVideoURI ( Uri. parse ( " android. resource://edu. zafu. ch7 _ 11/" +
R. raw. video) ) ;
        mVideoView. setMediaController( new MediaController( this) ) ;
        mVideoView. requestFocus( ) ;
    }
}
```

保证在“res/raw”目录下已存在 video. 3gp 文件。运行该程序，将可以看到如图 7-9 所示的运行效果。

图 7-9 VideoView 测试效果

可以看到 VideoView 提供了一个简单的视频播放控制界面，其中只有三个按钮、当前播放时间、视频时长以及一个进度条。如果希望使用提供更多的视频播放控制功能，可以通过自定义 VideoView 的方式来改变界面，从而达到想要的界面效果。

同样，Android SDK 也为 VideoView 提供了一些动作的监听功能，包括播放完成监听、播放错误监听和准备播放完毕监听等，VideoView 监听的方法与 MediaPlayer 类的监听相似，这里不再重复给出例子。

📖 如果使用自己的视频文件运行此程序，可能会碰到一些问题。因为读者使用的可能是一些非标准的 MP4、3GP 文件，那么该应用程序将无法播放，所以建议读者通过扫描二维码下载工程文件夹中的 3GP 文件。

在 ViedoView 中实际播放视频的工作会交给 MediaPlayer 处理，VideoView 只是对 MediaPlayer 进行封装，使其可以控制视频的播放状态以及拥有输出窗口。虽然使用 VideoView 播放视频十分简单，但是有些开发者还是习惯于直接使用 MediaPlayer 来播放视频。但由于 MediaPlayer 主要用于播放音频，因此它没有提供图像输出界面，此时就需要借助 SurfaceView 来显示 MediaPlayer 播放的图像输出。而 VideoPlayer 类正是继承了 SurfaceView 类来实现图像输出。

使用 MediaPlayer 和 SurfaceView 播放视频的步骤如下。

1）创建 MediaPlayer 对象，加载指定视频文件。

2）在界面布局文件中定义 SurfaceView 组件，或者在 Java 程序中创建 SurfaceView 组件，并为 SurfaceView 的 SurfaceHolder 添加 Callback 监听器。

3）调用 MediaPlayer 对象的 setDisplayer(SurfaceHolder sh)方法将所播放的视频图像输出到指定的 SurfaceView 组件。

4）调用 MediaPlayer 对象的 start( )、stop( )、pause( )方法控制视频播放。

【例 7-12】使用 MediaPlayer 和 SurfaceView 来播放视频。程序有 3 个按钮，用以控制视频的播放、暂停和停止。界面布局较为简单，此处不再列出。程序的代码如下。

```
public class SurfaceViewTest extends Activity implements OnClickListener
{
    SurfaceView surfaceView;
    Button play,pause,stop;
    MediaPlayer mPlayer;
    AssetManager assetManager;
    int position;                                          //记录当前视频的播放位置
    public void onCreate(Bundle savedInstanceState)
    {
        super. onCreate(savedInstanceState);
        setContentView(R. layout. main);
        play = (Button)findViewById(R. id. play);          //获取界面中的 3 个按钮
        pause = (Button)findViewById(R. id. pause);
        stop = (Button)findViewById(R. id. stop);
        assetManager = getAssets();
        play. setOnClickListener(this);                    //为 3 个按钮的单击事件绑定事件监听器
        pause. setOnClickListener(this);
        stop. setOnClickListener(this);
        mPlayer = new MediaPlayer();                       //创建 MediaPlayer
        surfaceView = (SurfaceView)this. findViewById(R. id. surfaceView);
        surfaceView. getHolder(). setKeepScreenOn(true);   //设置播放时打开屏幕
        surfaceView. getHolder(). addCallback(new SurfaceListener());
    }
    public void onClick(View source)
    {
        try
        {
            switch(source. getId())
            {
                case R. id. play:                          //播放按钮被单击
                    play();
                    break;
                case R. id. pause:                         //暂停按钮被单击
                    if(mPlayer. isPlaying())
                    {
                        mPlayer. pause();
                    }
                    else
                    {
                        mPlayer. start();
                    }
                    break;
                case R. id. stop:                          //停止按钮被单击
                    if(mPlayer. isPlaying())
                        mPlayer. stop();
                    break;
            }
        }
        catch(Exception e)
        {
            e. printStackTrace();
        }
    }
    private void play()throws IOException
    {
```

```
        mPlayer.reset();
        mPlayer.setAudioStreamType(AudioManager.STREAM_MUSIC);
        //设置需要播放的视频
        mPlayer.setDataSource(this,Uri.parse("android.resource://edu.zafu.ch7_12/" + R.raw.video));
        mPlayer.setDisplay(surfaceView.getHolder());        //把视频画面输出到 SurfaceView
        mPlayer.prepare();
        mPlayer.start();
    }
    private class SurfaceListener implements SurfaceHolder.Callback
    {
        public void surfaceChanged(SurfaceHolder holder,int format,int width,
            int height) {
        }
        public void surfaceCreated(SurfaceHolder holder)
        {
            if(position > 0)
            {
                try
                {
                    play();                                 //开始播放
                    mPlayer.seekTo(position);               //直接从指定位置开始播放
                    position = 0;
                }
                catch(Exception e)
                {
                    e.printStackTrace();
                }
            }
        }
        public void surfaceDestroyed(SurfaceHolder holder) {}
    }
    protected void onPause()
    {
        if(mPlayer.isPlaying())
        {
            //保存当前的播放位置
            position = mPlayer.getCurrentPosition();
            mPlayer.stop();
        }
        super.onPause();
    }
    protected void onDestroy()
    {
        if(mPlayer.isPlaying())                             //停止播放
            mPlayer.stop();
        mPlayer.release();                                  //释放资源
        super.onDestroy();
    }
    public boolean onCreateOptionsMenu(Menu menu) {
        //展开菜单,如果有 action bar,则将菜单各项添加进去
        getMenuInflater().inflate(R.menu.surface_view,menu);
        return true;
    }
}
```

从上面的代码中可以看出，使用 MediaPlayer 播放视频与播放音频的步骤相似，主要区别是在程序中用粗体字表示的代码。这几行代码是使用 SurfaceView 来显示 MediaPlayer 播放视频时的图像输出，因此程序还需要一些代码来维护 SurfaceView、SurfaceHolder 对象。

运行上面的程序，将看到如图 7-10 所示的播放界面。

图 7-10　MediaPlayer 结合 SurfaceView 播放视频

从编写过程可以看出，直接使用 MediaPlayer 播放视频要复杂一些，并且需要自己开发控制按钮来控制视频播放。因此，在对界面要求不高的情况下，推荐使用 VideoView 来播放视频。选择使用 MediaPlayer 结合 SurfaceView 会有更多的自由来开发更精美的视频播放界面。

7.4　OpenGL ES 编程

7.1 节和 7.2 节分别介绍了 Android 系统的图形、图像处理的相关内容，通过这两节的学习，基本可以开发出处理二维图形的应用或 2D 游戏。经常玩游戏的用户可能会发现，市场上的游戏已经渐渐从 2D 游戏过渡到了 3D 游戏，这是因为 3D 游戏能提供更好的用户体验。目前，3D 技术已经被广泛应用于 PC 游戏，也已经慢慢地占领了手机平台。开发者可以在 Android 平台上使用系统内置 OpenGL ES API 来开发 3D 应用程序。

7.4.1　OpenGL ES 简介

OpenGL（Open Graphics Library）即开放图形库，是一个跨编程语言、跨平台的编程接口的 API，它用于三维图像（二维的亦可）。OpenGL 是专业的图形程序接口，是一个功能强大、方便调用的底层图形库。

Khronos 为 OpenGL 提供了一个子集：OpenGL ES（OpenGL for Embedded System），用于解决在如手机等小型设备上使用 OpenGL 的难题。Khronos 是一个图形软硬件行业协会，致力于研究图形和多媒体方面的开发标准。

OpenGL ES 是免授权费、跨平台、功能完善的 2D 或 3D 图形应用程序接口 API，主要针对多种嵌入式系统——包括控制台、移动电话、手持设备、家电设备和汽车。OpenGL ES 包含浮点运算和定点运算系统描述以及 EGL 针对便携设备的本地视窗系统规范。本章主要介绍 OpenGL ES 2.0。

7.4.2　视图

在 Android 3D 开发中，同样需要一个 View（视图）。在 2D 绘图中，可以使用 Surface 类、Canvas 类等构成 2D 绘图的视图，而代表 3D 视图的是 GLSurfaceView 类，这个类是 Android OpenGL ES API 中的一个十分关键的类。

OpenGL ES API 主要定义包 android.opengl、javax.microedition.khronos.egl、javax.microedition.khronos.opengles 和 java.nio 等。其中类 GLSurfaceView 为这些包中的核心类，该类的作用如下。

- 连接 OpenGL ES 与 Android 的 View 层次结构。
- 使 Open GL ES 库适应于 Android 系统的 Activity 生命周期。
- 使选择合适的 Frame buffer 像素格式变得容易。
- 创建和管理单独绘图线程，以达到平滑动画效果。
- 提供了方便使用的调试工具来跟踪 OpenGL ES 函数调用，以帮助检查错误。

编写 OpenGL ES 应用是从类 GLSurfaceView 开始的。设置 GLSurfaceView 只需调用一个方法来设置 OpenGLView 用到的 GLSurfaceView. Renderer。

```
//设置 OpenGLView 用到的 GLGLSurfaceView. Renderer
public void setRenderer(GLSurfaceView. Renderer renderer)
```

实际上，GLSurfaceView 本身并不提供绘制 3D 图形的功能，而是由 GLSurfaceView. Renderer 来完成 SurfaceView 中 3D 图形的绘制。

GLSurfaceView. Renderer 定义了统一图形绘制的接口，并定义如下 3 个接口函数。

```
public void onSurfaceCreated(GL10 gl,EGLConfig config)     //GLSurfaceView 创建时回调方法
public void onDrawFrame(GL10 gl)      //Renderer 对象调用该方法绘制 GLSurfaceView 当前帧
public void onSurfaceChanged(GL10 gl,int width,int height)  //GLSurfaceView 大小改变时回调
```

- onSurfaceCreated：主要用来设置一些绘制时不常变化的参数，如背景色，是否打开 z - buffer 等。
- onDrawFrame：定义实际的绘图操作。
- onSurfaceChanged：如果设备支持屏幕横向和纵向切换，这个方法将发生在横向与纵向互换时。此时可以重新设置绘制的纵横比率。

通过上面的基本定义，可以写出一个 OpenGL ES 应用的通用框架。首先定义一个 GLSurfaceView. Renderer 接口的实现类，代码如下。

```
public class MyRenderer implements Renderer{
    public void onSurfaceCreated(GL10 gl,EGLConfig config){
        gl. glClearColor(0. 0f,0. 0f,0. 0f,0. 5f);              //设置清屏颜色
        gl. glShadeModel(GL10. GL_SMOOTH);                      //设置图形阴影模式
        gl. glClearDepthf(1. 0f);                               //设置缓冲深度
        gl. glEnable(GL10. GL_DEPTH_TEST);                      //启动深度测试
        gl. glDepthFunc(GL10. GL_LEQUAL);                       //设置深度测试的类型
        //角度计算
        gl. glHint(GL10. GL_PERSPECTIVE_CORRECTION_HINT,GL10. GL_NICEST);
    }
    public void onSurfaceChanged(GL10 gl,int width,int height){
        gl. glViewport(0,0,width,height);                      //设置 3D 视窗的大小及位置
        gl. glMatrixMode(GL10. GL_PROJECTION);                  //将当前矩阵模式设为投影矩阵
        gl. glLoadIdentity();                                  //初始化单位矩阵
        GLU. gluPerspective(gl,45. 0f,(float)width/(float)height,
            0. 1f,100. 0f);                                    //计算窗口的长宽比
        gl. glMatrixMode(GL10. GL_MODELVIEW);                   //选择视点矩阵
        gl. glLoadIdentity();                                  //重置视点矩阵
    }
    public void onDrawFrame(GL10 gl){
        gl. glClear(GL10. GL_COLOR_BUFFER_BIT|//OpenGL docs.
            GL10. GL_DEPTH_BUFFER_BIT);                        //清除屏幕缓冲和深度缓存
    }
}
```

以上代码完成GLSurfaceView. Renderer接口最基本的功能实现。下面的代码是在Activity内加载一个Renderer设置为MyRenderer的GLSurfaceView，代码如下。

```
public class OpenGLESTest extends Activity{
    protected void onCreate(Bundle savedInstanceState){
        super.onCreate(savedInstanceState);
        this.requestWindowFeature(Window.FEATURE_NO_TITLE);  //设置界面无标题
        getWindow().setFlags(WindowManager.LayoutParams.FLAG_FULLSCREEN,
        WindowManager.LayoutParams.FLAG_FULLSCREEN);          //设置全屏
    GLSurfaceView view = new GLSurfaceView(this);  //定义一个GLSurfaceView对象
    view.setRenderer(new MyRenderer());             //为其设置一个自定义的Renderer
        setContentView(view);                       //加载该3D视图
    }
}
```

上面程序中的粗体字代码的功能是完成加载一个3D视图的任务，编译后运行，屏幕会显示一个黑色的全屏。这两个类定义了Android OpenGL ES应用最基本的类和方法，可以看作是OpenGL ES的“Hello world”应用，源代码见ch7_13。

源代码

7.4.3 3D空间中绘图

本小节将介绍3D绘图的一些基本构成要素，并最终实现一个多边形的绘制。一个3D图形通常是由一些小的基本元素（顶点、边、面、多边形）构成，每个基本元素都可以单独操作。

1. Vertex（顶点）

顶点是3D建模时用到的最小构成元素，是两条或多条边交会的地方。在3D模型中一个顶点可以为多条边、面或多边形所共享。一个顶点也可以代表一个点光源或是Camera的位置。如图7-11所示，图中每两条线相交的点为一个顶点。

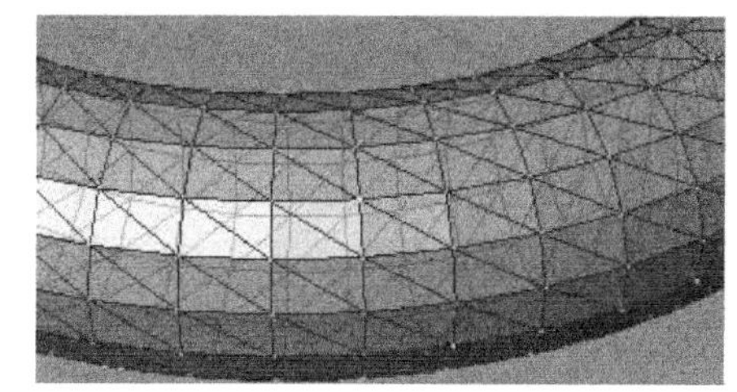
图7-11 3D视图中的点

在Android系统中可以使用一个浮点数数组来定义一个顶点，浮点数数组通常放在一个Buffer（java.nio）中来提高性能。例如，下面代码中定义了4个顶点。

```
private float vertices[ ] = {
 -1.0f,  1.0f,0.0f,     //0,左上
 -1.0f, -1.0f,0.0f,     //1,左下
 1.0f, -1.0f,0.0f,      //2,右上
 1.0f,  1.0f,0.0f,      //3,右上
};
```

为了提高性能，通常将浮点数数组存放到java.io中定义的Buffer类中。

```
ByteBuffer vbb = ByteBuffer.allocateDirect(vertices.length * 4);//float为4个字节,所以乘以4
vbb.order(ByteOrder.nativeOrder());
FloatBuffer vertexBuffer = vbb.asFloatBuffer();
vertexBuffer.put(vertices);
vertexBuffer.position(0);
```

有了顶点的定义，接下来就要解决如何将它们传给OpenGL ES库。OpenGL ES提供了一个

称之为“管道”（Pipeline）的机制，以控制 OpenGL ES 支持的某些功能。默认情况下这些功能是关闭的，如果需要使用它们，需要明确告知 OpenGL“管道”打开所需的功能，即需要让 OpenGL ES 库打开 vertexBuffer 以便传入顶点坐标 Buffer。注意，使用完某个功能之后，要关闭该功能，以免影响后续操作，代码如下。

```
gl.glEnableClientState(GL10.GL_VERTEX_ARRAY);              //开启 vertexBuffer
gl.glVertexPointer(3,GL10.GL_FLOAT,0,vertexBuffer);        //设置顶点的颜色数据
When you are done with the buffer don't forget to disable it.
gl.glDisableClientState(GL10.GL_VERTEX_ARRAY);             //关闭 vertexBuffer
```

2. Edge（边）

边定义为两个顶点之间的线段，是面和多边形的边界线。在 3D 模型中，边可以被相邻的两个面或是多边形共享。对一个边做变换将影响边相接的所有顶点、面和多边形。在 OpenGL 中，通常无需直接定义边，而是通过顶点定义面，由面再定义其所对应的三条边。可以通过修改边的两个顶点来更改一条边，如图 7-12 所示。

3. Face（面）

在 OpenGL ES 中，面指一个三角形，由三个顶点和三条边构成。对一个面所做的变化会影响到连接面的所有顶点、边和面多边形，如图 7-13 所示。

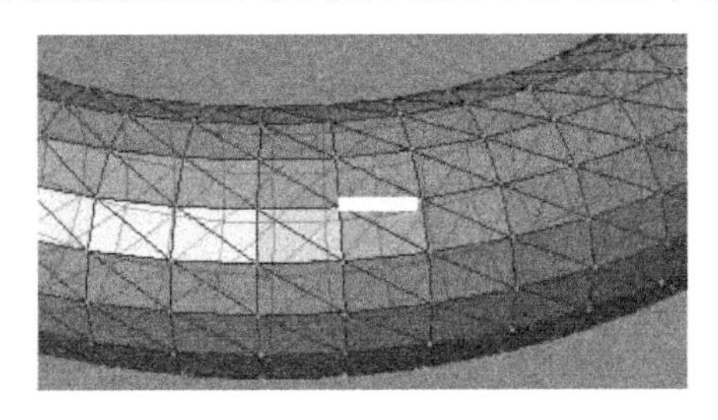

图 7-12　3D 视图中的边

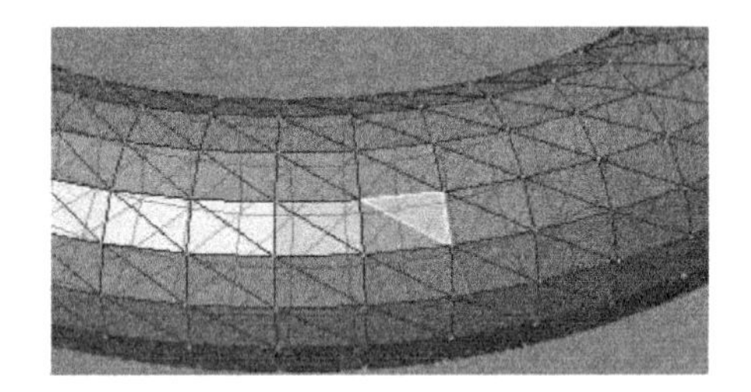

图 7-13　3D 视图中的三角形

在拼接曲面的时候，定义面的顶点的顺序非常重要，因为顶点的顺序决定了面的朝向（前面或是后面）。为了获取绘制的高性能，一般情况下前面和后面不会都绘制，而只绘制面的“前面”。虽然“前面”“后面”的定义可以各不相同，但一般为所有的“前面”定义统一的顶点顺序（顺时针或是逆时针方向）。

设置逆时针为面的“前面”，代码如下。

```
gl.glFrontFace(GL10.GL_CCW);
```

忽略“后面”设置，代码如下。

```
gl.glEnable(GL10.GL_CULL_FACE);
```

明确指明“忽略”哪个面的代码如下。

```
gl.glCullFace(GL10.GL_BACK);
```

4. Polygon（多边形）

多边形由多个面（三角形）拼接而成，在三维空间上，多边形并不一定表示这个 Polygon 在同一平面上。这里使用默认的逆时针方向代表面的前面。如图 7-14 所示的深色区域为一个多边形。

在 Android 系统中使用顶点和 buffer 定义如图 7-15 所示的一个正方形，对应的顶点和 buffer 代码如下。

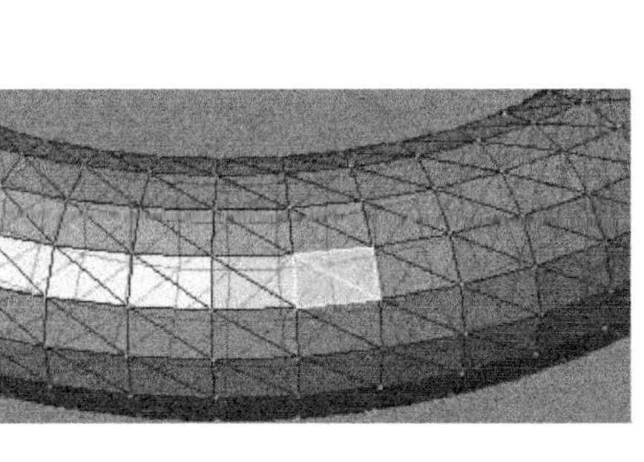
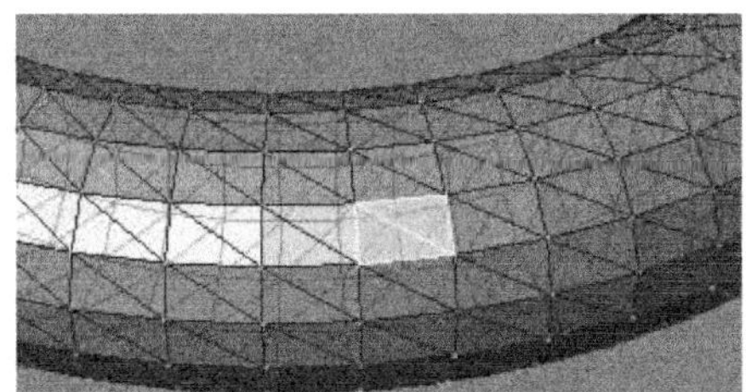

图 7-14　3D 视图中的多边形

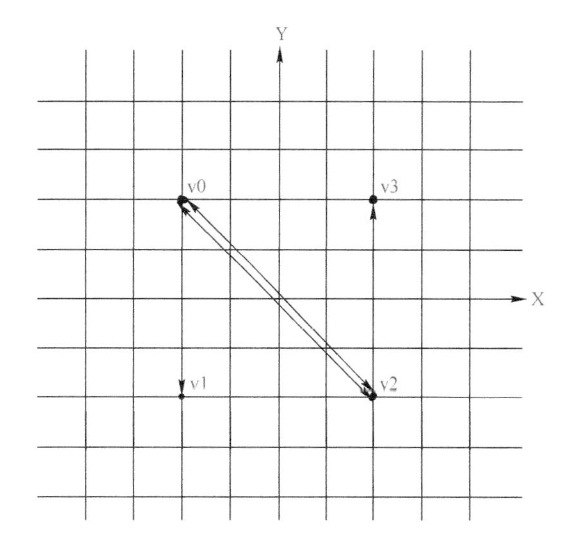

图 7-15　3D 视图中的顶点坐标

```
private short[ ]indices = {0,1,2,0,2,3};
To gain some performance we also put this ones in a byte buffer.
ByteBuffer ibb = ByteBuffer. allocateDirect(indices. length * 2);
ibb. order(ByteOrder. nativeOrder());
ShortBuffer indexBuffer = ibb. asShortBuffer();
indexBuffer. put(indices);
indexBuffer. position(0);
```

5. Render（渲染）

定义好了多边形，就需要了解如何使用 OpenGL ES 的 API 来绘制（渲染）这个多边形了。OpenGL ES 提供了两类方法来绘制一个空间几何图形。

- public abstract void glDrawArrays(int mode,int first,int count)，使用 vertexBuffer 来绘制，顶点的顺序由 vertexBuffer 中的顺序指定。
- public abstract void glDrawElements(int mode,int count,int type,Buffer indices)，可以重新定义顶点的顺序，顶点的顺序由 Buffer indices 指定。

前面已定义顶点数组，下面采用 glDrawElements 来绘制多边形。同样的顶点，定义的几何图形可以有所不同。比如三个顶点，可以代表三个独立的点，也可以表示一个三角形，这就需要使用 mode 来指明绘制几何图形的基本类型。接下来，通过例 7-14 来绘制几个图形。

【例 7-14】绘制渲染图形。首先需要定义 Renderer 实现类，代码如下。

```
public class MyRenderer implements Renderer
{
    float[ ]triangleData = new float[ ]{0.1f,0.6f,0.0f,    //上顶点
        -0.3f,0.0f,0.0f,                                   //左顶点
        0.3f,0.1f,0.0f};                                   //右顶点
    float[ ]rectData = new float[ ]{0.4f,0.4f,0.0f,        //右上顶点
        0.4f,-0.4f,0.0f,                                   //右下顶点
        -0.4f,0.4f,0.0f,                                   //左上顶点
        -0.4f,-0.4f,0.0f};                                 //左下顶点
    float[ ]rectData2 = new float[ ]{-0.4f,0.4f,0.0f,      //左上顶点
        0.4f,0.4f,0.0f,                                    //右上顶点
```

```
        0.4f, -0.4f,0.0f,                              //右下顶点
        -0.4f, -0.4f,0.0f};                            //左下顶点
//依然是正方形的四个顶点,只是顺序交换了一下
float[]pentacle = new float[]{0.4f,0.4f,0.0f,
        -0.2f,0.3f,0.0f,    0.5f,0.0f,0f,
        -0.4f,0.0f,0f,    -0.1f, -0.3f,0f    };
Buffer triangleDataBuffer;
Buffer rectDataBuffer;
Buffer rectDataBuffer2;
Buffer pentacleBuffer;
public MyRenderer()
{
    triangleDataBuffer = bufferUtilf(triangleData);        //将顶点位置数组包装成 FloatBuffer
    rectDataBuffer = bufferUtilf(rectData);
    rectDataBuffer2 = bufferUtilf(rectData2);
    pentacleBuffer = bufferUtilf(pentacle);
}
public void onSurfaceCreated(GL10 gl,EGLConfig config)
{
    gl.glDisable(GL10.GL_DITHER);                       //关闭抗抖动
    //设置系统对透视进行修正
    gl.glHint(GL10.GL_PERSPECTIVE_CORRECTION_HINT,GL10.GL_FASTEST);
    gl.glClearColor(0,0,0,0);
    gl.glShadeModel(GL10.GL_SMOOTH);                    //设置阴影平滑模式
    gl.glEnable(GL10.GL_DEPTH_TEST);                    //启用深度测试
    gl.glDepthFunc(GL10.GL_LEQUAL);                     //设置深度测试的类型
}
public void onSurfaceChanged(GL10 gl,int width,int height)
{
    gl.glViewport(0,0,width,height);                    //设置 3D 视窗的大小及位置
    gl.glMatrixMode(GL10.GL_PROJECTION);                //将当前矩阵模式设为投影矩阵
    gl.glLoadIdentity();                                //初始化单位矩阵
    float ratio = (float)width/height;                  //计算透视视窗的宽度、高度比
    gl.glFrustumf( -ratio,ratio, -1,1,1,10);            //调用此方法设置透视视窗的空间大小
}
public void onDrawFrame(GL10 gl)                        //绘制图形的方法
{                                                       //清除屏幕缓存和深度缓存
    gl.glClear(GL10.GL_COLOR_BUFFER_BIT|GL10.GL_DEPTH_BUFFER_BIT);
    gl.glEnableClientState(GL10.GL_VERTEX_ARRAY);       //启用顶点坐标数据
    gl.glMatrixMode(GL10.GL_MODELVIEW);                 //设置当前矩阵堆栈为模型堆栈
    //--------------------绘制第 1 个图形--------------------
    //重置当前的模型视图矩阵
    gl.glLoadIdentity();
    gl.glTranslatef( -0.32f,0.35f, -1f);
    //设置顶点的位置数据
    gl.glVertexPointer(3,GL10.GL_FLOAT,0,triangleDataBuffer);
    //根据顶点数据绘制平面图形
    gl.glDrawArrays(GL10.GL_TRIANGLES,0,3);
    //--------------------绘制第 2 个图形--------------------
    gl.glLoadIdentity();                                       //重置当前的模型视图矩阵
    gl.glTranslatef(0.6f,0.8f, -1.5f);
    gl.glVertexPointer(3,GL10.GL_FLOAT,0,rectDataBuffer);        //设置顶点的位置数据
    gl.glDrawArrays(GL10.GL_TRIANGLE_STRIP,0,4);           //根据顶点数据绘制平面图形
    //--------------------绘制第 3 个图形--------------------
    gl.glLoadIdentity();                                       //重置当前的模型视图矩阵
    gl.glTranslatef( -0.4f, -0.5f, -1.5f);
```

```
        //设置顶点的位置数据(依然使用之前的顶点颜色)
        gl.glVertexPointer(3,GL10.GL_FLOAT,0,rectDataBuffer2);
        gl.glDrawArrays(GL10.GL_TRIANGLE_STRIP,0,4);         //根据顶点数据绘制平面图形
        //----------------------绘制第 4 个图形----------------------
        gl.glLoadIdentity();                                   //重置当前的模型视图矩阵
        gl.glTranslatef(0.4f, -0.5f, -1.5f);
        gl.glDisableClientState(GL10.GL_COLOR_ARRAY);
        gl.glVertexPointer(3,GL10.GL_FLOAT,0,pentacleBuffer); //设置顶点的位置数据
        gl.glDrawArrays(GL10.GL_TRIANGLE_STRIP,0,5);         //根据顶点数据绘制平面图形
        gl.glFinish();                                         //绘制结束
        gl.glDisableClientState(GL10.GL_VERTEX_ARRAY);
    }
    public Buffer intBuffer(int[] data){
        IntBuffer intBuffer;
        ByteBuffer bbuffer = ByteBuffer.allocateDirect(data.length * 4); //int 和 float 均占用 4 字节
        bbuffer.order(ByteOrder.nativeOrder());
        intBuffer = bbuffer.asIntBuffer();
        intBuffer.put(data);
        intBuffer.position(0);
        return intBuffer;
        }
    public Buffer bufferUtilf(float[] data){
        FloatBuffer fBuffer;
        ByteBuffer bbuffer = ByteBuffer.allocateDirect(data.length * 4);
        bbuffer.order(ByteOrder.nativeOrder());
        fBuffer = bbuffer.asFloatBuffer();
        fBuffer.put(data);
        fBuffer.position(0);
        return fBuffer;
    }
}
```

上面的粗体字代码就是使用 GL10 绘制图形的关键代码，包括加载顶点位置数据、顶点颜色数据和调用 GL10 的 glDrawArrays()方法绘制。由于加载顶点数据、顶点颜色数据时都需要 Buffer 对象，因此程序在 MyRender 类的构造器中把这些顶点数据、顶点颜色数据都包装成了相应的 FloatBuffer、IntBuffer。

上面的程序中 gl.glTranslatef(-0.32f,0.35f,-1f)方法，其作用类似于 Android 2D 绘图中 Matrix 的 setTranslate(float dx,float dy)方法。它们都用于移动绘图中心，区别是 2D 绘图中 Matrix 的 setTranslate()方法只需要指定在 X 和 Y 轴上的移动距离，而 GL10 的 glTranslatef()需要指定 X、T 和 Z 轴上的移动距离。

在 Activity 中定义一个 GLSurfaceView，并使用上面的 Renderer 进行绘制，代码如下。

```
public class OpenGLTest2 extends Activity{
    public void onCreate(Bundle savedInstanceState)
    {
        super.onCreate(savedInstanceState);
        //创建一个 GLSurfaceView,用于显示 OpenGL 绘制的图形
        GLSurfaceView glView = new GLSurfaceView(this);
        MyRenderer myRender = new MyRenderer();   //创建 GLSurfaceView 的内容绘制器
        glView.setRenderer(myRender);             //为 GLSurfaceView 设置绘制器
        setContentView(glView);
    }
}
```

运行上面的程序，将看到如图 7-16 所示的效果。

7.4.4 颜色

图 7-16 中是几个使用 OpenGL ES 绘制出来的图形，但都无颜色，看不出 3D 效果。因此以下将介绍给图形添加颜色的方法。OpenGL ES 使用的颜色是 RGBA 模式（红，绿，蓝，透明度）。颜色的定义通常使用 Hex 格式（0xFF00FF）或十进制格式(255,0,255)，而在 OpenGL 中却是使用 0～1 之间的浮点数表示。0 为 0，1 相当于 255(0xFF)。最简单的上色方法叫作顶点着色（Vertxt Coloring），可以使用单色，也可以定义颜色为渐变或者使用材质（类似于二维图形中各种 Brush 类型）。

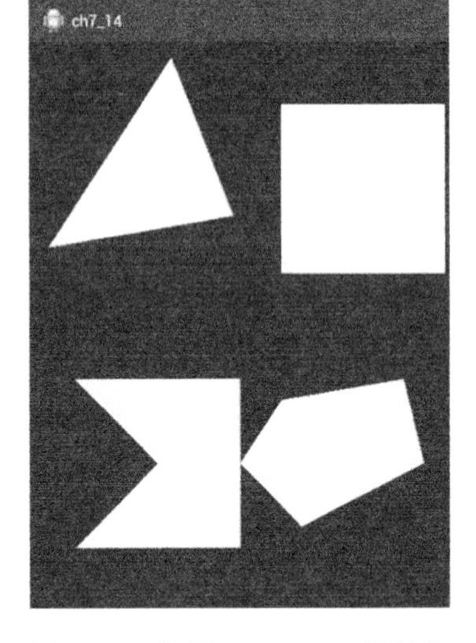

图 7-16 使用 OpenGL ES 绘制的 3D 多边形

1. Flat Coloring（单色）

它表示 OpenGL 使用单一的颜色来渲染。OpenGL 将一直使用指定的颜色来渲染，直到指定其他的颜色。

指定颜色的方法为 public abstract void glColor4f（float red, float green, float blue, float alpha）。默认的 red，green，blue 为 1，代表白色，这也是前面显示的图形都无颜色的原因。

2. Smooth Coloring（平滑颜色过渡）

当给每个顶点定义一个颜色时，OpenGL 自动为不同顶点的颜色之间生成中间过渡颜色（渐变色）。接下来为例 7-14 中所绘制的图形加上颜色。

为 MyRenderer 加上几个成员变量，代码如下。

```
int[] triangleColor = new int[]{          //三角形颜色
        65535,0,0,0,                      //上顶点红色
        0,65535,0,0,                      //左顶点绿色
        0,0,65535,0                       //右顶点蓝色
};
int[] rectColor = new int[]{              //矩形颜色
        0,65535,0,0,                      //右上顶点绿色
        0,0,65535,0,                      //右下顶点蓝色
        65535,0,0,0,                      //左上顶点红色
        65535,65535,0,0                   //左下顶点黄色
};
Buffer triangleColorBuffer;               //三角形颜色缓存
Buffer rectColorBuffer;                   //矩形颜色缓存
    public MyRenderer()                   //在构造器中添加两行代码
    {
        triangleColorBuffer = intBuffer(triangleColor);    //将顶点颜色数据数组包装成 Buffer
        rectColorBuffer = intBuffer(rectColor);
    }
```

在 onDrawFrame(GL10 gl)方法中添加如下代码。

```
public void onDrawFrame(GL10 gl)
{                                         //清除屏幕缓存和深度缓存
    gl.glClear(GL10.GL_COLOR_BUFFER_BIT | GL10.GL_DEPTH_
BUFFER_BIT);
    gl.glEnableClientState(GL10.GL_VERTEX_ARRAY);
                                          //启用顶点坐标数据
```

源代码

```
    gl.glEnableClientState(GL10.GL_COLOR_ARRAY);
    //启用顶点颜色数据
    gl.glMatrixMode(GL10.GL_MODELVIEW);                    //设置当前矩阵堆栈为模型堆栈
    //--------------------绘制第 1 个图形--------------------
    gl.glLoadIdentity();                                   //重置当前的模型视图矩阵
    gl.glTranslatef(-0.32f,0.35f,-1f);
    gl.glVertexPointer(3,GL10.GL_FLOAT,0,triangleDataBuffer);   //设置顶点的位置数据
    gl.glColorPointer(4,GL10.GL_FIXED,0,triangleColorBuffer);   //设置顶点的颜色数据
    gl.glDrawArrays(GL10.GL_TRIANGLES,0,3);                //根据顶点数据绘制平面图形
    //--------------------绘制第 2 个图形--------------------
    gl.glLoadIdentity();                                   //重置当前的模型视图矩阵
    gl.glTranslatef(0.6f,0.8f,-1.5f);
    gl.glVertexPointer(3,GL10.GL_FLOAT,0,rectDataBuffer);  //设置顶点的位置数据
    gl.glColorPointer(4,GL10.GL_FIXED,0,rectColorBuffer);  //设置顶点的颜色数据
    gl.glDrawArrays(GL10.GL_TRIANGLE_STRIP,0,4);           //根据顶点数据绘制平面图形
    //--------------------绘制第 3 个图形--------------------
    gl.glLoadIdentity();                                   //重置当前的模型视图矩阵
    gl.glTranslatef(-0.4f,-0.5f,-1.5f);
    //设置顶点的位置数据(依然使用之前的顶点颜色)
    gl.glVertexPointer(3,GL10.GL_FLOAT,0,rectDataBuffer2);
    gl.glDrawArrays(GL10.GL_TRIANGLE_STRIP,0,4);           //根据顶点数据绘制平面图形
    //--------------------绘制第 4 个图形--------------------
    gl.glLoadIdentity();                                   //重置当前的模型视图矩阵
    gl.glTranslatef(0.4f,-0.5f,-1.5f);
    gl.glColor4f(1.0f,0.2f,0.2f,0.0f);                     //设置使用纯色填充
    gl.glDisableClientState(GL10.GL_COLOR_ARRAY);
    gl.glVertexPointer(3,GL10.GL_FLOAT,0,pentacleBuffer);  //设置顶点的位置数据
    gl.glDrawArrays(GL10.GL_TRIANGLE_STRIP,0,5);           //根据顶点数据绘制平面图形
    gl.glFinish();                                         //绘制结束
    gl.glDisableClientState(GL10.GL_VERTEX_ARRAY);
}
```

上面程序的粗体字代码就是添加颜色的关键代码，调用 glColor4f(1.0f,0.2f,2f,0.0f)方法设置使用纯色填充。设置使用纯色填充时需要用 gl.glDisableClientState(GL10.GL_COLOR_ARRAY)来禁用顶点颜色数据。运行该程序，得到如图 7-17 所示的效果。

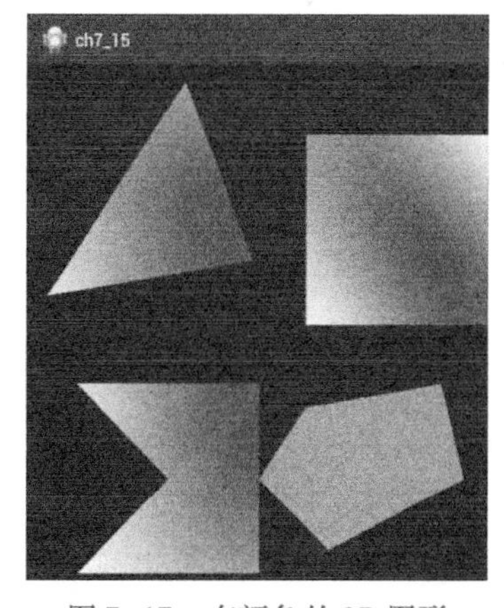

图 7-17　有颜色的 3D 图形

实际上 3D 图形中每个顶点的坐标值不需要开发者计算、给出顶点的排列顺序，也不需要开发者排列，通常会借助于 3ds Max 和 Maya 等 3D 建模工具软件。当一个复杂的模型建立出来后，这个物体的所有顶点坐标值及顶点的排列顺序都可以导出来。OpenGL 甚至可以直接导入这些三维建模工具所建立的模型。

7.5　多媒体综合应用

本章的前 4 节介绍了 Android SDK 开发中的图形图像知识和多媒体知识，但都未详细介绍，读者有需要请参考其他书籍资料。最后将详细介绍一个多媒体综合应用——音乐播放器的开发过程。

【例 7-16】Android 音乐播放器。

播放器在开始运行时就可扫描出手机 SD 卡中所有的音乐文件，将音乐的名称置于列表中。用户单击列表就可以播放该音乐，并且提供的几个按钮具有开始播放、暂停播放、停止播放、上一首和下一首的功能。

设计界面布局。该布局只有一个显示音乐文件名的列表，以及 5 个用于控制播放的按钮，代码如下。

```
<? xml version ="1.0" encoding = "utf - 8"? >
<LinearLayout xmlns:android = "http://schemas.android.com/apk/res/android"
    android:id = "@ + id/AbsoluteLayout01"
    android:layout_width = "fill_parent"
    android:layout_height = "fill_parent"
    android:orientation = "vertical" >
    <ListView
        android:id = "@ id/android:list"
        android:layout_width = "fill_parent"
        android:layout_height = "fill_parent"
        android:layout_weight = "1"
        android:drawSelectorOnTop = "false"/ >
    <Button
        android:id = "@ + id/last"
        android:layout_width = "wrap_content"
        android:layout_height = "wrap_content"
        android:layout_x = "10px"
        android:layout_y = "70px"
        android:background = "@ drawable/last" >
    </Button >
    <Button
        android:id = "@ + id/stop"
        android:layout_width = "wrap_content"
        android:layout_height = "wrap_content"
        android:layout_x = "70px"
        android:layout_y = "70px"
        android:background = "@ drawable/stop" >
    </Button >
    <Button
        android:id = "@ + id/start"
        android:layout_width = "wrap_content"
        android:layout_height = "wrap_content"
        android:layout_x = "130px"
        android:layout_y = "70px"
        android:background = "@ drawable/start" >
    </Button >
    <Button
        android:id = "@ + id/pause"
        android:layout_width = "wrap_content"
        android:layout_height = "wrap_content"
        android:layout_x = "190px"
        android:layout_y = "70px"
        android:background = "@ drawable/pause" >
    </Button >
    <Button
        android:id = "@ + id/next"
        android:layout_width = "wrap_content"
        android:layout_height = "wrap_content"
```

```
            android:layout_x = "250px"
            android:layout_y = "70px"
            android:background = "@drawable/next" >
        </Button>
    </LinearLayout>
```

以上使用了线性布局来进行布局。最上面的是一个 ListView，用来显示所有的音乐文件名称，下面的 5 个 Button 使用了不同的背景图片。

这款简易的迷你播放器只有一个界面，即只有一个 Activity。所以使用 ListActivity 来作为这个唯一的界面。ListActivity 可以绑定一个 ListView，为此再写一个布局文件，代码如下。

```
<TextView xmlns:android = "http://schemas.android.com/apk/res/android"
    android:id = "@+id/TextView01"
    android:layout_width = "fill_parent"
    android:layout_height = "wrap_content"/>
```

接下来写一个用于检查文件是否为指定音乐格式（.mp3）的过滤器类，代码如下。

```
public class MusicFilter implements FilenameFilter{
    public boolean accept(File dir,String filename){
        return(filename.endsWith(".mp3"));
    }
}
```

该类实现了 FilenameFilter 接口。该接口只有一个 accept 方法，简单判断文件名是否以 mp3 结尾。最后，编写 Activity 类，代码如下。

```
public class MusicActivity extends ListActivity{
    private MediaPlayer myMediaPlayer;                                        //播放对象
    private List<String> myMusicList = new ArrayList<String>();               //播放列表
    private int currentListItem = 0;                                          //当前播放歌曲的索引
    private static final String MUSIC_PATH = new String("/sdcard/");          //音乐的路径
    public void onCreate(Bundle savedInstanceState){
        super.onCreate(savedInstanceState);
        setContentView(R.layout.main);
        myMediaPlayer = new MediaPlayer();
        findView();
        musicList();
        listener();
    }
    void musicList(){                                                         //绑定音乐
        File home = new File(MUSIC_PATH);
        if(home.listFiles(new MusicFilter()).length >0){
            for(File file : home.listFiles(new MusicFilter())){
                myMusicList.add(file.getName());
            }
            ArrayAdapter<String> musicList = new ArrayAdapter<String>(
                    MusicActivity.this,R.layout.musicitme,myMusicList);
            setListAdapter(musicList);
        }
    }
    void findView(){                                                          //获取按钮
        viewHolder.start = (Button)findViewById(R.id.start);
        viewHolder.stop = (Button)findViewById(R.id.stop);
        viewHolder.next = (Button)findViewById(R.id.next);
```

```
        viewHolder.pause = (Button)findViewById(R.id.pause);
        viewHolder.last = (Button)findViewById(R.id.last);
    }
    void listener() {                                                           //监听事件
        viewHolder.stop.setOnClickListener(new OnClickListener() {       //停止
            public void onClick(View v) {
                //TODO Auto-generated method stub
                if(myMediaPlayer.isPlaying()) {
                    myMediaPlayer.reset();
                }
            }
        });
        viewHolder.start.setOnClickListener(new OnClickListener() {      //开始
            public void onClick(View v) {
                playMusic(MUSIC_PATH + myMusicList.get(currentListItem));
            }
        });
        viewHolder.next.setOnClickListener(new OnClickListener() {       //下一首
            public void onClick(View v) {
                nextMusic();
            }
        });
        viewHolder.pause.setOnClickListener(new OnClickListener() {      //暂停
            public void onClick(View v) {
                if(myMediaPlayer.isPlaying()) {
                    myMediaPlayer.pause();
                } else {
                    myMediaPlayer.start();
                }
            }
        });
        viewHolder.last.setOnClickListener(new OnClickListener() {       //上一首
            public void onClick(View v) {
                lastMusic();
            }
        });
    }
    void playMusic(String path) {                                               //播放音乐
        try {
            myMediaPlayer.reset();
            myMediaPlayer.setDataSource(path);
            myMediaPlayer.prepare();
            myMediaPlayer.start();
            myMediaPlayer.setOnCompletionListener(new OnCompletionListener() {
                @Override
                public void onCompletion(MediaPlayer mp) {
                    nextMusic();
                }
            });
        } catch(Exception e) {
            e.printStackTrace();
        }
    }
    void nextMusic() {                                                          //下一首
        if(++currentListItem >= myMusicList.size()) {
```

```
                currentListItem = 0;
            }else{
                playMusic(MUSIC_PATH + myMusicList.get(currentListItem));
            }
        }
        void lastMusic(){                                              //上一首
            if(currentListItem != 0){
                if(--currentListItem >= 0){
                    currentListItem = myMusicList.size();
                }else{
                    playMusic(MUSIC_PATH + myMusicList.get(currentListItem));
                }
            }else{
                playMusic(MUSIC_PATH + myMusicList.get(currentListItem));
            }
        }
        //当用户返回时结束音乐并释放音乐对象
        public boolean onKeyDown(int keyCode,KeyEvent event){
            if(keyCode == KeyEvent.KEYCODE_BACK){
                myMediaPlayer.stop();
                myMediaPlayer.release();
                this.finish();
                return true;
            }
            return super.onKeyDown(keyCode,event);
        }
        //当选择列表项时播放音乐
        protected void onListItemClick(ListView l,View v,int position,long id){
            currentListItem = position;
            playMusic(MUSIC_PATH + myMusicList.get(currentListItem));
        }
    }
```

该程序先在Activity的onCreate()函数中初始化最重要的成员变量——MideaPlayer，该播放器的大部分工作都移交给该对象。然后获取在布局文件中定义的5个Button按钮，从SD卡根目录开始扫描所有文件，凡是文件名后缀是mp3的文件均添加到列表中，最后设置一系列的监听。运行该程序后，效果如图7-18所示。

图7-18　简易的音乐播放器效果

7.6　思考与练习

1. 通过Canvas等图像处理类，设计一款简易的自绘画板，允许用户在上面进行简单的写字和画图。

2. 扩充本章最后一节中音乐播放器的功能，使其同样支持视频的播放。

3. 使用 OpenGL ES 绘制一个六个面颜色不同的旋转 3D 版立方体。

微测试

4. 对例 7-7 进行修改，使得程序打开以后就默认显示第一张图片，单击“next”按钮后显示下一幅图片。

5. 对例 7-16 进行修改，列表框改为图 7-19 所示的样式，并且勾选某一个音乐文件时即播放该音乐，另外修改上一首和下一首按钮进行循环播放的功能。

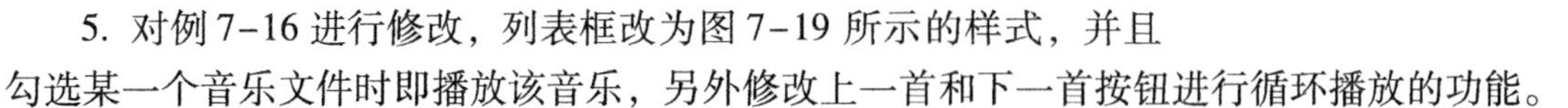

6. 对例 7-16 进行修改，增加音乐的选择播放，循环播放用户选择的音乐，样式如图 7-20 所示。

图 7-19　思考与练习 5

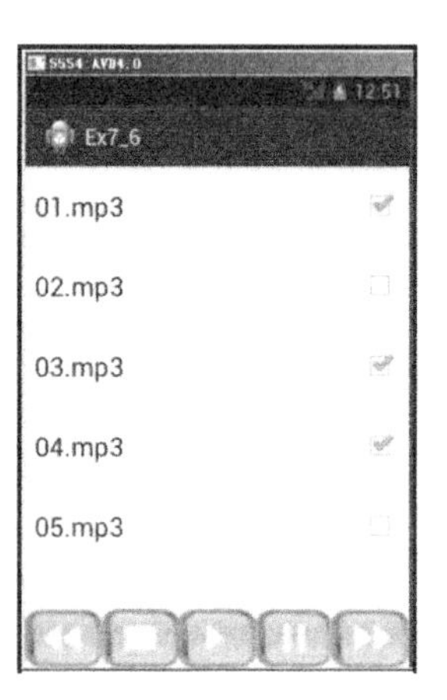

图 7-20　思考与练习 6

第 8 章　Android 数据存储

在第 7 章中，介绍了 Android 图形图像和多媒体的开发。在开发调试过程中，数据交互处理是非常重要的。

数据存储是应用程序最基本的功能，任何企业系统、应用软件都必须解决这一问题。数据存储必须以某种方式积存，不能丢失，并且能够有效、简便地使用和更新这些数据。本章将详细介绍 Android 平台是如何对数据进行处理的，包括数据存储方式以及数据共享。

8.1　数据存储简介

一个应用程序经常需要与用户进行交互，需要保存用户的设置和数据，这些都离不开数据的存储。Android 系统提供了以下 4 种主要的数据存储方式。数据存储的结构如图 8-1 所示。

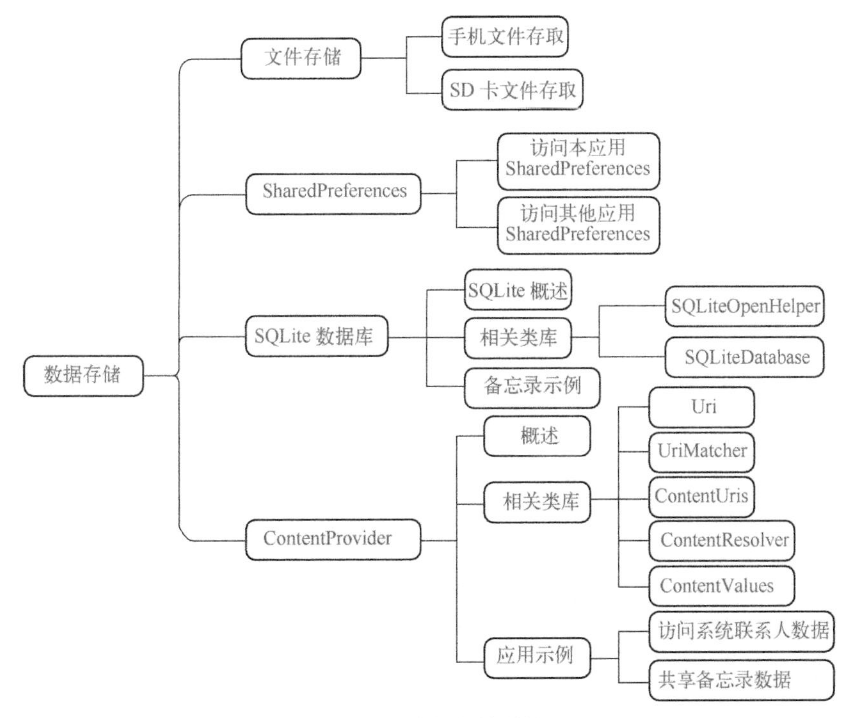

图 8-1　数据存储结构

- 文件存储（Files）：以数据流的方式存储数据；把需要保存的内容通过文件的形式记录下来，当需要这些数据时，通过读取该文件来获得这些数据。因为 Android 采用了 Linux 核心，所以在 Android 系统中，文件也是 Linux 的形式。
- SharedPreferences：以键值对的形式存储简单数据；用于保存一些简单类型的数据，如用户配置或参数信息。由于 Android 系统的界面采用 Activity 栈的形式，所以在系统资源不足时会回收一些界面。因此，有些操作需要在不活动时保留下来，以便等再次激活时能够显示出来。

- SQLite 数据库：以数据库的方式存储结构化数据；用于保存结构较为复杂、大量的数据，并且能够容易地对数据进行使用、更新和维护等。但是操作规范比之前两种要复杂。
- ContentProvider（数据共享）：用于在应用程序间共享数据；是 Android 提供的一种将私有数据共享给其他应用程序的方式。

由于 SharedPreferences 存储的是应用程序系统配置相关的数据，所以通过 SharedPreferences 存储的数据只能供本应用程序使用。要想让数据共享，可以采用 Files、SQLite 以及 ContentProvider 方式。

了解这些数据存储方式之后，就可以根据应用程序的需要来选择一种或几种最佳的数据存储方式了。如图 8-2 所示的是数据存储的 4 种使用方式。

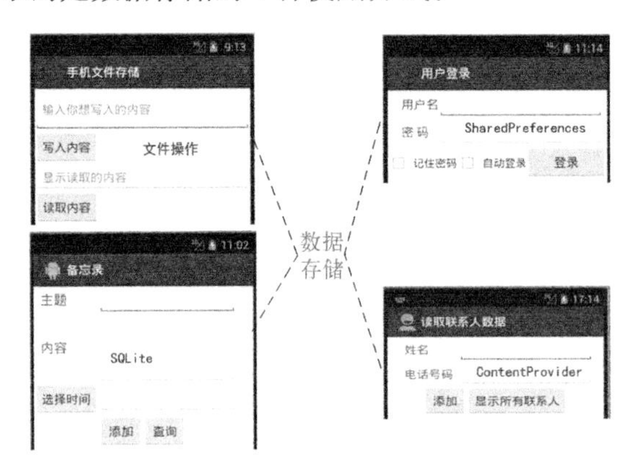

图 8-2　数据存储的 4 种使用方式

8.2　SharedPreferences 数据存储

微视频

对于软件配置参数的保存，Windows 软件通常会采用 ini 文件保存。在 Java 程序中，可以采用 properties 属性文件或 XML 文件保存。类似的，Android 平台提供了一个 SharedPreferences 接口用于保存参数设置等较为简单的数据，该接口是一个轻量级的存储类。

使用 SharedPreferences 进行保存的数据，非常类似于 Bundle 数据包类，信息以 XML 文件的形式存储在 Android 设备上。SharedPreferences 数据总是保存在/data/data/ <package_ name>/shared_prefs 目录下。SharedPreferences 接口本身并没有提供写入数据的能力，而是通过 SharedPreferences 的内部接口 Editor。SharedPreferences 调用 edit()方法即可获取它对应的 Editor 对象。SharedPreferences 是一个接口，不能直接实例化，只能通过 Context 提供的 getSharedpreferences(String name,int mode)方法来获取 SharedPreferences 实例。name 参数表示保存信息的文件名，不需要后缀，mode 参数表示访问权限。

mode 的 3 个常量值如下。

- Context. MODE_PRIVATE。

私有：默认模式，在那里创建的文件只能由应用程序调用。

- Context. MODE_WORLD_READABLE。

全局读：允许所有其他应用程序有读取和创建文件的权限。

- Context. MODE_WORLD_WRITEABLE。

全局写：允许所有其他应用程序具有写入、访问和创建文件的权限。

【例 8-1】一个简单的用户密码数据存储的程序。运行结果如图 8-3 所示。

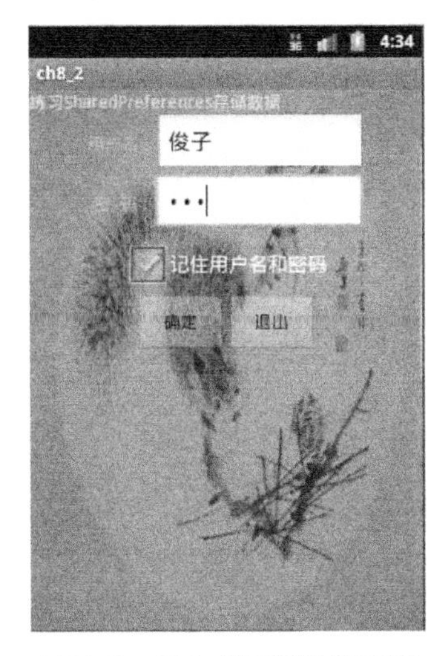

图 8-3　用户名密码数据存储

```
public class DataStoreActivity extends Activity implements OnClickListener{
    private Button btnOK;
    private Button btnExit;
    private CheckBox boxRem;
    private EditText txtName;
    private EditText txtPwd;
    /** Activity 首次创建时调用 */
    @ Override
    public void onCreate(Bundle savedInstanceState) {
        super. onCreate(savedInstanceState);
        setContentView(R. layout. main);
        init();
    }
    /*初始化方法,检查上次是否保存数据。如果保存数据,则显示在 EditText 组件中
     */
    public void init() {
        //设置初始的用户名密码
        String name = "";
        String pwd = "";
        boolean flag = false;
        //读取保存的用户名密码
        SharedPreferences perferences = getSharedPreferences("ch8_2",
                Activity. MODE_PRIVATE);
        if(perferences != null) {
            name = perferences. getString("name","");
            pwd = perferences. getString("pwd","");
            flag = perferences. getBoolean("flag",false);
        }
        boxRem = (CheckBox)findViewById(R. id. boxRem);
        boxRem. setChecked(flag);
        txtName = (EditText)findViewById(R. id. txtName);
        txtName. setText(name);
        txtPwd = (EditText)findViewById(R. id. txtPwd);
```

```
            txtPwd. setText(pwd);
            btnExit = (Button)findViewById(R. id. btnExit);
            btnOK = (Button)findViewById(R. id. btnOK);
            btnExit. setOnClickListener(this);
            btnOK. setOnClickListener(this);
            btnExit. getBackground(). setAlpha(100);
            btnOK. getBackground(). setAlpha(100);
        }
        /** 监听单击事件 */
        public void onClick(View v){
            switch(v. getId()){
            //处理确定按钮
            case R. id. btnOK:
                if(boxRem. isChecked()){
                    //保存数据
                    SharedPreferences preferences = getSharedPreferences("ch8_2",
                            Activity. MODE_PRIVATE);
                    SharedPreferences. Editor editor = preferences. edit();
                    editor. putString("name",txtName. getText(). toString()
                            . equals("")?"": txtName. getText(). toString());
                    editor. putString("pwd",
                            txtPwd. getText(). toString(). equals("")?"": txtPwd
                                    . getText(). toString());
                    editor. putBoolean("flag",boxRem. isChecked());
                    //将数据提交
                    editor. commit();
                    Toast. makeText(DataStoreActivity. this,"保存成功!",
                                Toast. LENGTH_LONG). show();
                }
                break;
            //处理退出按钮
            case R. id. btnExit:
                new AlertDialog. Builder(this)
                            . setTitle("确定退出么??")
                            . setPositiveButton("确定",new DialogInterface. OnClickListener(){
                                public void onClick(DialogInterface dialog,int which){
                                    finish();
                                    System. exit(0);
                                }})
                            . setNegativeButton("取消",new DialogInterface. OnClickListener(){
                                public void onClick(DialogInterface dialog,int which){
                                }}). show();
                break;
            }
        }
    }
```

在获取到 SharedPreferences 对象后，可以通过 SharedPreferences. Editor 类对 SharedPreferences 进行修改，最后调用 commit()函数保存修改内容。

SharedPreferences 广泛支持各种基本数据类型，包括整型、布尔型、浮点型和长型等。

现在已经实现了通过 SharedPreferences 来存取数据，那么这些数据究竟被存放到什么地方呢？其实每安装一个应用程序时，在/data/data 目录下都会生成一个文件夹。如果应用程序中使用了 SharedPreferences，那么便会在该文件夹下生成一个 Shared – prefs 文件夹，其中就有所保存的数据。可按照以下步骤进行查看。

1）启动模拟器，启动 Eclipse。

2）在 Eclipse 中切换到 DDMS 视图，选择“File Explorer”标签。

3）找到/data/data 目录中对应的项目文件夹下的“shared – prefs”文件夹。

如图 8-4 所示，【例 8-1】中用 SharedPreferences 存取的数据保存在“ch8_1. xml”文件中。

Threads　Heap　File Explorer　Allocation Tracker　Network Statistics　Emulat

Name	Size	Date	Time	Permission
edu.zafu.ch7_5		2013-08-16	04:30	drwxr-x--x
edu.zafu.ch7_5_1		2013-08-16	04:30	drwxr-x--x
edu.zafu.ch7_6		2013-08-16	04:30	drwxr-x--x
edu.zafu.ch8_1		2013-08-16	04:36	drwxr-x--x
lib		2013-08-16	04:31	drwxr-xr-x
shared_prefs		2013-08-16	04:36	drwxrwx--x
ch8_1.xml	175	2013-08-16	04:36	-rw-rw----
jp.co.omronsoft.openwnn		2013-08-02	12:05	drwxr-x--x

图 8-4　SharedPreferences 数据存储目录

8.3　Files 数据存储

微视频

Android 系统基于 Java 语言，而在 Java 语言中已经提供了一套完整的输入/输出流操作体系，与文件有关的 FileInputStream、FileOutputStream 等。通过这些类可以方便地访问磁盘上的文件。Android 也支持以这种方式来访问手机上的文件。

Android 手机中的文件有两个存储位置：内置存储空间和外部 SD 卡，相应的存储方式稍有不同。

Android 手机中的文件的读取操作主要通过 Context 类来完成，该类提供了两种方法来打开文件夹里的文件 I/O 流。

- FileInputStream openFileInput(String name)：打开应用程序的数据文件夹下的 name 文件对应的输入流。这个参数用于指定文件名称，不能包含路径分隔符“/”。如果文件不存在，Android 会自动创建它。
- FileOutputStream openFileOutput(String name,int mode)：打开应用程序的数据文件夹下的 name 文件对应的输出流。这个参数用于指定操作模式，如表 8-1 所示是 Android 系统支持的 4 种文件操作模式。

表 8-1　Android 系统支持的 4 种文件操作模式

模　式	说　明
MODE_PRIVATE	私有模式，缺陷模式，文件仅能够被文件创建程序访问，或被具有相同 UID 的程序访问
MODE_APPEND	追加模式，若文件已经存在，则在文件的结尾处添加新数据
MODE_WORLD_READABLE	全局读模式，允许任何程序读取私有文件
MODE_WORLD_WRITEABLE	全局写模式，允许任何程序写入私有文件

📖 如果希望文件被其他应用程序读和写，可以传入：Context. MODE_WORLD_READABLE + Context. MODE_WORLD_WRITEABLE 或者直接传入数值 3 也可以。这 4 种模式除了 Context. MODE_APPEND 外，其他的都会覆盖掉原文件的内容。应用程序的数据文件默认保存在/data/data/ <package name>/files 目录下，文件的后缀名称随意。

Android 中读、写文件的步骤如下。

（1）创建及写文件的步骤

1）调用 OpenFileOutput( )方法，传入文件的名称和操作的模式，该方法将返回一个文件输出流。

2）调用 Write( )方法，向该文件输出流写入数据。

3）调用 Close( )方法，关闭文件输出流。

（2）读取文件的步骤

1）调用 OpenFileInput( )方法，传入需要读取数据的文件名，该方法将会返回一个文件输入流对象。

2）调用 Read( )方法读取文件的内容。

3）调用 Close( )方法，关闭文件输入流。

【例 8-2】一个写入文件和读取文件的简单例子演示。程序的运行效果如图 8-5 和图 8-6 所示。

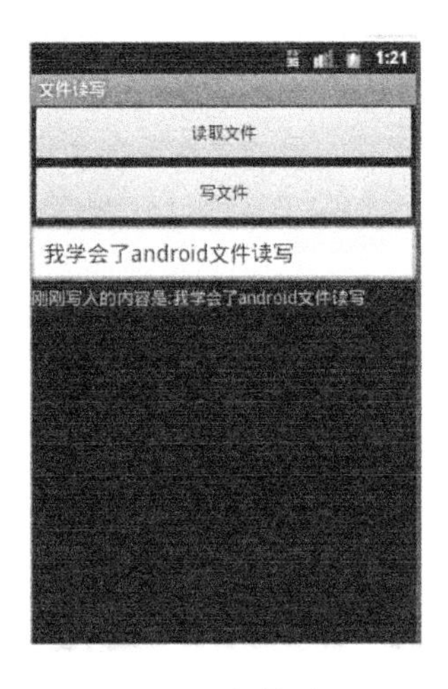

图 8-5　文件写入

图 8-6　文件读取

```
public class MyManagerFile extends Activity{
    /** Activity 首次创建时调用 */
    private Button btn01;
    private Button btn02;
    private TextView txtView;
    @Override
    public void onCreate(Bundle savedInstanceState) {
        super.onCreate(savedInstanceState);
        setContentView(R.layout.main);
        btn01 = (Button)findViewById(R.id.Button01);
        btn02 = (Button)findViewById(R.id.Button02);
        txtView = (TextView)findViewById(R.id.TextView01);
        //第一个 Button 的事件
        btn01.setOnClickListener(new Button.OnClickListener() {
            @Override
            public void onClick(View v) {
                FileInputStream myFileStream = null;
                InputStreamReader myReader = null;
```

```
            char[ ] inputBuffer = new char[255];
            String data = null;
            try{
                //得到文件流对象
                myFileStream = openFileInput("ch8_3. txt");
                //得到读取器对象
                myReader = new InputStreamReader(myFileStream);
                //开始读取
                myReader. read(inputBuffer);
                data = new String(inputBuffer);
                Toast. makeText(MyManagerFile. this,"读取文件成功",
                        Toast. LENGTH_SHORT). show();
            }catch(Exception e){
                e. printStackTrace();
                Toast. makeText(MyManagerFile. this,"读取文件失败",
                        Toast. LENGTH_SHORT). show();
            }finally{
                try{
                    myReader. close();
                    myFileStream. close();
                }catch(IOException e){
                    e. printStackTrace();
                }
            }
            //显示文件内容在 txtView
            txtView. setText("读取到的内容是:" + data);
        }
    });
    //第二个 Button 的事件
    btn02. setOnClickListener(new Button. OnClickListener(){
        @ Override
        public void onClick(View v){
            //要写入的数据从文本框得到
            String data = ((EditText)findViewById(R. id. EditText01))
                    . getText(). toString();
            //文件流
            FileOutputStream myFileStream = null;
            //写对象
            OutputStreamWriter myWriter = null;
            try{
                //得到文件流对象
                myFileStream = openFileOutput("ch8_3. txt",MODE_PRIVATE);
                //得到写入器对象
                myWriter = new OutputStreamWriter(myFileStream);
                //开始写入
                myWriter. write(data);
                myWriter. flush();
                Toast. makeText(MyManagerFile. this,"写入文件成功",
                        Toast. LENGTH_SHORT). show();
            }catch(Exception e){
                e. printStackTrace();
                Toast. makeText(MyManagerFile. this,"写入文件失败",
                        Toast. LENGTH_SHORT). show();
            }finally{
                try{
                    myWriter. close();
```

```
                    myFileStream.close();
                }catch(IOException e){
                    e.printStackTrace();
                }
            }
            //显示文件内容在 txtView
            txtView.setText("刚刚写入的内容是:" + data);
        }
    });
  }
}
```

📖 如果使用绝对路径来存储文件，那么在其他应用程序中同样不能通过这个绝对路径来访问和操作该文件。

如果没有指定路径的文件存储方式，则数据又保存在什么地方呢？如果使用了文件存储数据的方式，系统就会在和 shared－prefs 相同的目录中生成一个名为“files”的文件夹，其中包含的就是通过 Files 存储数据的文件。【例 8-2】所存储的数据就保存在如图 8-7 所示的文件目录中。

Name	Size	Date	Time	Permissions
edu.zafu.ch7_5		2013-08-16	04:30	drwxr-x--x
edu.zafu.ch7_5_1		2013-08-16	04:30	drwxr-x--x
edu.zafu.ch7_6		2013-08-16	04:30	drwxr-x--x
edu.zafu.ch8_1		2013-08-16	04:36	drwxr-x--x
edu.zafu.ch8_2		2013-08-16	04:41	drwxr-x--x
files		2013-08-16	04:41	drwxrwx--x
ch8_2.txt	24	2013-08-16	04:41	-rw-rw----
lib		2013-08-16	04:41	drwxr-xr-x

图 8-7　Files 方式存储数据的文件目录

如果在开发一个应用程序时，需要通过加载一个文件的内容来初始化程序，则可以在编译程序之前，在 res/raw/tempFile 中建立一个 static 文件。这样可以在程序中通过 Resources.openRawResource（R.raw. 文件名）方法返回一个 InputStream 对象，以直接读取文件内容。

8.4　Android 数据库编程

Android 中通过 SQLite 数据库引擎来实现结构化数据存储。SQLite 是一个嵌入式数据库引擎，针对内存等资源有限的设备（如手机、PAD、MP3）提供的一种高效的数据库引擎。

SQLite 数据库不同于其他的数据库（如 Oracle），它没有服务器进程。所有的内容都包含在同一个单文件中。该文件是跨平台、可以自由复制的。基于其自身的先天优势，SQLite 在嵌入式领域得到了广泛应用。

微视频

8.4.1　SQLite 简介

SQLite 支持 SQL 语言，并且只利用很少的内存就可具有良好的性能。此外它还是开源的，任何人都可以使用它。目前，许多开源项目（如 Mozilla、PHP 和 Python）都使用了 SQLite。

SQLite 由以下几个组件组成：SQL 编译器、内核、后端以及附件。SQLite 通过利用虚拟机和虚拟数据库引擎（VDBE），使调试、修改和扩展 SQLite 的内核变得更加方便。其内部结构如图 8-8 所示。

SQLite 和其他数据库最大的不同就是对数据类型的支持。创建一个表时，它可以在 CREATE TABLE 语句中指定某列的数据类型，并可以把任何数据类型放入任何列中。当某个值插入数据库时，SQLite 将检查它的类型。如果该类型与关联的列不匹配，则 SQLite 会尝试将该值转换成该列的类型。如果不能转换，则该值将作为其本身具有的类型存储。

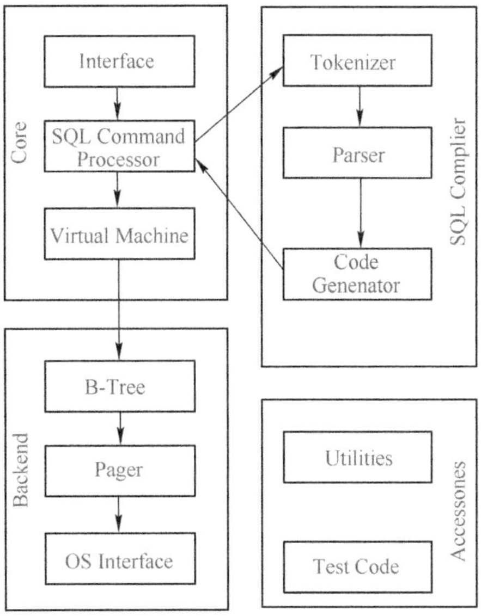

SQLite 不支持一些标准的 SQL 功能，特别是外键约束（Foreign Key Constrains）、嵌套 Transcaction、Right outer Join 和 Full Outer Join，还有一些 Alter Table 功能。SQLite 是一个完整的 SQL 系统，拥有完整的触发器和事务等。

图 8-8　SQLite 内部结构

SQLite 数据库具有如下特征。

1. 轻量级

SQLite 和 C/S 模式的数据库软件不同，它是进程内的数据库引擎，因此不存在数据库的客户端和服务器。使用 SQLite 一般只需要带上它的一个动态库，就可以具有它的全部功能，而且动态库的尺寸相当小。

2. 独立性

SQLite 数据库的核心引擎本身不依赖第三方软件，也不需要“安装”它，所以在部署的时候能够省去不少麻烦。

3. 隔离性

SQLite 数据库中所有的信息（如表、视图、触发器等）都包含在一个文件内，以方便管理和维护。

4. 跨平台

SQLite 数据库支持大部分操作系统，除了计算机上的操作系统之外，在很多手机操作系统上同样可以运行，比如 Android、Windows Mobile、Symbian、Palm 等。

5. 多语言接口

SQLite 数据库支持很多语言编程接口，比如 C/C ++、Java、Python、dotNet、Ruby 和 Perl 等。

6. 安全性

SQLite 数据库通过数据库级上的独占性和共享锁来实现独立事务处理。这意味着多个进程可以在同一时间从同一数据库中读取数据，但只有一个可以写入数据。在某个进程或线程向数据库执行写操作之前，必须获得独占锁定。在发出独占锁定后，其他的读写操作将不会再发生。

有关 SQLite 数据库的优点和特征还有很多，由于篇幅关系这里不再列举。如果需要了解更多内容请参考 SQLite 官方网站（http://www.sqlite.org/）。

8.4.2　SQLite 编程

SQLiteDatabase 代表一个数据库对象，提供了操作数据库的一些方法。另外还有 SQLiteOpenHelper 工具类，可以提供更简洁的功能。在 Android 的 SDK 目录下有 sqlite3 工具，利用它可以创建数据库、表和执行一些 SQL 语句。SQLiteDatabase 的常用方法具体见表 8-2。数据库存储在 data/ <项目文件夹>/databases/下。

表 8-2　SQLiteDatabase 的常用方法

方法名称	方法描述
openOrCreateDatabase(String path,SQLiteDatabase. CursorFactory factory)	打开或创建数据库
insert(String table,String nullColumnHack,ContentValues values)	添加一条记录
delete(String table,String whereClause,String[ ] whereArgs)	删除一条记录
query(String table,String[ ] columns,String selection,String[ ] selectionArgs,String groupBy,String having,String orderBy)	查询一条记录
update(String table,ContentValues values,String whereClause,String[ ] whereArgs)	修改记录
execSQL(String sql)	执行一条 SQL 语句
close( )	关闭数据库

1. 打开或者创建数据库

可以使用 SQLiteDatabase 的静态方法 openOrCreateDatabase(String path,SQLiteDatabae. CursorFactory factory)打开或者创建一个数据库。该方法的第一个参数是数据库的创建路径，注意这个路径一定是数据库的全路径。例如/data/data/package/databases/dbname. db。第二个参数是指定返回一个 Cursor 子类的工厂，如果没有指定（null）则使用默认工厂。

下面的代码创建了一个 temp. db 数据库。

```
SQLiteDatabase. openOrCreateDatabase("/data/data/com. hualang. test/databases/temp. db",null);
```

2. 创建表

创建一张表，首先编写创建表的 SQL 语句。然后调用 SQLiteDatabase 的 execSQL( )方法。

下面的代码创建了一张用户表，属性列为：id（主键并且自动增加）、username（用户名称）、password（密码）。

```
private void createTable(SQLiteDatabase db)
{
    //创建表 SQL 语句
    String sql = " create table usertable(id integer primary key autoincrement,username text,password
text)";
    //执行 SQL 语句
    db. execSQL(sql);
}
```

3. 插入数据

插入数据有两种方法：一种方法是调用 SQLiteDatabase 的 insert(String table,String nullColumnHack,ContentValues values)方法，该方法的第一个参数是表名称，第二个参数是空列的默认值，第三个参数是 ContentValues 类型的一个封装了列名称和列值的 Map；另一种方法是编写插入数据的 SQL 语句，直接调用 SQLiteDatabase 的 execSQL( )方法来执行。

下面的代码演示了插入一条记录到数据库的方法。

方法一：

```
//插入数据
private void insert(SQLiteDatabase db)
{
    //插入数据 SQL 语句
    String sql = "insert into usertable(username,password) values('hualang','123456')";
    //执行 SQL 语句
    db.execSQL(sql);
}
```

方法二：

```
private void insert(SQLiteDatabase db)
{
    //实例化常量值
    ContentValues cv = new ContentValues();
    //添加用户名
    cv.put("username","hualang");
    //添加密码
    cv.put("password","123456");
    //插入数据
    db.insert("usertable",null,cv);
}
```

4. 删除数据

和插入数据类似，删除数据也有两种方法：一种方法是调用 SQLiteDatabase 的 delete(String table,String whereClause,String[ ] whereArgs)方法，该方法的第一个参数是表名称，第二个参数是删除条件，第三个参数是删除条件值数组；另一种方法是编写删除 SQL 语句，调用 SQLiteDatabase 的 execSQL()方法来执行删除。

下面代码演示了删除记录的方法。

方法一：

```
//删除
private void delete(SQLiteDatabase db)
{
    //删除 SQL 语句
    String sql = "delete from usertable where id    =6";
    //执行 SQL 语句
    db.execSQL(sql);
}
```

方法二：

```
private void delete(SQLiteDatabase db)
{
    //删除条件
    String whereClause = "id = ?";
    //删除条件参数
    String[] whereArgs = {String.valueOf(5)};
    //执行删除
    db.delete("usertable",whereClause,whereArgs);
}
```

5. 查询数据

查询数据相对比较复杂，需要把查询 SQL 封装成方法。下面是一种查询方法。

```
public Cursor query(String table,String[]columns,String selection,String[]selectionArgs,String groupBy,
String having,String orderBy,String limit);
```

各个参数的意义说明如下。

```
table:表名称
columns:列名称数组
selection:条件字句,相当于 where
selectionArgs:条件字句,参数数组
groupBy:分组列
having:分组条件
orderBy:排序列
limit:分页查询限制
Cursor:返回值,相当于结果集 ResultSet
```

Cursor 是一个游标接口，提供了查询结果的方法，如移动指针方法 move()，获得列值方法 getString()等，具体可见表 8-3。

表 8-3　Cursor 游标常用方法

方法名称	方法描述
getCount()	总记录条数
isFirst()	判断是否是第一条记录
isLast()	判断是否是最后一条记录
moveToFirst()	移动到第一条记录
moveToLast()	移动到最后一条记录
move(int offset)	移动到指定记录
moveToNext()	移动到下一条记录
moveToPrevious()	移动到上一条记录
getColumnIndexOrThrow(String columnName)	根据列名称获得列索引
getInt(int columnIndex)	获得指定列索引的 int 类型值
getString(int columnIndex)	获得指定列索引的 String 类型值

下面的代码演示查询数据类型方法。

```
private void query(SQLiteDatabase db)
{
    //查询获得游标
    Cursor c = db.query("usertable",null,null,null,null,null,null);
    //判断游标是否为空
    if(c.moveToFirst())
    {
        //遍历游标
        for(int i =0;i < c.getCount();i ++)
        {
            c.move(i);
            //获得 id
            int id = c.getInt(0);
            //获得用户名
            String username = c.getString(1);
            //获得密码
            String password = c.getString(2);
            //输出用户信息
            System.out.println(id + ":" + username + ":" + password);
        }
```

```
    }
}
```

6. 修改数据

修改数据也有两种方式，一种方法是调用 SQLiteDatabase 的 update(String table,ContentValues values,String whereClause,String[ ]whereArgs)方法。该方法的第一个参数是表名称，第二个参数是更新行列 ContentValues 类型的键值对（Map），第三个参数是更新条件（where 字句），第四个参数是更新条件数组。另一种方法是编写更新的 SQL 语句，调用 SQLiteDatabase 的 execSQL 来执行更新。

下面的代码演示了更新数据的方法。

方法一：

```
private void update(SQLiteDatabase db)
{
    //修改 SQL 语句
    String sql = "update usertable set password = 654321 where id = 1";
    //执行 SQL 语句
    db.execSQL(sql);
}
```

方法二：

```
private void update(SQLiteDatabase db)
{
    //实例化内容值
    ContentValues values = new ContentValues();
    //在 values 中添加内容
    values.put("password","123321");
    //修改条件
    String whereClause = "id = ?";
    //修改添加参数
    String[ ]whereArgs = {String.valuesOf(1)};
    //修改数据
    db.update("usertable",values,whereClause,whereArgs);
}
```

📖 使用 SQLiteDatabase 数据库后要及时关闭（Close），否则可能会抛出 SQLiteException 异常。

8.4.3 SQLiteOpenHelper 应用

SQLiteOpenHelper 是 SQLiteDatabase 的一个帮助类，用来管理数据库的创建和版本更新。一般的用法是定义一个类继承，并实现其抽象方法 onCreate（SQLiteDatabase db）和 onUpgrade（SQLiteDatabase db，int oldVersion，int newVersion）来创建与更新数据库，可参见表 8-4。

表 8-4 SQLiteOpenHelper 常用方法

XML 属性	方法描述
SQLiteOpenHelper(Context context,String name,SQLiteDatabase.CursorFactory factory,int version)	构造方法，传递一个要创建的数据库名称 name 参数
onCreate(SQLiteDatabase db)	创建数据库表时调用

（续）

XML 属性	方法描述
onUpgrade(SQLiteDatabase db,int oldVersion,int newVersion)	版本更新时调用
getReadableDatabase()	创建或打开一个只读数据库
getWritableDatabase()	创建或打开一个读写数据库

【例 8-3】SQLiteOpenHelper 示例。

源代码

```
public class MainActivity extends Activity
{
    public void onCreate(Bundle savedInstanceState)
    {
        super.onCreate(savedInstanceState);
        setContentView(R.layout.main);
        //实例化数据库帮助类
        MyDbHelper helper = new MyDbHelper(this);
        //插入
        helper.insert();
        //查询
        helper.query();
    }
    //数据库帮助类
    class MyDbHelper extends SQLiteOpenHelper
    {
        //创建表 SQL 语句
        private static final String CREATE_TABLE_SQL =
            "create table usertable(id intger,name text)";
        //SQLiteDatabase 实例
        private SQLiteDatabase db;
        //构造方法
        MyDbHelper(Context c)
        {
            super(c,"test.db",null,2);
        }
        public void onCreate(SQLiteDatabase db)
        {
            db.execSQL(CREATE_TABLE_SQL);
        }
        public void onUpgrade(SQLiteDatabase db,int oldVersion,int newVersion)
        {

        }
        //插入方法
        private void insert()
        {
            //插入 SQL 语句
            String sql = "insert into usertable(id,name)values(1,'hualang')";
            //执行插入
            getWritableDatabase().execSQL(sql);
        }
        //查询方法
        private void query()
        {
            //查询获得游标
            Cursor c = getWritableDatabase().query("usertable",null,null,null,null,null,null);
```

```
                //判断游标是否为空
                if(c.moveToFirst())
                {
                    //遍历游标
                    for(int i=0;i<c.getCount();i++)
                    {
                        c.move(i);
                        int id = c.getInt(0);
                        String name = c.getString(1);
                        System.out.println(id + ":" + name);   //输出,可从 Logcat 中查看结果
                    }
                }
            }
        }
    }
```

8.5 数据共享

手机应用的使用日益广泛，用户经常需要在不同的应用之间共享数据。例如，短信群发应用，用户输入一个个手机号码虽然可以达到目的，但是比较麻烦。这时候就需要获取联系人应用的数据，然后从中选择收件人即可。

对于应用之间数据的共享，可以在一个应用中直接操作另一个应用所记录的数据。例如，文件、SharedPreferences 或数据库等。但这不仅需要应用程序提供相应的权限，而且还必须知道应用程序中数据存储的细节。不同应用程序记录数据的方式差别很大，有时不利于数据的交换。针对这种情况，Android 提供了数据共享（ContentProvider），它是不同应用程序间共享数据的标准 API，统一了数据访问方式。

ContentProviders 是用来管理对结构化数据集进行访问的一组接口，它是一个进程使用另一个进程数据的标准接口。这组接口对数据进行封装，并提供了用于定义数据安全的机制。

当要使用 ContentProvider 访问数据时，需要在应用程序的 Context 中使用 ContentResolver 对象作为客户端，同 provider 进行通信。与 provider 对象通信的 ContentResolver 对象是 ContentProvider 类的一个实例。provider 对象接收从客户端发来的数据，执行请求的动作并返回结果。

如果不同其他应用程序共享数据，就没必要实现 provider。但是，如果希望在应用程序中加入搜索建议的功能，就需要实现 provider。同样，如果要在应用程序和其他的应用程序间复制、粘贴复杂的数据或文件，也需要实现 provider。

Android 系统本身也通过 ContentProviders 来管理数据，如音频、视频、图像和个人联系信息等。开发者可以在 android.provider 包的参考文档中看到这些 providers 列表。在一定条件下，这些 providers 能够访问任何 Android 应用程序。

下面就 ContentProviders 的使用做一个详细说明。

1. ContentResolver

所有的 ContentProvider 通过实现一个通用的接口来实现数据的增删查改操作，并返回操作结果。

通过直接调用 ContentResolver 对象的 getContentResolver() 方法获取一个 ContentResolver 实例对象。

```
ContentResolver cr = getContentResolver();
```

通过ContentResolver提供的方法，就可以与所感兴趣的provider进行交互了。当发起一个查询时，Android系统就会识别到查询目标的ContentProvider，以确保查询的建立和运行。系统会实例化所有的ContentProvider对象。每个类型的ContentProvider是个单例模式，但它可以与不同程序及进程中的多个ContentResolver通信。进程间的相互作用，是由ContentResolver和ContentProvider类共同处理的。ContentProvider所提供的函数包括query()、insert()、update()、delete()、getType()和onCreate()等。

2. 数据模型

ContentProviders通过类似数据库二维表方式展现数据。每行代表一条数据记录，每列表明一个字段的含义及类型。联系人电话本的provider如表8-5所示。

表8-5　ContentProvider的数据模型

_ID	NUMBER	NUMBER_KEY	LABEL	NAME	TYPE
13	(425)555 6688	425 555 6688	Kirkland office	Bully Pulpit	TYPE_WORK
44	(212)555 - 1234	212 555 1234	NY apartment	Alan Vain	TYPE_HOME
45	(212)555 - 6658	212 555 6658	Downtownoffice	Alan Vain	TYPE_MOBILE
53	201. 555. 4433	201 555 4433	Love Nest	Rex Cars	TYPE_HOME

每行记录有一个ID字段，用来唯一标识数据，类似主键，可以用来关联其他的表数据。比如将联系人关联到一个图片表，以获取联系人的头像。

每个查询结果，返回一个游标Cursor对象。这个对象可以在行与列之间移动，以访问具体每个字段的内容，它具有读取每种类似数据的方法。因此读取时，必须知道读取字段的数据类型。

3. Uri

每个ContentProvider都会暴露一个唯一标识其数据集的Uri，Uri被一个Uri对象封装。一个ContentProvider通过每个特定的Uri控制着多个数据集（数据表）。所有的Uri都以content://开头，content表名数据由ContentProvider控制。

如果已定义了一个ContentProvider，则可同时也为其定义一个Uri，这样可以简化客户端代码并让功能升级。

Android系统为所有的平台自带的provider定义了一个CONTENT_URI常量。比如联系人及联系人图片的两个Uri分别如下。

```
android. provider. Contacts. Phones. CONTENT_URI
android. provider. Contacts. Photos. CONTENT_URI
```

Uri在所有涉及ContentProvider交互的应用程序中存在，每个ContentResolver方法的第一个参数就是Uri。它定义了ContentResolver将与哪个provider交互及操作的目标数据表。

4. 查询数据

查询一个ContentProvider须具备的3个信息。

- provider对应的Uri。
- 查询的数据字段的名称。
- 查询字段的类型。

如果想查询某个指定的记录，则还需要知道其ID。

通过ContentResolver. query()及Activity. managerQuery()方法，均可以实现provider的查询操作，并且两个方法的参数及返回都一致，都为一个游标Cursor对象。但是，managerQuery()

方法使得 Activity 可以管理游标 Cursor 的生命周期。一个托管的游标 Cursor 管理所有的细节，比如在 Activity 暂停时卸载，在 Activity 重新启动时，重新查询。可以通过 Activity. startManagingCursor( ) 方法告知 Activity 去管理一个非托管的游标 Cursor 对象。

ContentUris. withAppendedId( ) 和 Uri. withAppendedPath( ) 是两个辅助方法，可以根据提供的 ID 返回查询的 Uri 对象。比如要查询 ID 为 23 的联系人信息，代码如下。

```
//Use the ContentUris method to produce the base URI for the contact with _ID == 23.
Uri myPerson = ContentUris. withAppendedId( People. CONTENT_URI,23);
//Alternatively,use the Uri method to produce the base URI.
//It takes a string rather than an integer.
Uri myPerson = Uri. withAppendedPath( People. CONTENT_URI,"23");
//Then query for this specific record:
Cursor cur = managedQuery( myPerson,null,null,null,null);
```

Query( ) 及 managedQuery( ) 方法的参数解释如表 8-6 所示。

表 8-6　参数解释

参数名称	解　释
Uri	要查询的 Provider 地址 Uri 对象
projection	返回指定列的数据列表，数组对象，传 null 将返回所有，但效率低
selection	过滤查询记录，和 SQL 的 where 语句类似，传 null，返回所有
selectionArgs	在查询过滤语句中定义了某内容，那么这里填写参数的值将替换 selection 中的某内容，数组对象
sortOrder	排序，与 SQL 的 ORDER BY 类似

查询代码举例：

```
//通过数组表明需要返回哪些字段
String[ ] projection = new String[ ] {
                    People. _ID,    People. _COUNT,
                    People. NAME,People. NUMBER
                };
//获得人员表 ContentProvider 的 Uri
Uri contacts =    People. CONTENT_URI;
//进行查询
Cursor managedCursor = managedQuery( contacts,
                projection,                    //返回字段
                null,                          //哪些行返回(所有的)
                null,                          //选择参数(无)
                People. NAME + " ASC");        //结果按名字升序排列
```

查询结果如表 8-7 所示。

表 8-7　查询后返回的数据集合

ID	_COUNT	NAME	NUMBER
44	3	Alan Vain	212 555 1234
13	3	Bully Pulpit	425 555 6688
53	3	Rex Cars	201 555 4433

5. 读取游标 Cursor 数据

读取游标数据，需要知道读取字段的数据类型。因为游标对象 Cursor 提供了独立的数据类型读取方法，比如 getString( )、getInt( ) 和 getFloat( )。可以通过游标 Cursor 对象的方法，根据

索引获取字段名称，或者根据名称获取字段索引。

代码如下：

```
private void getColumnData(Cursor cur){
    if(cur.moveToFirst()){
        String name;
        String phoneNumber;
        int nameColumn = cur.getColumnIndex(People.NAME);
        int phoneColumn = cur.getColumnIndex(People.NUMBER);
        String imagePath;
        do{
            name = cur.getString(nameColumn);  //获得字段值
            phoneNumber = cur.getString(phoneColumn);
            ...//做一些跟这些值相关的其他处理
        }while(cur.moveToNext());
    }
}
```

6. 修改数据

依附于 ContentProvider 的数据，可以进行如下操作。

1）新增一条数据记录。

2）在一条存在的记录上新加一个值。

3）批量更新已存在的数据记录。

4）删除数据记录。

所有的数据修改操作都是通过使用 ContentResolver 方法来完成的。有些 ContentProvider 的写操作要求比读操作需要更大的权限许可。如果没有写的权限许可，那么写数据将失败。

还可以使用 ContentResolver.update()方法来修改数据。下面将创建一个 updateRecord 方法来修改数据，代码如下。

```
private void updateRecord(int id,int num){
    Uri uri = ContentUris.withAppendedId(People.CONTENT_URI,id);
    ContentValues values = new ContentValues();
    values.put(People.NUMBER,num);
    getContextResolver().update(uri,values,null,null);
}
```

7. 添加数据

为了在 ContentProvider 增加一条记录，首先必须要设置一个 ContentValues 的键值对象。这个对象的 Key 与数据列名匹配，values 即是要插入的值。然后传递 Provider 的 Uri 和 ContentValues 映射参数给 ContentResolver 的 insert()方法。这个方法返回一个 Uri，通过附加一个 ID 指向新增的记录，就可以通过 ID 进行新增数据的查找、更新、删除操作。具体代码如下：

```
ContentValues values = new ContentValues();
//将"Abraham Lincoln"增加到联系人中,并进行收藏
values.put(People.NAME,"Abraham Lincoln");
//1 = 新联系人增加到收藏中
//0 = 新联系人没有加入收藏
values.put(People.STARRED,1);
Uri uri = getContentResolver().insert(People.CONTENT_URI,values);
```

对于一条已经存在的记录，可以向这条记录增加信息或者修改其中的信息，比如向联系人中增加号码、地址等。

一般建议需要在更新记录的 Uri 上附加要新增记录的表名，然后使用修改过的 Uri 去增加新的信息。下面以电话本为例，新增电话号码和 Email 信息，具体代码如下。

```
Uri phoneUri = null;
Uri emailUri = null;
phoneUri = Uri. withAppendedPath( uri,People. Phones. CONTENT_DIRECTORY) ;
values. clear( ) ;
values. put( People. Phones. TYPE,People. Phones. TYPE_MOBILE) ;
values. put( People. Phones. NUMBER,"1233214568" ) ;
getContentResolver( ). insert( phoneUri,values) ;
    //以同样的方式增加 Email 地址
emailUri = Uri. withAppendedPath( uri,People. ContactMethods. CONTENT_DIRECTORY) ;
    values. clear( ) ;
//ContactMethods. KIND 用于区分不同联系方式,如 Email,IM 等
values. put( People. ContactMethods. KIND,Contacts. KIND_EMAIL) ;
values. put( People. ContactMethods. DATA,"test@ example. com" ) ;
values. put( People. ContactMethods. TYPE,People. ContactMethods. TYPE_HOME) ;
getContentResolver( ). insert( emailUri,values) ;
```

通过 ContentValues. put(String kye,Byte[ ]value)将少量的二进制数据放置在表中，比如图标和短音频。如果需要新加较大的二进制数据，例如照片或完整的音乐，则可以将文件的 Uri 放在表中，通过 ContentResolver. openOutputStream( )带上文件的 Uri 就可以获取输出流。

MediaStore Provider（多媒体存储）主要用以分配图片、声音和视频等资源数据。它同样使用相同的 Uri，通过 query( )或者 managerQuery( )查询二进制数据的描述信息及通过 openInput-Stream( )方法来读取数据。类似的，使用相同的 Uri 通过 insert( )插入二进制数据的描述信息及通过 openOutputStream( )方法来写数据。

具体代码如下：

```
ContentValues values = new ContentValues(3) ;
values. put( Media. DISPLAY_NAME,"road_trip_1" ) ;
values. put( Media. DESCRIPTION,"Day 1,trip to Los Angeles" ) ;
values. put( Media. MIME_TYPE,"image/jpeg" ) ;
Uri uri = getContentResolver( ). insert( Media. EXTERNAL_CONTENT_URI,values) ;
try{
    OutputStream outStream = getContentResolver( ). openOutputStream( uri) ;
    sourceBitmap. compress( Bitmap. CompressFormat. JPEG,50,outStream) ;
    outStream. close( ) ;
}catch( Exception e) {
        Log. e(TAG,"exception while writing image" ,e) ;
}
```

8. 删除数据

删除记录只需要调用 ContentResolver. delete( )方法即可，代码如下。

```
Uri uri = pelple . content – uri;
Getcintentresolver( ). delete( uri,null,null) ;
Getcontentresolver( ). delete( uri,name =+ xxx,null) ;
```

9. 创建 ContentProvider

在创建的 ContentProvider 类中定义一个公共的、静态的常量 CONTENT – URI 来代表这个 Uri 地址，该地址必须是唯一的。

```
Public static final uri content – uri = Uri · parse( "content://com · condelad · transporationprovider" ) ;
```

必须定义要返回给客户的数据列名。如果正在使用 Android 数据库，则数据列的使用方式就和以往所熟悉的其他数据库一样。但必须为其定义一个叫_ID 的列，该列用来表示每条记录的唯一性。模式使用 INTEGER PRIMARY KEY AUTOINCREMENT 自动更新。

如果要处理的数据是一种新的类型，就必须先定义一个新的 MIME 类型，以供 contentprovider`getype(url)来返回。MIME 类型有两种形式：一种是为指定的单个记录的，另一种是为多条记录的。这里分别给出一种常用的格式。

单个记录的 MIME 类型：

```
Vnd. android. cursor. item/vnd. yourcompanyname. contenttype
```

比如，一个 URI 请求如 contet://com. example. transportationprovider/trains/122，可能就会返回 rypevnd. android. cursor. item/vnd. example. rail 这样一个 MIME 类型。

多个记录的 MIME 类型：

```
Vnd. android. cursor. dir/vnd. yourcompanynane. contenttype
```

例如，一个 URI 请求如 content://com. example. transportationprovider/trains，可能就会返回 vnd. android. cursor. dir/vnd. example. tail 这样一个 MIME 类型。

在 Androidmenifest. xml 中使用 <provider> 标签来设置 ContentProvider。如果创建的 ContentProvider 类名为 mycontentprovider，则需要在 AndroidManifest. xml 中做如下配置：

```
<provider android:name = "mycontentprovider"
android:authorities = "con. wissen. mycontentprovider"/>
```

还要通过 setreadpermission()和 setwritepermission()来设置其操作权限。当然也可以在上面的代码中加入 android:readpermission 或者 android:writepermissiom 属性来控制其权限。

最后，需要将 mycontentprovider 加入到项目中，也可以将定义静态字段的文件打包成 jar 文件，加入到要使用的工程中，通过 import 来导入。

【例 8-4】通过修改 SDK 中的 Notes 例子，学习 ContentProvider 的创建及简单的使用（具体实现可扫描二维码参见所附代码 Ch8\edu. zafu. ch8_4）。

1）创建 Content Provider 的 CONTENT - URI 和字段，字段类可以继承自 BaseColumns 类，它包括了一些基本的字段，比如_ID 等。

代码清单 edu. zafu. ch8_4 中 NotePad. java：

```
public class NotePad{
    //ContentProvider 的 Uri
    public static final String AUTHORITY = "com. google. provider. NotePad";
    private NotePad(){
    }
    //定义基本字段
    public static final class Notes implements BaseColumns{
        private Notes(){
        }
        public static final Uri CONTENT_URI = Uri. parse("content://"
                + AUTHORITY + "/notes");
        //新的 MIME 类型 - 多个
        public static final String CONTENT_TYPE = "vnd. android. cursor. dir/vnd. google. note";
        //新的 MIME 类型 - 单个
```

```
        public static final String CONTENT_ITEM_TYPE = "vnd. android. cursor. item/vnd. google. note";
        public static final String DEFAULT_SORT_ORDER = "modified DESC";
        //字段
        public static final String TITLE = "title";
        public static final String NOTE = "note";
        public static final String CREATEDDATE = "created";
        public static final String MODIFIEDDATE = "modified";
    }
}
```

2）创建 ContentProvider 类 NotePadProvider，它包括了查询、添加、删除、更新等操作以及打开和创建数据库，具体实现可参见代码 edu. zafu. ch8_4 中 NotePadProvider. java。

代码清单 edu. zafu. ch8_4 中 NotePadProvider. java。

```
public class NotePadProvider extendsContentProvider{
    private static final String TAG = "NotePadProvider";
    private static final String DATABASE_NAME = "note_pad. db";          //数据库名
    private static final int DATABASE_VERSION = 2;
    private static final String NOTES_TABLE_NAME = "notes";              //表名
    private static HashMap < String, String > sNotesProjectionMap;
    private static final int NOTES = 1;
    private static final int NOTE_ID = 2;
    private static final UriMatcher sUriMatcher;
    private DatabaseHelper mOpenHelper;
    //创建表 SQL 语句
    private static final String CREATE_TABLE = "CREATE TABLE"
            + NOTES_TABLE_NAME + " (" + Notes. _ID + "INTEGER PRIMARY KEY,"
            + Notes. TITLE + "TEXT," + Notes. NOTE + "TEXT,"
            + Notes. CREATEDDATE + "INTEGER," + Notes. MODIFIEDDATE + "INTEGER"
            + ");";
    static{
        sUriMatcher = new UriMatcher(UriMatcher. NO_MATCH);
        sUriMatcher. addURI(NotePad. AUTHORITY, "notes", NOTES);
        sUriMatcher. addURI(NotePad. AUTHORITY, "notes/#", NOTE_ID);
        sNotesProjectionMap = new HashMap < String, String > ();
        sNotesProjectionMap. put(Notes. _ID, Notes. _ID);
        sNotesProjectionMap. put(Notes. TITLE, Notes. TITLE);
        sNotesProjectionMap. put(Notes. NOTE, Notes. NOTE);
        sNotesProjectionMap. put(Notes. CREATEDDATE, Notes. CREATEDDATE);
        sNotesProjectionMap. put(Notes. MODIFIEDDATE, Notes. MODIFIEDDATE);
    }
    private static class DatabaseHelper extends SQLiteOpenHelper{
        DatabaseHelper(Context context) {                        //构造函数 - 创建数据库
            super(context, DATABASE_NAME, null, DATABASE_VERSION);
        }
        //创建表
        @ Override
        public void onCreate(SQLiteDatabase db) {
            db. execSQL(CREATE_TABLE);
        }
        //更新数据库
        @ Override
        public void onUpgrade(SQLiteDatabase db, int oldVersion, int newVersion) {
            db. execSQL("DROP TABLE IF EXISTS notes");
```

```
                onCreate(db);
            }
        }
        @Override
        public boolean onCreate() {
            mOpenHelper = new DatabaseHelper(getContext());
            return true;
        }
        @Override
        //查询操作
        public Cursor query(Uri uri,String[] projection,String selection,
                String[] selectionArgs,String sortOrder) {
            SQLiteQueryBuilder qb = new SQLiteQueryBuilder();
            switch(sUriMatcher.match(uri)) {
            case NOTES:
                qb.setTables(NOTES_TABLE_NAME);
                qb.setProjectionMap(sNotesProjectionMap);
                break;
            case NOTE_ID:
                qb.setTables(NOTES_TABLE_NAME);
                qb.setProjectionMap(sNotesProjectionMap);
                qb.appendWhere(Notes._ID + "=" + uri.getPathSegments().get(1));
                break;
            default:
                throw new IllegalArgumentException("Unknown URI" + uri);
            }
            String orderBy;
            if(TextUtils.isEmpty(sortOrder)) {
                orderBy = NotePad.Notes.DEFAULT_SORT_ORDER;
            } else {
                orderBy = sortOrder;
            }
            SQLiteDatabase db = mOpenHelper.getReadableDatabase();
            Cursor c = qb.query(db,projection,selection,selectionArgs,null,null,orderBy);
            c.setNotificationUri(getContext().getContentResolver(),uri);
            return c;
        }
        @Override
        //如果有自定义类型,必须实现该方法
        public String getType(Uri uri) {
            switch(sUriMatcher.match(uri)) {
            case NOTES:
                return Notes.CONTENT_TYPE;
            case NOTE_ID:
                return Notes.CONTENT_ITEM_TYPE;
            default:
                throw new IllegalArgumentException("Unknown URI" + uri);
            }
        }
        @Override
        //插入数据库
        public Uri insert(Uri uri,ContentValues initialValues) {
            if(sUriMatcher.match(uri) != NOTES) {
                throw new IllegalArgumentException("Unknown URI" + uri);
            }
```

```
        ContentValues values;
        if(initialValues != null) {
            values = new ContentValues(initialValues);
        } else {
            values = new ContentValues();
        }
        Long now = Long.valueOf(System.currentTimeMillis());
        if(values.containsKey(NotePad.Notes.CREATEDDATE) == false) {
            values.put(NotePad.Notes.CREATEDDATE, now);
        }
        if(values.containsKey(NotePad.Notes.MODIFIEDDATE) == false) {
            values.put(NotePad.Notes.MODIFIEDDATE, now);
        }
        if(values.containsKey(NotePad.Notes.TITLE) == false) {
            Resources r = Resources.getSystem();
            values.put(NotePad.Notes.TITLE, r.getString(android.R.string.untitled));
        }
    if(values.containsKey(NotePad.Notes.NOTE) == false) {
            values.put(NotePad.Notes.NOTE, "");
        }
        SQLiteDatabase db = mOpenHelper.getWritableDatabase();
        long rowId = db.insert(NOTES_TABLE_NAME, Notes.NOTE, values);
        if(rowId > 0) {
            Uri noteUri = ContentUris.withAppendedId(NotePad.Notes.CONTENT_URI,
                    rowId);
            getContext().getContentResolver().notifyChange(noteUri, null);
            return noteUri;
        }
        throw new SQLException("Failed to insert row into" + uri);
    }
    @Override
    //删除数据
    public int delete(Uri uri, String where, String[] whereArgs) {
        SQLiteDatabase db = mOpenHelper.getWritableDatabase();
        int count;
        switch(sUriMatcher.match(uri)) {
        case NOTES:
            count = db.delete(NOTES_TABLE_NAME, where, whereArgs);
            break;
        case NOTE_ID:
            String noteId = uri.getPathSegments().get(1);
            count = db.delete(NOTES_TABLE_NAME, Notes._ID
                + " = " + noteId + (!TextUtils.isEmpty(where) ? " AND(" + where
                + ')' : ""), whereArgs);
            break;
        default:
            throw new IllegalArgumentException("Unknown URI" + uri);
        }
        getContext().getContentResolver().notifyChange(uri, null);
        return count;
    }
    @Override
    //更新数据
    public int update(Uri uri, ContentValues values, String where,
            String[] whereArgs) {
```

```
            SQLiteDatabase db = mOpenHelper.getWritableDatabase();
            int count;
            switch(sUriMatcher.match(uri)){
            case NOTES:
                count = db.update(NOTES_TABLE_NAME,values,where,whereArgs);
                break;
            case NOTE_ID:
                String noteId = uri.getPathSegments().get(1);
                count = db.update(NOTES_TABLE_NAME,values,Notes._ID
                        + " = " + noteId + (!TextUtils.isEmpty(where)?" AND(" + where
                        +')':""),whereArgs);
                break;
            default:
                throw new IllegalArgumentException("Unknown URI" + uri);
            }
            getContext().getContentResolver().notifyChange(uri,null);
            return count;
        }
    }
```

3）使用所创建的 NotePadProvider 类。首先向其中插入两条数据，然后通过 Toast 来显示数据库中的所有数据，可参见代码清单 edu. zafu. ch8_4 中 Activity0. java。运行效果如图 8-9 所示。

图 8-9　通过 Toast 显示数据库中的数据

代码清单 edu. zafu. ch8_4 中 Activity01. java。

```
public class Activity01 extends Activity{
    @Override
    public void onCreate(Bundle savedInstanceState){
        super.onCreate(savedInstanceState);
        setContentView(R.layout.main);
        ContentValues values = new ContentValues();  //插入数据
        values.put(NotePad.Notes.TITLE,"title1");
        values.put(NotePad.Notes.NOTE,"NOTENOTE1");
        getContentResolver().insert(NotePad.Notes.CONTENT_URI,values);
        values.clear();
        values.put(NotePad.Notes.TITLE,"title2");
        values.put(NotePad.Notes.NOTE,"NOTENOTE2");
        getContentResolver().insert(NotePad.Notes.CONTENT_URI,values);
        displayNote();  //显示
    }
    private void displayNote(){
        String columns[] = new String[]{NotePad.Notes._ID,
                NotePad.Notes.TITLE,NotePad.Notes.NOTE,
                NotePad.Notes.CREATEDDATE,NotePad.Notes.MODIFIEDDATE};
        Uri myUri = NotePad.Notes.CONTENT_URI;
        Cursor cur = managedQuery(myUri,columns,null,null,null);
        if(cur.moveToFirst()){
            String id = null;
            String title = null;
            do{
                id = cur.getString(cur.getColumnIndex(NotePad.Notes._ID));
                title = cur.getString(cur.getColumnIndex(NotePad.Notes.TITLE));
                Toast toast = Toast.makeText(this,"TITLE:" + id + "NOTE:"
```

```
                        + title,Toast. LENGTH_LONG);
                toast. setGravity(Gravity. TOP|Gravity. CENTER,0,40);
                toast. show();
            }while(cur. moveToNext());
        }
    }
}
```

4）在 AndroidManifest. xml 文件中声明所使用的 ContentProvider，具体代码可参考如下所示的 edu. zafu. ch8_4 中 AndroidManifest. xml。

```
<provider android:name = "NotePadProvider"
android:authorities = "com. google. provider. NotePad"/>
<activity android:name = ". Activity01" android:label = "@ string/app_name" >
<intent - filter>
<action android:name = "android. intent. action. MAIN"/>
<category android:name = "android. intent. category. LAUNCHER"/>
</intent - filter>
<intent - filter>
<data android:mimeType = "vnd. android. cursor. dir/vnd. google. note"/>
</intent - filter>
<intent - filter>
<data android:mimeType = "vnd. android. cursor. item/vnd. google. note"/>
</intent - filter>
</activity>
```

8.6 数据存储示例

【例 8-5】数据存储示例：演示了如何将网址存储到数据库中，其运行效果图如图 8-10 所示。

图 8-10 存储网址到数据库的应用示例

```
public class DBHelper{
    private static final String[] COLS = new String[]{
        News. _ID,News. TITLE,News. BODY,News. URL
```

```
};
//执行 open()打开数据库时,保存返回的数据库对象
private SQLiteDatabase db;
//由 SQLiteOpenHelper 继承过来
private DBOpenHelper dbOpenHelper;
//构造函数 - 创建一个数据库
public DBHelper(Context context) {
    this.dbOpenHelper = new DBOpenHelper(context);
    establishDb();
}
private void establishDb() {
    if(this.db == null) {
        this.db = this.dbOpenHelper.getWritableDatabase();
    }
}
//清空数据库
public void cleanup() {
    if(this.db != null) {
        this.db.close();
        this.db = null;
    }
}
//插入一条数据
public long Insert(News news) {
    ContentValues values = new ContentValues();
    values.put(News.TITLE,news.title);
    values.put(News.BODY,news.body);
    values.put(News.URL,news.url);
    return this.db.insert(DBOpenHelper.TABLE_NAME,null,values);
}
//更新一条数据
public long update(News news) {
    ContentValues values = new ContentValues();
    values.put(News.TITLE,news.title);
    values.put(News.BODY,news.body);
    values.put(News.URL,news.url);
    return this.db.update(DBOpenHelper.TABLE_NAME,values,News._ID + " = " + news.id,null);
}
//根据 id 删除一条数据
public int delete(long id) {
    return this.db.delete(DBOpenHelper.TABLE_NAME,News._ID + " = " + id,null);
}
//根据 title 删除一条数据
public int delete(String title) {
    return this.db.delete(DBOpenHelper.TABLE_NAME,News.TITLE + " like " + title,null);
}
//根据 id 查询一条数据
public News queryByID(long id) {
    Cursor cursor = null;
    News news = null;
    try{
        cursor = this.db.query(DBOpenHelper.TABLE_NAME,
                COLS,News._ID + " = " + id,null,null,null,null);
        if(cursor.getCount() >0) {
            cursor.moveToFirst();
```

```
                news = new News();
                news.id = cursor.getLong(0);
                news.title = cursor.getString(1);
                news.body = cursor.getString(2);
                news.url = cursor.getString(3);
            }
        }catch(SQLException e){
            Log.v("aaaa","aaaa -> queryByID.SQLException");
        }finally{
            if(cursor != null && !cursor.isClosed()){
                cursor.close();
            }
        }
        return news;
    }
    //根据 title 查询一条指定数据
    public List<News> queryByTitleForList(String title){
        ArrayList<News> list = new ArrayList<DbNews.News>();
        Cursor cursor = null;
        News news = null;
        try {
            cursor = this.db.query(true,DBOpenHelper.TABLE_NAME,
                COLS,News.TITLE + " like %" + title + "%",null,null,null,null,null);
            int count = cursor.getCount();
            cursor.moveToFirst();
            for(int i = 0;i < count;i ++){
                news = new News();
                news.id = cursor.getLong(0);
                news.title = cursor.getString(1);
                news.body = cursor.getString(2);
                news.url = cursor.getString(3);
                list.add(news);
                cursor.moveToNext();
            }
        } catch (SQLException e) {
            Log.e("aaaa","aaaa -> queryByTitle.SQLException");
            e.printStackTrace();
        }finally{
            if(cursor != null && ! cursor.isClosed())
                cursor.close();
        }
        return list;
    }
    //查询指定所有数据
    public List<News> queryAllForList(){
        ArrayList<News> list = new ArrayList<DbNews.News>();
        Cursor cursor = null;
        News news = null;
        try {
            cursor = this.db.query(DBOpenHelper.TABLE_NAME,
                    COLS,null,null,null,null,null);
            int count = cursor.getCount();
            cursor.moveToFirst();
            for(int i = 0;i < count;i ++){
```

```
                news = new News( ) ;
                news. id = cursor. getLong(0) ;
                news. title = cursor. getString(1) ;
                news. body = cursor. getString(2) ;
                news. url = cursor. getString(3) ;
                list. add( news) ;
                cursor. moveToNext( ) ;
            }
        } catch (SQLException e) {
            Log. e(" aaaa" ," aaaa -> queryByTitle. SQLException" ) ;
            e. printStackTrace( ) ;
        }finally{
            if( cursor ! = null && ! cursor. isClosed( ) )
                cursor. close( ) ;
        }
        return list;
    }
    //利用游标查询数据
    public Cursor queryByTitleForCursor( String title) {
        Cursor cursor = null;
        try {
            cursor = this. db. query( DBOpenHelper. TABLE_NAME,
                        COLS, null, null, null, null, null) ;
        } catch (SQLException e) {
            Log. e(" aaaa" ," aaaa -> queryByTitle. SQLException" ) ;
            e. printStackTrace( ) ;
        }finally{
            if( cursor ! = null && ! cursor. isClosed( ) )
                cursor. close( ) ;
        }
        return cursor;
    }
    //利用游标查询数据
    public Cursor queryAllForCursor( ) {
        Cursor cursor = null;
        try {
            cursor = this. db. query( DBOpenHelper. TABLE_NAME,
                        COLS, null, null, null, null, null) ;
        } catch (SQLException e) {
            Log. e(" aaaa" ," aaaa -> queryByTitle. SQLException" ) ;
            e. printStackTrace( ) ;
        }
        return cursor;
    }
}
```

接下来继承 SQLiteOpenHelper 类。首先需要通过构造方法传入 Context 对象，然后通过 open( )方法来创建并获得数据库对象。通过 close( )方法可以关闭数据库，以便在最后可以轻松地操作数据库，关键代码如下。

```
    //把 DBOpenHelper 封装成一个继承 SQLiteOpenHelper 类的数据库操作类
        //SQLiteOpenHelper 的构造方法中分别需要传入 Context、数据库名称 CursorFactory(一般传入
    //null,否则为默认数据库)、数据库的版本号(不能为负数)
        //同样在 SQLiteOpenHelper 中首先执行的是 oncreate( )方法(当数据库第一次被创建时)
```

```
    private static class DBOpenHelper extendsSQLiteOpenHelper{
        private static final String DB_NAME = "db_news";  //数据库名称
        private static final String TABLE_NAME = "news";  //数据库表名
        private static final int DB_VERSION = 1;          //数据库版本
        //创建一个表
        private static final String CREATE_TABLE = "create table " + TABLE_NAME + " (" + News._ID + "
integer primary key," + News.TITLE + " text," + News.BODY + " text," + News.URL + " text)";
        //删除表
        private static final String DROP_TABLE = "drop table if exists " + TABLE_NAME;
        //构造函数 - 创建一个数据库
        public DBOpenHelper(Context context){
            //当调用 getWritableDatabase()或 getRedableDatabase()方法时
            //则创建一个数据库
            super(context,DB_NAME,null,DB_VERSION);
        }
        public DBOpenHelper(Context context,String name,CursorFactory factory,
                int version) {
            super(context,name,factory,version);
        }
        //创建一个表
        @Override
        public void onCreate(SQLiteDatabase db) {
            try {
                db.execSQL(CREATE_TABLE);             //数据库没有表时重新创建一个
            } catch (SQLException e) {
                Log.v("aaaa","aaaa -> Database created failed.");
            }
            saveSomeDatas(db,getData());              //保存数据到数据库
        }
        //更新数据
        @Override
        public void onUpgrade(SQLiteDatabase db,int oldVersion,int newVersion) {
            Log.v("aaa","aaa -> onUpgrade,oldVersion = " + oldVersion + ",newVersion = " +
newVersion);
            try {
                db.execSQL(DROP_TABLE);               //更新时删除再重新加载
            } catch (SQLException e) {
                Log.v("aaaa","aaaa -> Database created failed.");
            }
            onCreate(db);
        }
        //保存数据
        private void saveSomeDatas(SQLiteDatabase db,List<Map<String,String>> value){
            ContentValues values = null;
            Map<String,String> map = null;
            while(value.size() >0){
                map = value.remove(0);
                values = new ContentValues();
                values.put(News.TITLE,map.get(News.TITLE));
                values.put(News.BODY,map.get(News.BODY));
                values.put(News.URL,map.get(News.URL));
                db.insert(TABLE_NAME,null,values);  //加入数据
            }
        }
```

```
        //加载数据
        private List<Map<String,String>> getData(){
            List<Map<String,String>>  list = new ArrayList<Map<String,String>>();
            Map<String,String>  map1 = new HashMap<String,String>();
            map1.put(News.TITLE,"十九大后首调研习近平强调发展实体经济");
            map1.put(News.BODY,"12 日下午,习近平考察徐工集团时＊＊＊");
            map1.put(News.URL,"http://news.baidu.com");
            list.add(map1);
            Map<String,String>  map2 = new HashMap<String,String>();
            map2.put(News.TITLE,"我国首批 46 个水生态文明城市试点完成建设");
            map2.put(News.BODY,"新华社成都 12 月 12 日电(记者杨迪、＊＊＊");
            map2.put(News.URL,"http://news.baidu.com");
            list.add(map2);
            Map<String,String>  map3  =  new HashMap<String,String>();
            map3.put(News.TITLE,"我国成功发射阿尔及利亚一号通信卫星");
            map3.put(News.BODY,"12 月 11 日零时 40 分,我国在西昌卫星＊＊＊");
            map3.put(News.URL,"http://news.baidu.com");
            list.add(map3);
            Map<String,String>  map4  =  new HashMap<String,String>();
            map4.put(News.TITLE,"联合国发布报告:中国 2017 年对全球的经＊＊＊");
            map4.put(News.BODY,"联合国在纽约总部发布了《2018 年世界＊＊＊");
            map4.put(News.URL,"http://news.baidu.com");
            list.add(map4);
            Map<String,String>  map5  =  new HashMap<String,String>();
            map5.put(News.TITLE,"中国空军多型战机成体系绕岛巡航");
            map5.put(News.BODY,"中国空军新闻发言人申进科大校 12 月＊＊＊");
            map5.put(News.URL,"http://news.baidu.com");
            list.add(map5);
            return list;
        }
    }
```

同时还需要了解数据库存储的地址。查看 edu.zafu.ch8_5 项目中数据库存储的地址，即/data/data/<package-name>/databases/，如图 8-11 所示。

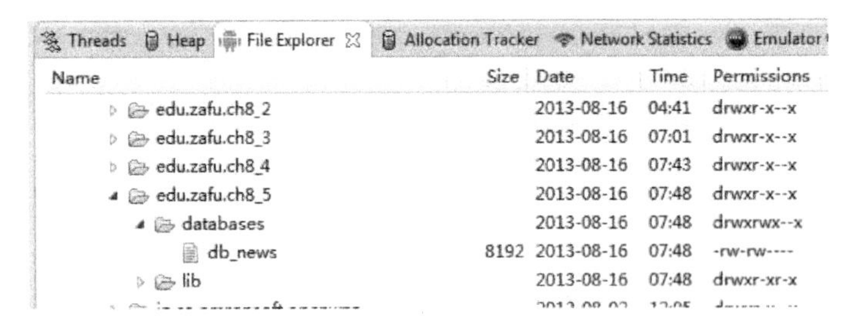

图 8-11　数据库存储的地址

8.7　思考与练习

1. 简述 Android 系统提供的 4 种数据存储方式的特点。
2. 简述使用 SQLite 数据库的优势。
3. 简述 ContentProvider 是如何实现数据共享的。

第 9 章　Android 网络与通信编程

教学课件 PPT

网络使移动终端拥有无限的发展可能与活力，而 Android 系统最大的特色和优势之一即是对网络的支持。目前几乎所开发的任何形式的 Android 应用程序都会涉及网络编程。

Android 支持 JDK 本身的 TCP、UDP 网络通信 API，支持使用 ServerSocket 和 Socket 来建立基于 TCP/IP 协议的网络通信，也支持基于 UDP 协议的网络通信。此外 Android 还内置了 HttpClient，用来方便地发送和获取 HTTP 请求。

9.1　Android 网络基础

Android 系统存在着许多 Linux 系统的痕迹，因此其对外通信便是建立在 Socket（套接字）基础之上的。Android 系统的套接字设备也是常见操作系统（Windows、UNIX 和 Linux 等）中进行网络通信的核心设备，无论是 TCP、UDP 还是 HTTP 通信都要使用套接字设备。

Android 系统有 3 种网络接口，包括 java. net. *（标准 Java 接口）、Org. apache HttpComponents 接口和 Android. net. *（Android 网络接口）。同时 Android 系统还可以使用浏览器 Webkit 来进行网络访问。其中，前两个接口可以用来进行 HTTP、Socket 通信，后一个接口主要用来检测 Android 设备网络连接状况。

9.1.1　标准 Java 接口

Java. net. *（标准 Java 接口）提供与联网有关的类（见表 9-1），包括流和数据包套接字、Internet 协议和常见 HTTP 处理。例如，创建 URL 和 URLConnection/HttpURLConnection 对象、设置连接参数、连接服务器、向服务器写数据、从服务器读取数据等通信。

表 9-1　java. net 包中主要类/接口说明

类/接口	说　明
ServerSocket	此类实现服务器套接字
Socket	此类实现客户端套接字
DatagramSocket	此类表示用来发送和接收数据报包的套接字
DatagramPacket	此类表示数据报包
InterAddress	此类表示互联网协议（IP）地址
HttpURLConnection	用于管理 HTTP 链接（RFC 2068）的资源连接管理器
UnkownHostException	位置主机异常
URL	类 URL 代表一个统一资源定位符，它是指向互联网“资源”的指针

下面代码展示了使用 java. net 包的 HTTP 的方法。

```
try{
    //定义地址
    URL url = new URL("http://www.google.com");
    //打开链接
    HttpURLConnection http = (HttpURLConnection) url.openConnection();
    //得到连接状态
    int nRC = http.getResponseCode();
    if(nRC == HttpURLConnection.HTTP_OK){
        //取得数据
        InputStream is = http.getInputStream();
        //处理数据...
    }
}
catch(Exception e)
{}
```

9.1.2　Apache 接口

HTTP 协议是 Internet 上最常用也是最为重要的通信协议，在 JDK 的 java.net 包中已经提供了访问 HTTP 协议的基本功能。但是对于大部分应用程序来说，JDK 库本身提供的功能还不够丰富和灵活，因此 Android 系统提供了 Apache HttpClient。Apache HttpClient 是一个开源项目，功能更加完善，弥补了 java.net.* 灵活性不足的缺点，为客户端的 HTTP 编程提供高效的、最新且功能丰富的工具包支持。Android 平台引入了 Apache HttpClient 的同时还提供了对它的一些封装和扩展，例如，设置默认的 HTTP 超时和缓存大小等。使用 Apache HttpClient 接口就可以创建 HttpClient、HttpGet/HttpPost、HttpResponse 等对象，设置连接参数，执行 HTTP 操作，处理服务器返回结果等。Apache HttpClient 的几种类/接口可参见表 9-2 ~ 表 9-4。

表 9-2　org.apache.http.imple.client 包中主要类/接口说明

类/接口	说　明
DefaultHttpClient	表示一个 HTTP 客户端默认实现接口

表 9-3　org.apache.http.client.methods 包中主要类/接口说明

类/接口	说　明
HttpGet/HttpPost/HttpPut/HttpHead	表示 HTTP 的各种方法

表 9-4　org.apache.http 包中主要类/接口说明

类/接口	说　明
HttpResponse	一个 HTTP 响应
StatusLine	状态行
Header	表示 HTTP 头部字段
HeaderElement	HTTP 头部值中的一个元素
NameValuesPair	封装了属性：值对的类
HttpEntity	一个可以同 HTTP 消息进行接收或发送的实体

下面代码展示使用 android.net.http.* 包的方法。

```
try{
    //创建 HttpClient
```

```
        //这里使用 DefaultHttpClient 表示默认属性
        HttpClient hc = new DefaultHttpClient( );
        //HttpGet 实例,通过 Get 方式获得
        HttpGet get = new HttpGet( "http://www.google.com" );
        //执行 Get 方式
        HttpResponse rp = hc.execute( get );
        if( rp.getStatusLine( ).getStatusCode( )  ==  HttpStatus.SC_OK) {
            InputStream is = rp.getEntity( ).getContent( );
            //处理数据...
        }
    }
    catch( Exception e)
    {}
```

9.1.3　Android 网络接口

android.net.＊实际上是通过对 Apache HttpClient 的封装来实现的一个 HTTP 编程接口，比 java.net.＊ API 更强大。android.net.＊除核心 java.net.＊类以外，还包含额外的网络访问 Socket。该包包括 URI 类，其频繁用于 Android 应用程序开发，而不仅仅局限于传统的联网功能。同时 android.net.＊还提供了 HTTP 请求队列管理、HTTP 连接池管理、网络状态监视等接口、网络访问的 Socket、常用 Uri 类和 WiFi 相关类等。

下面代码实现 Socket 连接功能。

```
    try{
        //IP 地址
        InetAdress inetAddress = InetAddress.getByName( "192.168.1.110" );
        //端口
        Socket client = new Socket( inetAddress,61203,true);
        //取得数据
        InputStream in = client.getInputStream( );
        OutputStream out = client.getOutputStream( );
        //处理数据...
        out.close( );
        in.close( );
        client.close( );
    }
    catch( UnknownHostException e)
    {}
    catch( Exception e)
    {}
```

9.2　HTTP 通信

微视频

超文本传输协议（Hypertext Transfer Protocol，HTTP），是一种详细规定浏览器和万维网服务器之间互相通信的规则，通过因特网传送万维网文档的数据传送协议。HTTP 是 Web 联网的基础，也是手机联网常用的协议之一。HTTP 协议是建立在 TCP 协议之上的一种协议，它减少了网络传输，使浏览器更加高效。这样不仅保证计算机能正确、快速地传输超文本文档，还可以确定传输文档中的哪一部分，以及哪部分内容首先显示（如文本先于图形）等。Android 提供了 HttpURLConnection 和 HttpClient 接

口来开发 HTTP 程序，本节将分别介绍这两种方式。

9.2.1　HttpURLConnection 接口

首先需要明确的是，HTTP 通信中的 POST 和 GET 请求方式是不同的。GET 可以获得静态页面，也可以把参数放在 URL 字符串后面传递给服务器；而 POST 方法的参数是放在 HTTP 请求中的。因此，在编程之前，首先应当明确使用哪种请求方法，再选择相应的编程方式。

HttpURLConnection 继承于 URLConnection 类，两者都是抽象类。其对象主要通过 URL 的 openConnection 方法获得。创建方法的代码如下。

```
URL url = new URL( "http://www.google.com" );
HttpURLConnection urlConn = ( HttpURLConnection) url.openConnection( );
```

openConnection 方法只创建 URLConnection 或者 HttpURLConnection 实例，但是并不进行真正的连接操作，并且每次 openConnection 都将创建一个新的实例。因此，在连接之前可以对其一些属性进行设置。下面代码是对 HttpURLConnection 实例的属性设置。

```
//设置输入(输出)流
connection.setDoOutput( true) ;
connection.setDoInput( true) ;
//设置方式为 POST
connection.setRequestMethod( "POST" ) ;
//POST 请求不能使用缓存
connection.setUseCaches( false) ;
```

在连接完成后可以关闭这个连接，代码如下：

```
//关闭 HttpURLConnection 连接
urlConn.disconnect( ) ;
```

在开发 Android 应用程序的过程中，如果应用程序需要访问网络权限，则需要在 Android-Manifest.xml 中加入以下代码：

```
<uses-permission android:name = "android.permission.INTERNET" />
```

了解了这些基础知识之后，就可以使用 HttpURLConnection 来连接网络了。下面将通过例 9-1 来具体说明 GET 和 POST 的使用方法。

【例 9-1】 使用 HttpURLConnection 接口实现 GET 和 POST 的使用。

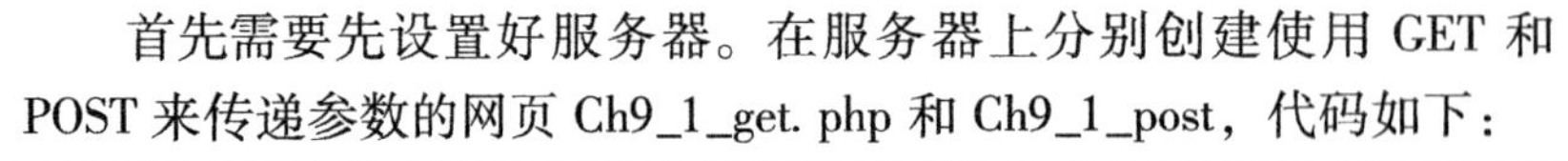

首先需要先设置好服务器。在服务器上分别创建使用 GET 和 POST 来传递参数的网页 Ch9_1_get.php 和 Ch9_1_post，代码如下：

```
<html>
<head>
<title>Ch9_1_get</title>
</head>
<body>
<?php
    $str = $_GET[ "str" ];
    echo "result:". $str;
?>
</body>
```

```
</html>

<html>
<head>
<title>Ch9_1_post</title>
</head>
<body>
<?php
    $ str = $_POST["str"];
    echo "result:". $ str;
?>
</body>
</html>
```

输入地址“Ch9_1_get. php?str = hello world”，就可以访问 Ch9_1_get. php 了，显示效果如图 9-1 所示。

如图 9-2 所示是主界面，选择不同的方式进行连接。图 9-3、图 9-4 所示的分别是使用 GET 方式和 POST 方式后的效果。

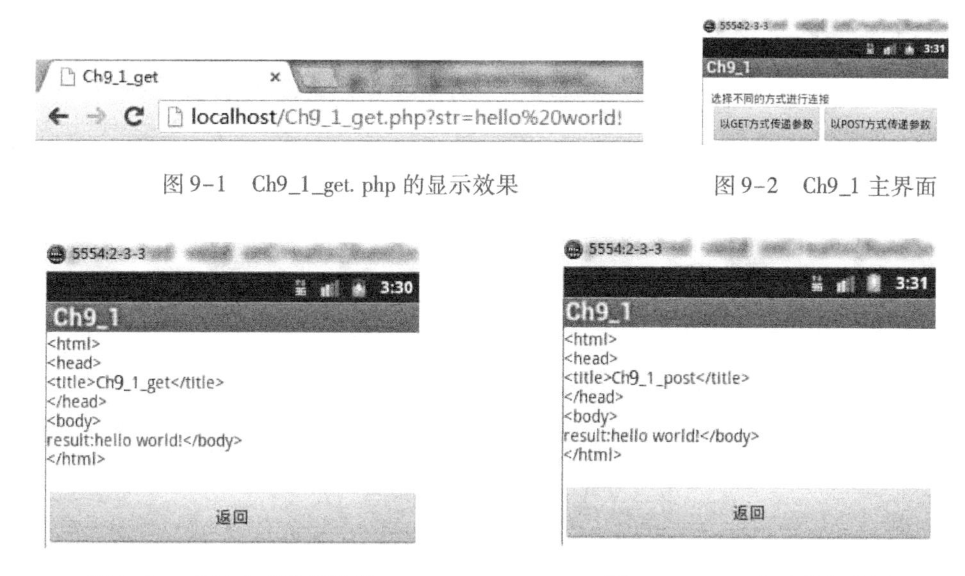

图 9-1　Ch9_1_get. php 的显示效果

图 9-2　Ch9_1 主界面

图 9-3　GET 方式执行结果

图 9-4　POST 方式执行结果

GET 方式需要将参数放在 URL 字串后面，打开一个 HttpURLConnection 连接，便可以传递参数。然后取得流中的数据，完成之后要关闭这个连接。同时 GET 请求也可以用于获取静态网页，代码如下。

```
public class GetActivity extends Activity{
    private final String DEBUG_TAG = "GetActivity";
    @ Override
    protected void onCreate(Bundle savedInstanceState) {
        //TODO Auto - generated method stub
        super. onCreate(savedInstanceState);
        setContentView(R. layout. http);
        TextView mTextView = (TextView)this. findViewById(R. id. text2);
        //http 地址"?str = hello world!"是我们上传的参数
        String httpUrl = "http://10. 0. 2. 2/Ch9_1_get. php?str = hello%20world!";
```

```
//获得的数据
String resultData = "";
URL url = null;
try
{
    //构造一个 URL 对象
    url = new URL(httpUrl);
}
catch (MalformedURLException e)
{
    Log.e(DEBUG_TAG,"MalformedURLException");
}
if (url != null)
{
    try
    {
        //使用 HttpURLConnection 打开连接
        HttpURLConnection urlConn = (HttpURLConnection) url.openConnection();
        //得到读取的内容(流)
        InputStreamReader in = new InputStreamReader(urlConn.getInputStream());
        //为输出创建 BufferedReader
        BufferedReader buffer = new BufferedReader(in);
        String inputLine = null;
        //使用循环来读取获得的数据
        while (((inputLine = buffer.readLine()) != null))
        {
            //在每一行后面加上一个"\n"来换行
            resultData += inputLine + "\n";
        }
        //关闭 InputStreamReader
        in.close();
        //关闭 HTTP 连接
        urlConn.disconnect();
        //设置显示获得的内容
        if (resultData != null )
        {
            mTextView.setText(resultData);
        }
        else
        {
            mTextView.setText("读取的内容为 NULL");
        }
    }
    catch (IOException e)
    {
        Log.e(DEBUG_TAG,"IOException");
    }
}
else
{
    Log.e(DEBUG_TAG,"Url NULL");
}
Button button_Back = (Button) findViewById(R.id.back);
/* 监听 Button 的事件信息 */
```

```
            button_Back.setOnClickListener(new Button.OnClickListener()
            {
                public void onClick(View v)
                {
                    /* 新建一个 Intent 对象 */
                    Intent intent = new Intent();
                    /* 指定 Intent 要启动的类 */
                    intent.setClass(GetActivity.this,MainActivity.class);
                    /* 启动一个新的 Activity */
                    startActivity(intent);
                    /* 关闭当前的 Activity */
                    GetActivity.this.finish();
                }
            });
        }
    }
```

POST 与 GET 的不同之处在于，POST 的参数不是放在 URL 字串里面的，而是放在 HTTP 请求的正文内。使用 POST 方式需要设置 setRequestMethod，然后将要传递的参数通过 writeBytes 方法写入数据流，代码如下。

```
public class PostActivity extends Activity{
    private final String DEBUG_TAG = "PostActivity";
    @Override
    protected void onCreate(Bundle savedInstanceState) {
        //TODO Auto-generated method stub
        super.onCreate(savedInstanceState);
        setContentView(R.layout.http);
        TextView mTextView = (TextView)this.findViewById(R.id.text2);
        //HTTP 地址
        String httpUrl = "http://10.0.2.2/Ch9_1_post.php";
        //获得的数据
        String resultData = "";
        URL url = null;
        try
        {
            //构造一个 URL 对象
            url = new URL(httpUrl);
        }
        catch (MalformedURLException e)
        {
            Log.e(DEBUG_TAG,"MalformedURLException");
        }
        if (url != null)
        {
            try
            {
                //使用 HttpURLConnection 打开连接
                HttpURLConnection urlConn = (HttpURLConnection) url.openConnection();
                //因为这个是 POST 请求,需要设置为 true
                urlConn.setDoOutput(true);
                urlConn.setDoInput(true);
                //设置以 POST 方式
                urlConn.setRequestMethod("POST");
```

```
            //POST 请求不能使用缓存
            urlConn. setUseCaches( false) ;
            urlConn. setInstanceFollowRedirects( true) ;
        //配置本次连接的 Content - type,配置为 application/x - www - form - urlencoded
            urlConn. setRequestProperty( " Content - Type" ," application/x - www - form - urlen-
coded" ) ;
            //从 postUrl. openConnection( )至此的配置必须要在 connect 之前完成
            //要注意的是 connection. getOutputStream 会隐含地进行 connect
            urlConn. connect( ) ;
            //DataOutputStream 流
            DataOutputStream out = new DataOutputStream( urlConn. getOutputStream( ) ) ;
            //要上传的参数
            String content = " str = " + URLEncoder. encode( " hello world!" ," gb2312" ) ;
            //将要上传的内容写入流中
            out. writeBytes( content) ;
            //刷新、关闭
            out. flush( ) ;
            out. close( ) ;
            //获取数据
            BufferedReader reader = new BufferedReader( new InputStreamReader( urlConn. get-
InputStream( ) ) ) ;
                String inputLine = null;
                //使用循环来读取获得的数据
                while ( ( ( inputLine = reader. readLine( ) ) ! = null) )
                {
                    //在每一行后面加上一个" \n" 来换行
                    resultData += inputLine + " \n" ;
                }
                reader. close( ) ;
                //关闭 HTTP 连接
                urlConn. disconnect( ) ;
                //设置显示获得的内容
                if ( resultData ! = null )
                {
                    mTextView. setText( resultData) ;
                }
                else
                {
                    mTextView. setText( " 读取的内容为 NULL" ) ;
                }
            }
            catch ( IOException e)
            {
                Log. e( DEBUG_TAG," IOException" ) ;
            }
        }
        else
        {
            Log. e( DEBUG_TAG," Url NULL" ) ;
        }
        Button button_Back = ( Button) findViewById( R. id. back) ;
        /* 监听 Button 的事件信息 */
        button_Back. setOnClickListener( new Button. OnClickListener( )
        {
```

```
                public void onClick(View v)
                {
                    /* 新建一个 Intent 对象 */
                    Intent intent = new Intent();
                    /* 指定 intent 要启动的类 */
                    intent.setClass(PostActivity.this,MainActivity.class);
                    /* 启动一个新的 Activity */
                    startActivity(intent);
                    /* 关闭当前的 Activity */
                    PostActivity.this.finish();
                }
            });
        }
    }
```

在用 POST 方式发送 URL 请求时，URL 请求参数的设定顺序是非常重要的，对 connection 对象的一切配置都必须要在 connect()函数执行之前完成。而对 outputStream 的写操作，又必须要在 inputStream 的读操作之前。这些顺序实际上是由 HTTP 请求的格式决定的。如果 inputStream 读操作在 outputStream 的写操作之前，则会抛出异常。

9.2.2 HttpClient 接口

HttpClient 是 Apache Jakarta Common 下的子项目，用来提供高效、最新、功能丰富的支持 HTTP 协议的客户端编程工具包，并且它支持 HTTP 协议最新的版本和建议。Android 系统支持 HttpClient，使开发者能运用更复杂的联网操作。HttpClient 其实就是 9.1 节所说的两种方法的封装，并加以扩展。

【例 9-2】使用 HttpClient 接口实现使用 GET 和 POST 方式请求一个网页。

使用 GET 方式获取数据。首先利用 HttpGet 来构建一个 GET 方式的 HTTP 请求，然后通过 HttpClient 来执行这个请求。HttpResponse 在接收这个请求后给出响应，并通过“httpResponse.getStatusLine().getStatusCode()”来判断请求是否成功，并处理。具体代码如下。

```
public class GETHttpClient extends Activity{
    @Override
    protected void onCreate(Bundle savedInstanceState) {
        //TODO Auto - generated method stub
        super.onCreate(savedInstanceState);
        setContentView(R.layout.http);

        TextView mTextView = (TextView) this.findViewById(R.id.text2);
        //HTTP 地址
        String httpUrl = "http://10.0.2.2/Ch9_1_get.php?str = hello%20world!";
        //HttpGet 连接对象
        HttpGet httpRequest = new HttpGet(httpUrl);
        try
        {
            //取得 HttpClient 对象
            HttpClient httpclient = new DefaultHttpClient();
            //请求 HttpClient,取得 HttpResponse
            HttpResponse httpResponse = httpclient.execute(httpRequest);
```

```
            //请求成功
            if (httpResponse. getStatusLine(). getStatusCode() == HttpStatus. SC_OK)
            {
                //取得返回的字符串
                String strResult = EntityUtils. toString(httpResponse. getEntity());
                mTextView. setText(strResult);
            }
            else
            {
                mTextView. setText("请求错误!");
            }
        }
        catch (ClientProtocolException e)
        {
            mTextView. setText(e. getMessage(). toString());
        }
        catch (IOException e)
        {
            mTextView. setText(e. getMessage(). toString());
        }
        catch (Exception e)
        {
            mTextView. setText(e. getMessage(). toString());
        }
        //设置按键事件监听
        Button button_Back = (Button) findViewById(R. id. back);
        /* 监听 Button 的事件信息 */
        button_Back. setOnClickListener(new Button. OnClickListener()
        {
            public void onClick(View v)
            {
                /* 新建一个 Intent 对象 */
                Intent intent = new Intent();
                /* 指定 Intent 要启动的类 */
                intent. setClass(GETHttpClient. this,MainActivity. class);
                /* 启动一个新的 Activity */
                startActivity(intent);
                /* 关闭当前的 Activity */
                GETHttpClient. this. finish();
            }
        });
    }
}
```

POST 方式与 GET 方式类似，只是在参数的处理上要复杂一点，它需要使用 NameValuePair 来保存要传递的参数。这里使用 BasicNameValuePair 来构造一个要被传递的参数，然后通过 add 方法将参数添加到 NameValuePair 中。

```
List <NameValuePair> params = new ArrayList <NameValuePair>;
Params. add(new BasicNameValuePair("par","HttpClient_android_Post"));
```

POST 方式需要设置所使用的字符集，然后与 GET 方式一样通过 HttpClient 来请求连接，并处理，代码如下：

```
public class POSTHttpClient extends Activity{
    @ Override
    protected void onCreate( Bundle savedInstanceState) {
        //TODO Auto - generated method stub
        super. onCreate( savedInstanceState) ;
        setContentView( R. layout. http) ;
        TextView mTextView = ( TextView) this. findViewById( R. id. text2) ;
        //HTTP 地址
        String httpUrl = "http://10. 0. 2. 2/Ch9_1_post. php" ;
        //HttpPost 连接对象
        HttpPost httpRequest = new HttpPost( httpUrl) ;
        //使用 NameValuePair 来保存要传递的 POST 参数
        List < NameValuePair > params = new ArrayList < NameValuePair > ( ) ;
        //添加要传递的参数
        params. add( new BasicNameValuePair( "str" , "hello world!" ) ) ;
        try
        {
            //设置字符集
            HttpEntity httpentity = new UrlEncodedFormEntity( params, "gb2312" ) ;
            //请求 httpRequest
            httpRequest. setEntity( httpentity) ;
            //取得默认的 HttpClient
            HttpClient httpclient = new DefaultHttpClient( ) ;
            //取得 HttpResponse
            HttpResponse httpResponse = httpclient. execute( httpRequest) ;
            //HttpStatus. SC_OK 表示连接成功
            if ( httpResponse. getStatusLine( ). getStatusCode( )  == HttpStatus. SC_OK)
            {
                //取得返回的字符串
                String strResult = EntityUtils. toString( httpResponse. getEntity( ) ) ;
                mTextView. setText( strResult) ;
            }
            else
            {
                mTextView. setText( "请求错误!" ) ;
            }
        }
        catch ( ClientProtocolException e)
        {
            mTextView. setText( e. getMessage( ). toString( ) ) ;
        }
        catch ( IOException e)
        {
            mTextView. setText( e. getMessage( ). toString( ) ) ;
        }
        catch ( Exception e)
        {
            mTextView. setText( e. getMessage( ). toString( ) ) ;
        }
        //设置按键事件监听
        Button button_Back = ( Button) findViewById( R. id. back) ;
        /* 监听 Button 的事件信息 */
        button_Back. setOnClickListener( new Button. OnClickListener( )
        {
```

```
                public void onClick(View v)
                {
                    /* 新建一个 Intent 对象 */
                    Intent intent = new Intent();
                    /* 指定 Intent 要启动的类 */
                    intent.setClass(POSTHttpClient.this, MainActivity.class);
                    /* 启动一个新的 Activity */
                    startActivity(intent);
                    /* 关闭当前的 Activity */
                    POSTHttpClient.this.finish();
                }
            });
        }
    }
```

9.3　Socket 通信

Android 与服务器的通信方式主要有两种，一种是 HTTP 通信，另一种是 Socket 通信。两者最大的差异在于，HTTP 连接使用的是“请求—响应方式”，即在请求时建立连接通道。当客户端向服务器发送请求后，服务器才能向客户端反馈数据。而 Socket 通信则是在双方建立连接后直接进行数据的传输。它在连接时可实现信息的主动推送，而不用每次等客户端先向服务器发送请求。如果要开发一款需要保持在线或接收推送的应用，则 HTTP 通信已经不能满足需求，这时需要选择使用 Socket 通信。

9.3.1　Socket 基础原理

Socket 通常也称作“套接字”，用于描述 IP 地址和端口，是一个通信链的句柄。应用程序通常通过套接字向网络发出请求或者应答网络请求。它是通信的基石，是支持 TCP/IP 协议的网络通信的基本操作单元。它是网络通信过程中端点的抽象表示，包含进行网络通信所必需的 5 种信息：连接使用的协议、本地主机的 IP 地址、本地进程的协议端口、远地主机的 IP 地址和远地进程的协议端口。如图 9-5 所示是 Socket 通信模型。

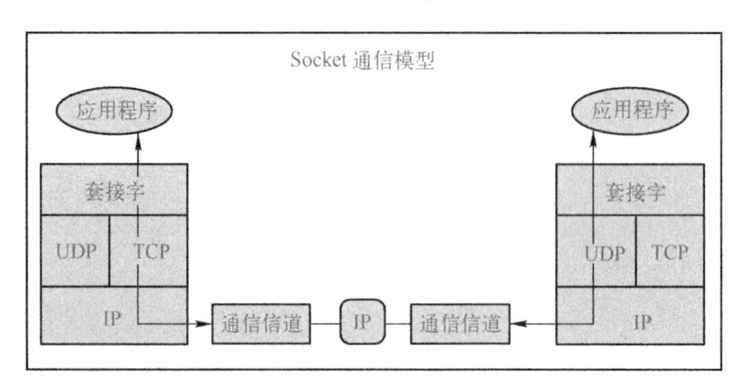

图 9-5　Socket 通信模型

1. 创建 Socket 和 ServerSocket

建立 Socket 连接至少需要一对套接字，其中一个运行于客户端，称为 ClientSocket；另一个运行于服务器端，称为 ServerSocket。它们都已封装成类，其构造方法如下。

- Socket（InetAddress address，int port）。
- Socket（InetAddress address，int port，boolean stream）；Socket（String host，int port）。
- Socket（String host，int port，boolean stream）。
- Socket（SocketImpl impl）。
- Socket（String host，int port，InetAddress localAddr，int localPort）。
- Socket（InetAddress address，int port，InetAddress localAddr，int localPort）。
- ServerSocket（int port）。
- ServerSocket（int port，int backlog）。
- ServerSocket（int port，int backlog，InetAddress bindAddr）。

其中参数意义如下。

- address：双向连接中另一方的 IP 地址。
- host：双向连接中另一方的主机名。
- port：双向连接中另一方的端口号。
- stream：指明 Socket 是流 Socket 还是数据报 Socket。
- localPort：本地主机的端口号。
- localAddr 和 bindAddr 是本地机器的地址（ServerSocket 的主机地址）。
- impl 是 Socket 的父类，既可以用来创建 ServerSocket，又可以用来创建 Socket。下面代码展示了构造 Socket 的方法。

```
Socket client = new Socket("192.168.1.110",54321);
ServerSocket server = new ServerSocket(54321);
```

注意，在选择端口时每一个端口对应一个服务，只有给出正确的端口，才能获得相应的服务。0～1023 的端口号为系统所保留。例如 HTTP 服务的端口号为 80，Telnet 服务的端口号为 21，FTP 服务的端口号为 23，所以选择端口号时最好选择一个大于 1023 的数，如上面的 54321，以防止发生冲突。在创建 Socket 时如果发生错误，将产生 IOException。所以在创建 Socket 和 ServerSocket 时，必须捕获或抛出异常。

2. 输入（出）流

Socket 提供了 getInputStream( ) 和 getOutPutStream( ) 来得到对应的输入（输出）流以进行读（写）操作，这两个方法分别返回 InputStream 和 OutputStream 类对象。为了便于读（写）数据，可以在返回输入（输出）流对象上建立过滤流，如 DataInputStream、DataOutPutStream 或 PrintStream 类对象。对于文本方式流对象，可以采用 InputStreamReader、OutputStreamWriter 和 PrintWriter 处理，代码如下。

```
PrintStream os = new PrintStream(new BufferedOutputStream(Socket.getOutputStream()));
DataInputStream is = new DataInputStream(socket.getInputStream());
PrintWriter out = new PrintWriter(socket.getOutStream(),true);
BufferedReader in = new ButfferedReader(new InputStreamReader(Socket.getInputStream()));
```

3. 关闭 Socket 和流

在 Socket 使用完毕后需要将其关闭，以释放资源。注意，在关闭 Socket 之前，应将与 Socket 相关的所有输入、输出流先关闭，以释放资源，代码如下。

```
os.close();                //输出流先关闭
is.close();                //输入流其次关闭
socket.close();            //最后关闭 Socket
```

【例 9-3】Socket 通信实例。

分别编写客户端和服务器程序，并实现客户端向服务器端发送数据，服务器端接收数据并显示。运行效果如图 9-6 和图 9-7 所示。

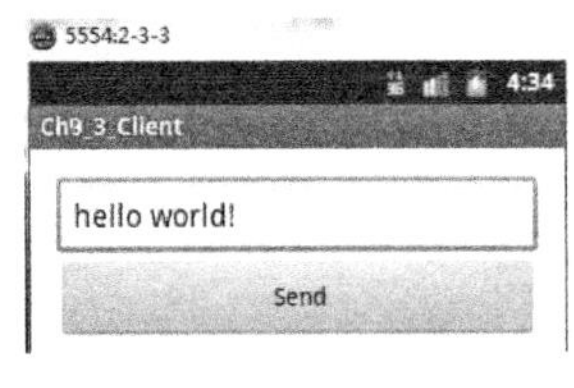

图 9-6　客户端程序

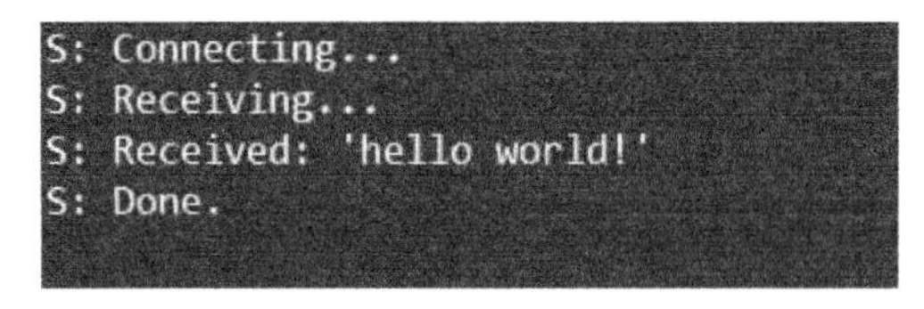

图 9-7　服务器端程序

（1）实现服务器端程序

注意，该程序需要单独编译并运行，代码如下。

```
public class Socket_TCP implementsRunnable {
    public static final String SERVERIP = "127. 0. 0. 1";
    public static final int SERVERPORT = 1820;
    public voidrun() {
        try {
            System. out. println("S:Connecting...");
            ServerSocket serverSocket = new ServerSocket(SERVERPORT);
            while (true) {
                Socket client = serverSocket. accept();
                System. out. println("S:Receiving...");
                try {
                    BufferedReader in = new BufferedReader(
                            new InputStreamReader(client. getInputStream()));
                    String str = in. readLine();
                    System. out. println("S:Received:" + str + "'");
                } catch (Exception e) {
                    System. out. println("S:Error");
                    e. printStackTrace();
                } finally {
                    client. close();
                    System. out. println("S:Done.");
                }
            }
        } catch (Exception e) {
            System. out. println("S:Error");
            e. printStackTrace();
        }
    }
    public static void main(String a[]) {
        Thread desktopServerThread = new Thread(new Socket_TCP());
        desktopServerThread. start();
    }
}
```

程序首先导入相应的 java. net 和 java. io 包。java. net 包提供了 Socket 工具，java. io 包提供了对流进行读写的工具。设置服务器端口 1820，并开启一个线程，通过 accept 方法使服务器开始监听客户端的连接，然后通过 BufferedReader 对象来接收输入流。最后关闭 Socket 和流。

（2）客户端实现

在按钮事件中通过“socket = new Socket(ip,port);”来请求连接服务器，并通过 Buffered-

Writer 发送消息，代码如下。

```
public class MainActivity extends Activity implements OnClickListener {
    /** Activity 首次创建时调用 */
    //定义声明需要用到的 UI 元素
    private EditText sendtext;
    private Button button;
    private String ip = "192.168.1.6";  //电脑主机 ip
    private int port = 1820;
    @Override
    public void onCreate(Bundle savedInstanceState) {
        super.onCreate(savedInstanceState);
        //setContentView(R.layout.main);
        InitView();
    }
    private void InitView() {
        //显示主界面
        setContentView(R.layout.activity_main);
        //通过 id 获取 ui 元素对象
        sendtext = (EditText) findViewById(R.id.sendtext);
        button = (Button) findViewById(R.id.sendbutton);
        //为 Button 设置单击事件
        button.setOnClickListener(this);
    }
    public void onClick(View bt) {
        try {
            String msg = sendtext.getText().toString();
            if (!TextUtils.isEmpty(msg))
                SendMsg(ip,port,msg);
            else {
                Toast.makeText(this,"请先输入要发送的内容",Toast.LENGTH_LONG);
                sendtext.requestFocus();
            }
        } catch (Exception e) {
            //TODO Auto - generated catch block
            e.printStackTrace();
        }
    }
    public void SendMsg(String ip,int port,String msg)
                throws UnknownHostException,IOException {
        try {
            Socket socket = null;
            socket = new Socket(ip,port);
            BufferedWriter writer = new BufferedWriter(new OutputStreamWriter(
                    socket.getOutputStream()));
            writer.write(msg);
            writer.flush();
            writer.close();
            socket.close();
        } catch (UnknownHostException e) {
            e.printStackTrace();
        } catch (IOException e) {
            e.printStackTrace();
        }
    }
}
```

9.3.2　Socket 示例

本节将通过一个实例来进一步熟悉 Socket 编程。

【例 9-4】使用 Socket 实现聊天功能。

使用 Socket 实现聊天功能需要服务器端与客户端实现双向数据传输，服务器端与客户端始终处于监听状态。注意，由于 Android 中线程是安全的，所以不能直接在线程中更新 UI，需要使用 Handler 来更新 UI。

让一台设备运行服务器端程序 Ch9_4_Server，然后让另一台设备运行客户端程序 Ch9_4_Client，单击“连接”按钮显示“连接成功”提示框，如图 9-8 所示。编辑“hello”后单击“发送”按钮，服务器端程序便接收到了数据，并显示如图 9-9 所示的界面。完成后便可进行双向自由通信。

图 9-8　客户端程序

图 9-9　服务器端程序

在服务器端程序中定义了两个 Thread 子类，一个用于监听客户端的连接，一个用于接收数据，并覆写了其中的 run()方法，在这个方法中接收数据并通过 Handler 发送消息。收到消息后在 UI 线程里更新接收到的数据。最后在 AndroidManifest.xml 中添加网络权限。服务器端代码如下（客户端代码与服务器端相似便不再列出，请参考源代码）。

```
public class MainActivity extends Activity {
    private TextView ipTextView = null;
    private EditText mEditText = null;
    private Button sendButton = null;
    private TextView mTextView = null;
    private OutputStream outStream = null;
    private Socket clientSocket = null;
    private ServerSocket mServerSocket = null;
    private Handler mHandler = null;
    private AcceptThread mAcceptThread = null;
    private ReceiveThread mReceiveThread = null;
    private boolean stop = true;
    /** Activity 首次创建时调用 */
    @Override
    public void onCreate(Bundle savedInstanceState) {
        super.onCreate(savedInstanceState);
        setContentView(R.layout.activity_main);
        ipTextView = (TextView) this.findViewById(R.id.iptext);
        mEditText = (EditText) this.findViewById(R.id.sendtext);
        sendButton = (Button) this.findViewById(R.id.sendbutton);
        sendButton.setEnabled(false);
```

```
        mTextView = (TextView) this.findViewById(R.id.retext);
        //发送数据按钮监听
        sendButton.setOnClickListener(new View.OnClickListener() {
            @Override
            public void onClick(View v) {
                //TODO Auto-generated method stub
                byte[] msgBuffer = null;
                //获得 EditTex 的内容
                String text = mEditText.getText().toString();
                try {
                    //字符编码转换
                    msgBuffer = text.getBytes("GB2312");
                } catch (UnsupportedEncodingException e1) {
                    //TODO Auto-generated catch block
                    e1.printStackTrace();
                }
                try {
                    //获得 Socket 的输出流
                    outStream = clientSocket.getOutputStream();
                } catch (IOException e) {
                    //TODO Auto-generated catch block
                    e.printStackTrace();
                }
                try {
                    //发送数据
                    outStream.write(msgBuffer);
                } catch (IOException e) {
                    //TODO Auto-generated catch block
                    e.printStackTrace();
}
                //清空内容
                mEditText.setText("");
                displayToast("发送成功!");
            }
        });
        //消息处理
        mHandler = new Handler() {
            @Override
            public void handleMessage(Message msg) {
                switch (msg.what) {
                case 0:{
                    //显示客户端 IP
                    ipTextView.setText((msg.obj).toString());
                    //使能发送按钮
                    sendButton.setEnabled(true);
                    break;
                }
                case 1:{
                    //显示接收到的数据
                    mTextView.setText((msg.obj).toString());
                    break;
                }
                }
            }
```

```
        };
        mAcceptThread = new AcceptThread();
        //开启监听线程
        mAcceptThread.start();
    }
    //显示 Toast 函数
    private void displayToast(String s) {
        Toast.makeText(this,s,Toast.LENGTH_SHORT).show();
    }
    private class AcceptThread extendsThread {
        @Override
        public void run() {
            try {
                //实例化 ServerSocket 对象并设置端口号为 8888
                mServerSocket = new ServerSocket(8888);
            } catch (IOException e) {
                //TODO Auto - generated catch block
                e.printStackTrace();
            }
            try {
                //等待客户端的连接(阻塞)
                clientSocket = mServerSocket.accept();
            } catch (IOException e) {
                //TODO Auto - generated catch block
                e.printStackTrace();
            }
            mReceiveThread = new ReceiveThread(clientSocket);
            stop = false;
            //开启接收线程
            mReceiveThread.start();
            Message msg = new Message();
            msg.what = 0;
            //获取客户端 IP
            msg.obj = clientSocket.getInetAddress().getHostAddress();
            //发送消息
            mHandler.sendMessage(msg);
        }
    }
    private class ReceiveThread extends Thread {
        private InputStream mInputStream = null;
        private byte[] buf;
        private String str = null;
        ReceiveThread(Socket s) {
            try {
                //获得输入流
                this.mInputStream = s.getInputStream();
            } catch (IOException e) {
                //TODO Auto - generated catch block
                e.printStackTrace();
            }
        }
        @Override
        public void run() {
            while (!stop) {
```

```
                    this.buf = new byte[512];
                    //读取输入的数据(阻塞读)
                    try {
                        this.mInputStream.read(buf);
                    } catch (IOException e1) {
                        //TODO Auto-generated catch block
                        e1.printStackTrace();
                    }
                    //字符编码转换
                    try {
                        this.str = new String(this.buf,"GB2312").trim();
                    } catch (UnsupportedEncodingException e) {
                        //TODO Auto-generated catch block
                        e.printStackTrace();
                    }
                    Message msg = new Message();
                    msg.what = 1;
                    msg.obj = this.str;
                    //发送消息
                    mHandler.sendMessage(msg);
                }
            }
        }
        @Override
        public void onDestroy() {
            super.onDestroy();
            if (mReceiveThread != null) {
                stop = true;
                mReceiveThread.interrupt();
            }
        }
    }
```

9.4 Wi-Fi通信

现如今越来越多的公共场所为人们提供Wi-Fi热点服务，如机场、车站和商场等。随着人们对于娱乐、商务便捷化需求的提升，Wi-Fi以它的便捷和高速成为人们的首选。而智能手机也几乎都内置了Wi-Fi连接功能，移动设备用户成为Wi-Fi的主要用户。本节将具体介绍在Android应用程序中如何使用Wi-Fi功能。

9.4.1 Wi-Fi介绍

Wi-Fi（Wireless Fidelity）是一种能够将个人电脑和手持设备（如Pad、手机）等终端以无线方式互相连接的技术。它是一个无线网路通信技术的品牌，由Wi-Fi联盟（Wi-Fi Alliance）所持有，其目的是改善基于IEEE802.11标准的无线网路产品之间的互通性。使用IEEE 802.11系列协议的局域网就称为Wi-Fi。

由于Wi-Fi的频段在世界范围内是无需任何电信运营执照的，因此WLAN无线设备提供了一个世界范围内可以使用的、费用极其低廉且数据带宽极高的无线空中接口。用户可以在Wi-Fi覆盖区域内快速浏览网页，随时随地接听拨打电话。而其他一些基于WLAN的宽带数据应用，如流媒体、网络游戏等功能更是值得期待。有了Wi-Fi功能，用户打长途电话（包括国际长途)、浏览网页、收发电子邮件、下载音乐或传递数码照片时，无需再担心速度慢和花费高的问题。Wi-Fi 无线保真技术与蓝牙技术一样，同属于在办公室和家庭中使用的短距离无线技术。下面将介绍一些常见的 Wi-Fi 操作，主要包括以下几个类和接口。

1. ScanResult

主要是通过 Wi-Fi 硬件的扫描来获取周边的 Wi-Fi 接入点信息，包括接入点的地址、名称、身份认证、频率和信号强度等。

2. WifiConfiguration

Wi-Fi 网络的配置，包括安全配置等。

3. WiFiInfo

Wi-Fi 无线连接的描述，包括接入点、网络连接状态、隐藏的接入点、IP 地址、连接速度、MAC 地址、网络 ID 和信号强度等信息。

- getBSSID()：获取 BSSID。
- getDetailedStateOf()：获取客户端的连通性。
- getHiddenSSID()：获得 SSID 是否被隐藏。
- getIpAddress()：获取 IP 地址。
- getLinkSpeed()：获得连接的速度。
- getMacAddress()：获得 Mac 地址。
- getRssi()：获得 802.11n 网络的信号。
- getSSID()：获得 SSID。
- getSupplicanState()：返回具体客户端状态的信息。

4. WiFiManager

WiFiManager 提供管理 Wi-Fi 连接的大部分 API，主要包括如下内容。

- 已经配置好的网络清单。这个清单可以查看和修改，而且可以修改个别记录的属性。
- 当连接中有活动的 Wi-Fi 网络时，可以建立或者关闭这个连接，并且可以查询有关网络状态的动态信息。
- 对接入点的扫描结果包含足够的信息来决定需要与什么接入点建立连接。
- 定义了许多常量来表示 Wi-Fi 状态的改变。

此外 WiFiManaer 还提供了一个内部的子类 WiFiManagerLock。它的作用是在普通的状态下，如果 Wi-Fi 的状态处于闲置，则连通的网络将会暂时中断。但是如果把当前的网络状态锁上，则 Wi-Fi 连通将会保持在一定状态。解除锁定之后，就会恢复常态。

通过得到 WiFiManager 对象来操作 Wi-Fi 连接，代码如下。

```
WifiManager wifiManager = (WifiManager) context.getSystemService(Context.WIFI_SERVICE);
```

WiFiManager 常用方法如下所示。

- addNetwork(WifiConfiguration config)：通过获取到的网络的连接状态信息来添加网络。
- calculateSignalLevel(int rssi ,int numLevels)：计算信号的等级。
- compareSignalLevel(int rssiA,int rssiB)：对比连接 A 和连接 B。
- createWifiLock(int lockType,String tag)：创建一个 Wi-Fi 锁，锁定当前的 Wi-Fi 连接。
- disableNetwork(int netId)：让一个网络连接失效。
- disconnect()：断开连接。
- enableNetwork(int netId,Boolean disableOthers)：连接一个连接。
- getConfiguredNetworks()：获取网络连接的状态。

- getConnectionInfo()：获取当前连接的信息。
- getDhcpInfo()：获取 DHCP 的信息。
- getScanResulats()：获取扫描测试的结果。
- getWifiState()：获取一个 Wi-Fi 接入点。
- isWifiEnabled()：判断一个 Wi-Fi 连接是否有效。
- pingSupplicant()：ping 一个连接，判断是否能连通。
- ressociate()：即便连接没有准备好，也要连通。
- reconnect()：如果连接准备好了，则连通。
- removeNetwork()：移除一个网络。
- saveConfiguration()：保留一个配置信息。
- setWifiEnabled()：让一个连接有效。
- startScan()：开始扫描。
- updateNetwork(WifiConfiguration config)：更新一个网络连接的信息。

最后实现一个管理 Wi-Fi 的类。通过这个类可以方便地进行如打开（关闭）Wi-Fi、锁定（释放）WifiLock、创建 WifiLock、取得配置好的网络、扫描、连接、断开和获取网络连接信息等基本操作。类的定义如下：

```
public class WifiAdmin
{
    //定义 WifiManager 对象
    private WifiManager mWifiManager;
    //定义 WifiInfo 对象
    private WifiInfo mWifiInfo;
    //扫描出的网络连接列表
    private List<ScanResult> mWifiList;
    //网络连接列表
    private List<WifiConfiguration> mWifiConfiguration;
    //定义一个 WifiLock
    WifiLock mWifiLock;
    //构造器
    public  WifiAdmin(Context context)
    {
        //取得 WifiManager 对象
        mWifiManager = (WifiManager) context.getSystemService(Context.WIFI_SERVICE);
        //取得 WifiInfo 对象
        mWifiInfo = mWifiManager.getConnectionInfo();
    }
    //打开 Wi-Fi
    public void OpenWifi()
    {
        if (!mWifiManager.isWifiEnabled())
        {
            mWifiManager.setWifiEnabled(true);

        }
    }
    //关闭 Wi-Fi
    public void CloseWifi()
    {
        if (!mWifiManager.isWifiEnabled())
```

```
        {
            mWifiManager.setWifiEnabled(false);
        }
}
//锁定 WifiLock
public void AcquireWifiLock()
{
    mWifiLock.acquire();
}
//解锁 WifiLock
public void ReleaseWifiLock()
{
    //判断时候锁定
    if (mWifiLock.isHeld())
    {
        mWifiLock.acquire();
    }
}
//创建一个 WifiLock
public void CreatWifiLock()
{
    mWifiLock = mWifiManager.createWifiLock("Test");
}
//得到配置好的网络
public List<WifiConfiguration> GetConfiguration()
{
    return mWifiConfiguration;
}
//指定配置好的网络进行连接
public void ConnectConfiguration(int index)
{
    //索引大于配置好的网络索引,则返回
    if(index > mWifiConfiguration.size())
    {
        return;
    }
    //连接配置好的指定 ID 的网络
    mWifiManager.enableNetwork(mWifiConfiguration.get(index).networkId,true);
}
public void StartScan()
{
    mWifiManager.startScan();
    //得到扫描结果
    mWifiList = mWifiManager.getScanResults();
    //得到配置好的网络连接
    mWifiConfiguration = mWifiManager.getConfiguredNetworks();
}
//得到网络列表
public List<ScanResult> GetWifiList()
{
    return mWifiList;
}
//查看扫描结果
public StringBuilder LookUpScan()
```

```
        {
            StringBuilder stringBuilder = new StringBuilder( );
            for (int i = 0;i < mWifiList. size( );i ++ )
            {
                stringBuilder. append( " Index_" + new Integer(i + 1). toString( ) + " :");
                //将 ScanResult 信息转换成一个字符串包
                //其中包括:BSSID、SSID、capabilities、frequency、level
                stringBuilder. append( (mWifiList. get(i)). toString( ) );
                stringBuilder. append( " \n" );
            }
            return stringBuilder;
        }
        //得到 MAC 地址
        public String GetMacAddress( )
        {
            return (mWifiInfo == null) ? " NULL" : mWifiInfo. getMacAddress( );
        }
        //得到接入点的 BSSID
        public String GetBSSID( )
        {
            return (mWifiInfo == null) ? " NULL" : mWifiInfo. getBSSID( );
        }
        //得到 IP 地址
        public int GetIPAddress( )
        {
            return (mWifiInfo == null) ? 0 : mWifiInfo. getIpAddress( );
        }
        //得到连接的 ID
        public int GetNetworkId( )
        {
            return (mWifiInfo == null) ? 0 : mWifiInfo. getNetworkId( );
        }
        //得到 WifiInfo 的所有信息包
        public String GetWifiInfo( )
        {
            return (mWifiInfo == null) ? " NULL" : mWifiInfo. toString( );
        }
        //添加一个网络并连接
        public void AddNetwork( WifiConfiguration wcg)
        {
            int wcgID = mWifiManager. addNetwork( wcg);
            mWifiManager. enableNetwork( wcgID, true);
        }
        //断开指定 ID 的网络
        public void DisconnectWifi( int netId)
        {
            mWifiManager. disableNetwork( netId);
            mWifiManager. disconnect( );
        }
    }
```

9.4.2　Wi - Fi 示例

接下来介绍一个简单的 Wi - Fi 编程示例，程序界面如图 9-10 所示。

图 9-10　程序界面

【例 9-5】通过 3 个按钮来实现打开 Wi－Fi、关闭 Wi－Fi 和检测 Wi－Fi 网卡状态的功能。

需要说明的是，由于 Android 模拟器不支持 Wi－Fi 和蓝牙，所以程序执行时返回的网卡状态都是 WIFI_STATE_UNKNOWN（网卡状态未知）。此程序需要在真机上进行调试才会显示正确的运行结果。

程序代码如下：

```
public class MainActivity extends Activity {
    //定义声明需要用到的 UI 元素
    private Button startButton = null;
    private Button stopButton = null;
    private Button checkButton = null;
    WifiManager wifiManager = null;
    /** Activity 首次创建时调用 */
    @Override
    public void onCreate(Bundle savedInstanceState) {
        super.onCreate(savedInstanceState);
        setContentView(R.layout.activity_main);
        startButton = (Button) findViewById(R.id.startButton);
        stopButton = (Button) findViewById(R.id.stopButton);
        checkButton = (Button) findViewById(R.id.checkButton);
        startButton.setOnClickListener(new startButtonListener());
        stopButton.setOnClickListener(new stopButtonListener());
        checkButton.setOnClickListener(new checkButtonListener());
    }
    class startButtonListener implements OnClickListener {
        @Override
        public void onClick(View v) {
            //TODO Auto-generated method stub
            //创建 WifiManager 对象
            wifiManager = (WifiManager) MainActivity.this
                    .getSystemService(Context.WIFI_SERVICE);
            //打开 Wi-Fi 网卡
            wifiManager.setWifiEnabled(true);
            System.out.println("wifi state --->" + wifiManager.getWifiState());
            Toast.makeText(MainActivity.this,
                        "当前网卡状态为:" + wifiManager.getWifiState(),Toast.LENGTH_SHORT)
                        .show();
        }
    }
    class stopButtonListener implements OnClickListener {
        @Override
        public void onClick(View v) {
            //TODO Auto-generated method stub
            //创建 WifiManager 对象
            wifiManager = (WifiManager) MainActivity.this
```

```
                    . getSystemService( Context. WIFI_SERVICE) ;
            //关闭 Wi - Fi 网卡
            wifiManager. setWifiEnabled( false) ;
            System. out. println( " wifi state  -- -> " + wifiManager. getWifiState( ) ) ;
            Toast. makeText( MainActivity. this,
                        "当前网卡状态为:" + wifiManager. getWifiState( ),Toast. LENGTH_SHORT)
                        . show( ) ;
        }
    }
    class checkButtonListener implements OnClickListener {
        @ Override
        public void onClick( View v) {
            //TODO Auto - generated method stub
            //创建 WifiManager 对象
            wifiManager = ( WifiManager)  MainActivity. this
                    . getSystemService( Context. WIFI_SERVICE) ;
            System. out. println( " wifi state  -- -> " + wifiManager. getWifiState( ) ) ;
            Toast. makeText( MainActivity. this,
                    "当前网卡状态为:" + wifiManager. getWifiState( ),Toast. LENGTH_SHORT)
                    . show( ) ;
        }
    }
}
```

在本示例中，通过操作 Wi - Fi 网卡来操作 Wi - Fi 网络。代码中用到了 Wi - Fi 网卡的状态，具体状态常量如表 9-5 所示。

表 9-5　Wi - Fi 网卡状态常量

常 量 名	常 量 值	网 卡 状 态
WIFI_STATE_DISABLED	1	Wi - Fi 网卡不可用
WIFI_STATE_DISABLING	0	Wi - Fi 正在关闭
WIFI_STATE_ENABLED	3	Wi - Fi 网卡可用
WIFI_STATE_ENABLING	2	Wi - Fi 网卡正在打开
WIFI_STATE_UNKNOWN	4	未知网卡状态

这里要注意的是，操作 Wi - Fi 网络需要在 AndroidManifest. xml 文件中添加以下权限：

```
<uses - permission android:name = "android. permission. CHANGE_NETWORK_STATE" >
</uses - permission >
<uses - permission android:name = "android. permission. CHANGE_WIFI_STATE" >
</uses - permission >
<uses - permission android:name = "android. permission. ACCESS_NETWORK_STATE" >
</uses - permission >
<uses - permission android:name = "android. permission. ACCESS_WIFI_STATE" >
</uses - permission >
```

9.5　思考与练习

1. 用 HttpClient 实现访问页面。要求登录后才能访问页面，否则不能访问。

2. 用 Socket 编程实现简易聊天室。
3. 设计程序实现 Wi - Fi 自动连接。

第 10 章　综合案例一：智能农苑助手

教学课件 PPT

从本章开始将详细介绍两个综合案例，便于读者熟悉 Android 手机应用软件开发的详细流程。首先介绍的是智慧农林业中的移动终端综合案例——“智能农苑助手”。该软件能够运行在装有 Android 系统的手机上，是一款为能够辅助现代化、高效率地种植植物而设计的 Android 手机应用软件。“智能农苑助手”手机应用软件简单易操作，适合所有拥有智能手机的人群使用，主要功能是定时提醒用户按时给植物浇水，指导用户针对不同植物进行科学施肥和松土等简单操作，从而实现植物高效种植。

微视频

10.1　项目分析

2013 年入冬以来，雾霾“攻陷”我国东部大部分地区，如图 10-1 所示。因此人们想尽办法净化空气。绿化专家建议，与其花大价钱买台空气净化器，不如在家中养花，去绿化阳台、客厅等家中的每一个地方。但有部分人在购买植物后，没有科学管理，从而导致植物花卉死亡，并最终放弃此种净化空气的方式。

经过调研、分析后，发现当前人们不想种植植物的原因有很多，如不能按时浇水、担心死亡等。因此，需要利用所掌握的 Android 知识开发一款能指导用户种植植物的软件。

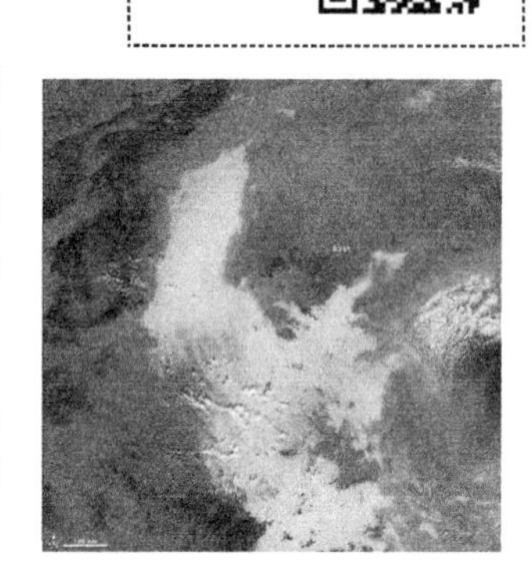

图 10-1　卫星拍摄的中国雾霾

10.1.1　UI 界面规划

“智能农苑助手”是以智慧农林业为背景，以 Android 技术为方向的一款适合所有人群且操作简单的应用软件，其主要功能是通过定时提醒用户浇水、施肥和松土等简单操作，实现植物高效种植。而且该软件可以自动或手动设置提醒时间，方便用户更合理地了解植物的生长情况。添加了天气的查询功能，更好地辅助管理植物的种植。另外，还有许多珍稀植物的相关介绍。

软件主要由三个界面构成，即植物查询界面、主界面和设置界面。

1）植物查询界面为用户提供了几十种珍稀植物资料的查询，方便用户随时对植物的信息进行浏览，了解植物的生长习性和养护技巧，如图 10-2 所示。

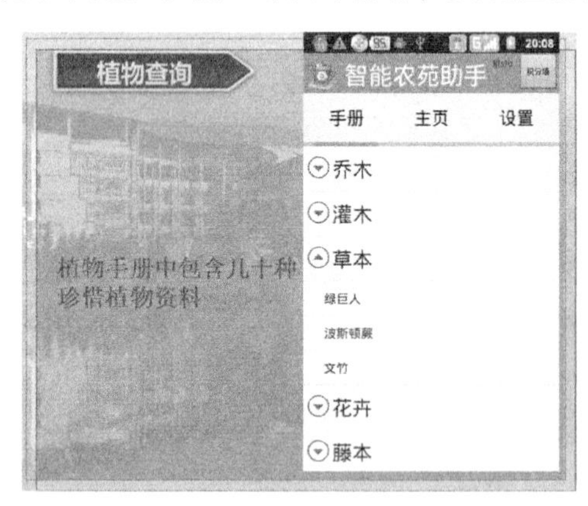

图 10-2　植物查询界面

2）主界面负责显示主要信息，包括时间、天气预报和植物当前状态信息，如图 10-3 所示。

3）设置界面提供浇水、施肥和松土等基本提醒设置。在程序中提供了两种设置提醒方式，一种为手动设置，另一种为系统智能设置，如图 10-4 所示。手动设置即用户自己设置所需的时间间隔。

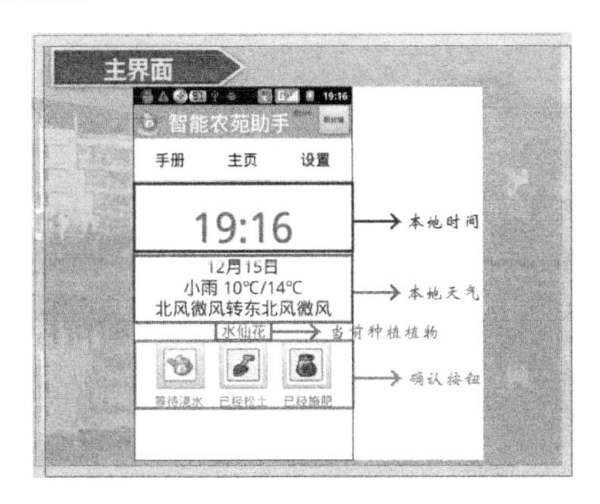

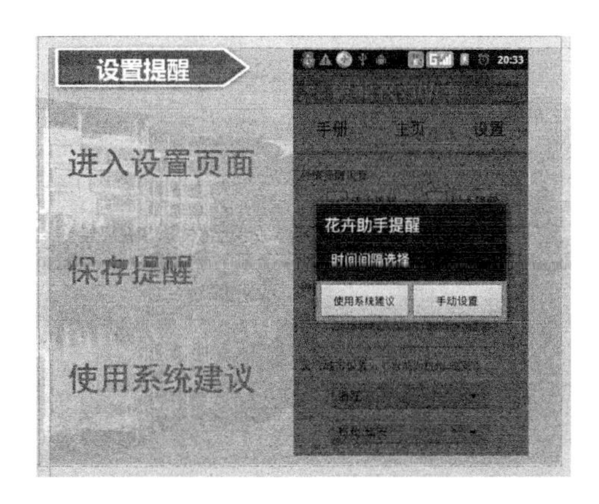

图 10-3　主界面　　　图 10-4　设置界面

10.1.2　数据存储设计

数据库的设计是软件设计过程中非常重要的环节，既要满足程序的需求，又要保证其合理性，否则会影响软件后续的开发和使用。

“智能农苑助手”软件的数据存储容量不是很大，采用了本地数据读取的方式获取资料，即只有在天气城市获取的时候用到中国地理城市数据库，用网络的方式获取天气。所以在应用中以 file 文件存储和 SharedPreferences 存储的方式进行数据存储，将数据直接存储在应用中，从而使应用在访问数据的时候能够节省时间，提高应用的运行效率。由于在本书的第 8 章中已经详细地介绍了数据库 SQlite 的应用，因此对“智能农苑助手”软件的数据库设计只做简略讲解。

10.2　系统实现

一个完整的系统实现，需要前期对应用软件的功能进行详细分析，以实现其主要功能。在此基础上再对应用的界面进行完善，后续添加更多的功能。

智能农苑助手主要由以下几部分功能模块构成。

1）植物查询（主要用到数据存储）。

2）天气系统（主要用到天气预报、城市 API 设置、网络通信服务）。

3）浇水、松土和施肥功能实现（主要用到本地 Service 服务）。

10.2.1　创建项目

1. 选择开发环境

创建项目前首先要选择合适的系统开发环境。“智能农苑助手”软件的开发环境主要包括 Eclipse 编程软件、JDK 1.6 及其以上版本、Android 系统（SDK 22.0.1 和 ADT 22.0.1）。

（1）Eclipse 4.2.1 编程软件

Eclipse 是一个著名的开源 Java IDE，主要以其开放性、极为高效的 GUI 和先进的代码编辑器等著称。其项目包括许多各种各样的子项目组，包括 Eclipse 插件和功能部件等。主要采用 SWT 界面库，支持多种本机界面风格。

（2）JDK 1.7 及其以上版本

系统选取 JDK 1.7 作为开发环境是因为 JDK 1.7 版本是目前 JDK 最常用的版本，具有许多开发者将用到的功能，读者可以通过不同的操作系统平台在官方网站上免费下载使用。

（3）Android 系统（SDK 22.0.1 和 ADT 22.0.1）

Android 系统平台具有功能强大、开源和应用程序无界限等特征。随着 Android 手机的普及，Android 应用的需求会越来越大，因此这是一个潜力巨大的市场。“智能农苑助手”项目选择的版本为 Android 2.1、Android 2.2 或者更高的版本。

2. 创建“智能农苑助手”项目

新建 Android 项目，可参照本书第 3 章的内容创建项目，依次完成，如图 10-5 所示进行项目命名。

图 10-5　创建项目——命名

3. 测试项目

“智能农苑助手”项目调试可以使用模拟器调试和手机调试。

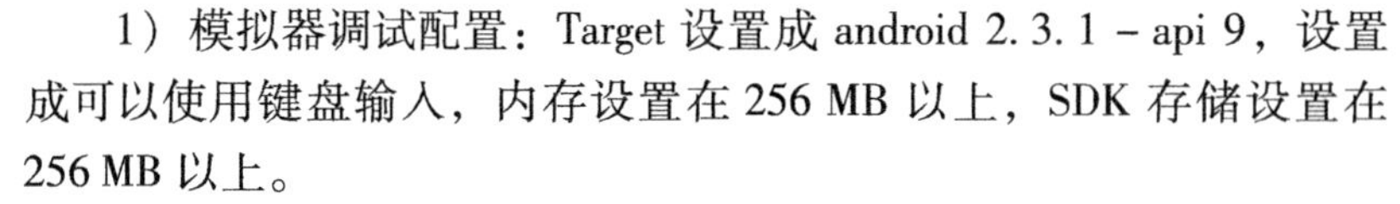

1）模拟器调试配置：Target 设置成 android 2.3.1 - api 9，设置成可以使用键盘输入，内存设置在 256 MB 以上，SDK 存储设置在 256 MB 以上。

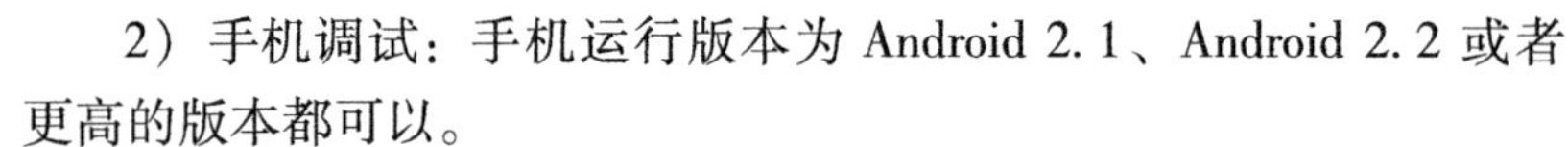

2）手机调试：手机运行版本为 Android 2.1、Android 2.2 或者更高的版本都可以。

3）项目下载：扫描右侧二维码可获得项目源代码。

10.2.2　界面设计

在 10.1.1 节中已经介绍了“智能农苑助手”软件的主要功能界面设计，接下来介绍利用 Android 来创建界面。

1. 欢迎界面

大多数应用软件在进入主界面前都会使用欢迎界面，即一个小动画，这样可以使软件拥有更好的交互效果。“智能农苑助手”软件的欢迎界面采用异步线程的方式实现，以延迟 3 s 的效果进入主界面。界面效果如图 10-6 所示。

图 10-6　欢迎界面

当动画结束后，会发送跳转界面消息，跳转到软件的主界面。具体实现代码如下：

```
private final int SPLASH_DISPLAY_LENGHT = 3000;                //延迟 3 s
    @ Override
    public void onCreate( Bundle savedInstanceState) {
        super. onCreate( savedInstanceState) ;
        setContentView( R. layout. startview) ;
```

```
        new Handler( ). postDelayed( new Runnable( ) {
            public void run( ) {
                Intent mainIntent = new Intent( Startview. this, Main. class) ;
                Startview. this. startActivity( mainIntent) ;
                Startview. this. finish( ) ;
            }
        }, SPLASH_DISPLAY_LENGHT) ;
    }
```

代码中建立 Handler 对象，它可以接受跳转界面的信息。通过对消息 ID 的匹配，最终决定跳转到哪个界面。代码中的“Startview. this. startActivity (mainIntent);”是指跳转到主界面。

在对应的 xml 文件中是一张 imagebutton，通过显示图片达到动画效果，代码如下：

```
<ImageView
    android:id = "@ +id/welcome"
    android:layout_width = "fill_parent"
    android:layout_height = "fill_parent"
    android:layout_alignParentBottom = "true"
    android:layout_alignParentRight = "true"
    android:contentDescription = "@ string/TODO"
    android:scaleType = "fitXY"
    android:src = "@ drawable/hy" />
```

2. 界面总体框架——Tabhost 设计

整个界面采用 Tabhost 的格式来显示 3 个界面之间的交互切换功能，效果实现如图 10-7 所示。

图 10-7　总体界面——Tabhost 设计

核心代码如下：

```
mTabHost = getTabHost( ) ;
//切换卡设置页面跳转
mTabHost. addTab( mTabHost. newTabSpec( "Shouce" ). setIndicator( "" )
    . setContent( new Intent( this, Shouce. class) ) ) ;        //跳转至植物查询界面
mTabHost. addTab( mTabHost. newTabSpec( "Activity_Main" ). setIndicator( "" )
    . setContent( new Intent( this, Activity_Main. class) ) ) ; //跳转至主界面
mTabHost. addTab( mTabHost. newTabSpec( "Alarm_Main" ). setIndicator( "" )
    . setContent( new Intent( this, Alarm_Main. class) ) ) ;  //跳转至设置界面
mTabHost. setCurrentTab(0) ;
manager = new LocalActivityManager( this, true) ;
manager. dispatchCreate( savedInstanceState) ;
```

代码中的 TabAcitivity 继承自 AcitivtyGroup。AcitivityGroup 的主要作用是创建一个 LocalActivityManger，然后把 Activity 的 onCreate 等事件传递给 LocalActivity 来处理。

TabActivity 包括重要的三个部分，TabHost、TabWidget 和 LocalActivityManager。

TabHost 是面向用户的接口，它的主要作用就是添加 tab，用 TabSpec 来完成完整的 tab 抽象（包括标签及其内容）。用一个 string 类型的 tag 来标识一个 tab，比如在退出程序时记录当前是哪个 tab，以便在再次进入的时候可以显示退出前显示的 tab。它最重要的作用在于用 Intent 作为一个 tab，即要把一个 Activity 作为内容（content）嵌入（embeded activity 的概念）进去，成为一个 tab 的内容。

在 TabHost 中另外一个比较重要的部分，是运用了策略模式来完成标签和内容的抽象。

创建一个接口 IndicatorStrategy，用 createIndicatorView( )方法，根据传入的参数不同（有 LabelIndicatorStrategy、LabelAndIconIndicatorStrategy、ViewIndicatorStrategy 三种）来创建 view（即在 TabWidget 上显示的标签）。从名称即可以看出标签可以只含有 String，也可以含有 string 和一张图片，或者用户自定义的 view 三种形式。

用接口 ContentStrategy 来抽象内容，有两种方法：getContentView( )用来获取 view，用 tabClosed( )来完成关闭的操作（比如用户单击其他 tab，关闭当前的 tab）。按照内容的不同有 ViewIdContentStrategy（给定一个 layout id 作为内容）、FactoryContentStrategy（用户实现继承 TabContentFactory，用 createTabContent( )来创建一个 view 作为内容）和 Intent ContentStrategy（指定一个 Intent，即将一个 Activity 作为内容）三种方式。内容的 rootView 是一个 framelayout，切换是通过设置选择的内容 visible，并设置原来的 view invisible 来实现的。在刚开始单击标签时创建 view，在后面可直接使用。所以将 Actvity 作为内容时，创建时可能需要很长时间（可以通过在创建 Tabhost 的时候首先完成操作，以减少创建的迟钝感），而后面切换的时候会感觉很顺畅。

xml 界面布局如下：

```
<TabWidget
    android:id="@android:id/tabs"
    android:layout_width="wrap_content"
    android:layout_height="0dip" >

</TabWidget>

<LinearLayout
    android:id="@+id/linearLayout2"
    android:layout_width="fill_parent"
    android:layout_height="60dip"
    android:background="#f4f4f4" >
    <TextView
        android:id="@+id/text1"
        android:layout_width="fill_parent"
        android:layout_height="fill_parent"
        android:layout_weight="1.0"
        android:gravity="center"
        android:text="@string/main_tab1"
        android:textColor="#000000"
        android:textSize="22.0dip" />
    <TextView
        android:id="@+id/text2"
```

```
                android:layout_width = "fill_parent"
                android:layout_height = "fill_parent"
                android:layout_weight = "1.0"
                android:gravity = "center"
                android:text = "@string/main_tab2"
                android:textColor = "#000000"
                android:textSize = "22.0dip" />
            <TextView
                android:id = "@+id/text3"
                android:layout_width = "fill_parent"
                android:layout_height = "fill_parent"
                android:layout_weight = "1.0"
                android:gravity = "center"
                android:text = "@string/main_tab3"
                android:textColor = "#000000"
                android:textSize = "22.0dip" />
        </LinearLayout>
```

TabWidget 继承自 LinearLayout，用来放标签。它通过覆盖 addView（View child）来添加一个标签。在没有指定 view 的 LayoutParams 时，默认给标签加上高度 TabWidget，而标签宽度根据标签个数平分的 LayoutParams。然后再根据 dividerDrawable 来判断是否添加分割线。dividerDrawable 是标签之间的图片。

由于 TabWidget 的布局较为固定，因此可能看起来不太美观。这时需要根据需求来定制 TabWidget，例如，项目中就在 TabWidget 中间加入空隙，使它看起来有标签被分组的效果。在修改的时候需要注意两个函数：getChildTabViewAt(int index)和 getTabCount()。由于系统本身的 view 排布要么全部是标签，要么采用一个 dividerDrawable 和一个标签的排布。如果定制 TabWidget 则需要修改这两个函数。

LocalActivityManager 中较为重要的是 startActivity(String id, Intent intent)函数，其中 String 型的 id 用来标识某个 Activity。当 TabActivity 中单击内容时，Activity 的标签就会调用 startActivity()来获取 view。而在启动的时候根据 Intent 的 Flags 处理也有所不同。所以设置 IntentFlags 的时候需要注意，如果在调用 startActivty()时，在这个 id 下已经有一个 Activity 被启动了，则需要根据不同情况，要么被 destroy 或重新创建一个然后启动，要么就直接使用它。

以上就是界面布局的总体设计。但为了更好地实现应用的交互切换，还可加入一些图像处理的内容，使 tab 能够更好地进行左右滑动。详细内容请参考 10.2.5 节。

3. 植物查询设计

在植物查询中采用的是分组并可实现收缩的列表 ExpandableListView，以查看不同种类的植物信息。使用的时候需要继承适配器，效果实现如图 10-8 所示。

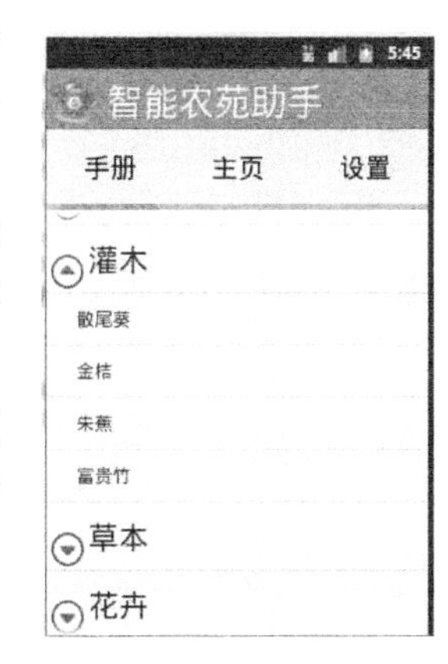

图 10-8　植物品种界面——ExpandableListView

多级菜单代码如下：

```
    <LinearLayout xmlns:android = "http://schemas.android.com/apk/res/android"
        android:layout_width = "fill_parent"
        android:layout_height = "fill_parent"
        android:background = "#fcfcfc"
```

```
    android:orientation = "vertical"  >
    <!--多级菜单使用-->
    <ExpandableListView
        android:id = "@ +id/exlist"
        android:layout_width = "fill_parent"
        android:layout_height = "fill_parent"
        android:drawSelectorOnTop = "false" />
    <TextView
        android:id = "@ +id/empty"
        android:layout_width = "fill_parent"
        android:layout_height = "fill_parent"

        android:text = "@string/lay1_no_data" />
</LinearLayout>
```

4. 主界面设计

主界面中设置了时间、天气预报、植物浇水、施肥和松土等功能，主要以自定义控件 DigitalClock 和一组可以改变状态的 ImageButton 来显示主要功能，效果实现如图 10-9 所示。

图 10-9　主界面——DigitalClock

界面设计代码如下：

```
<!--总布局 -->
<RelativeLayout
    android:id = "@ +id/relative"
    android:layout_width = "fill_parent"
    android:layout_height = "fill_parent"
    android:background = "#fcfcfc"  >
    <!--自定义控件显示当前时间 -->
    <edu.zafu.zujian.DigitalClock
        android:id = "@ +id/clock"
        android:layout_width = "wrap_content"
        android:layout_height = "wrap_content"
        android:layout_centerHorizontal = "true"
        android:layout_marginTop = "20dip"
        android:shadowColor = "#008B00"
        android:shadowRadius = "2.5"
        android:textColor = "#008B00"
        android:textSize = "60sp" />
    <!--加载天气显示状态,需要联网 -->
```

```
<ViewFlipper
    android:id="@+id/flipper"
    android:layout_width="fill_parent"
    android:layout_height="wrap_content"

    android:layout_below="@id/clock"
    android:flipInterval="5000" >
    <!--显示昨天、今天、明天三天的日期 -->
    <TextView
        android:id="@+id/wtext1"
        android:layout_width="fill_parent"
        android:layout_height="wrap_content"
        android:gravity="center_horizontal"
        android:textSize="26sp" />
    <!--显示当天的天气状况和最低、最高温度 -->
    <TextView
        android:id="@+id/wtext2"
        android:layout_width="fill_parent"
        android:layout_height="wrap_content"
        android:gravity="center_horizontal"
        android:textSize="26sp" />
    <!--显示当天的风向和风级 -->
    <TextView
        android:id="@+id/wtext3"
        android:layout_width="fill_parent"
        android:layout_height="wrap_content"
        android:gravity="center_horizontal"
        android:textSize="26sp" />
</ViewFlipper>
<!--植物状态显示 -->
<TextView
    android:id="@+id/zhiwu"
    android:layout_width="fill_parent"
    android:layout_height="wrap_content"
    android:layout_below="@id/flipper"
    android:gravity="center"
    android:text="@string/lay2_wait0"
    android:textColor="#4876FF"
    android:textSize="22sp" />
<!--浇水状态显示 -->
<ImageButton
    android:id="@+id/jiaoshiubutton"
    android:layout_width="wrap_content"
    android:layout_height="wrap_content"
    android:layout_alignTop="@+id/songtubutton"
    android:layout_marginRight="15dip"
    android:layout_toLeftOf="@id/songtubutton"
    android:contentDescription="@string/TODO"
    android:src="@drawable/jiaoshui" />
<!--松土状态显示 -->
<ImageButton

    android:id="@+id/songtubutton"
    android:layout_width="wrap_content"
```

```
        android:layout_height = "wrap_content"
        android:layout_below = "@ id/zhiwu"
        android:layout_centerHorizontal = "true"
        android:contentDescription = "@ string/TODO"
        android:src = "@ drawable/songtu" />
    <!--施肥状态显示 -->
    <ImageButton
        android:id = "@ +id/shifeibutton"
        android:layout_width = "wrap_content"
        android:layout_height = "wrap_content"
        android:layout_alignTop = "@ id/songtubutton"
        android:layout_marginLeft = "15dip"
        android:layout_toRightOf = "@ id/songtubutton"
        android:contentDescription = "@ string/TODO"
        android:src = "@ drawable/shifei" />
    <!--对应的浇水状态 -->
    <TextView
        android:id = "@ +id/jiaoshiutext"
        android:layout_width = "100dip"
        android:layout_height = "wrap_content"
        android:layout_alignTop = "@ +id/songtutext"
        android:layout_toLeftOf = "@ id/songtutext"
        android:gravity = "center"
        android:text = "@ string/lay2_wait1"
        android:textColor = "#4876FF"
        android:textSize = "18sp" />
    <!--对应的松土状态 -->
    <TextView
        android:id = "@ +id/songtutext"
        android:layout_width = "90dip"
        android:layout_height = "wrap_content"
        android:layout_below = "@ id/songtubutton"
        android:layout_centerHorizontal = "true"
        android:gravity = "center"
        android:text = "@ string/lay2_wait2"
        android:textColor = "#4876FF"
        android:textSize = "18sp" />
    <!--对应的施肥状态 -->
    <TextView
        android:id = "@ +id/shifeitext"
        android:layout_width = "100dip"
        android:layout_height = "wrap_content"
        android:layout_alignTop = "@ id/songtutext"
        android:layout_toRightOf = "@ id/songtutext"

        android:gravity = "center"
        android:text = "@ string/lay2_wait3"
        android:textColor = "#4876FF"
        android:textSize = "18sp" />
</RelativeLayout>
```

自定义控件 DigitalClock 的使用，需要重写时间输出方法，关键代码如下：

```
public class DigitalClock extends android.widget.DigitalClock {
    Calendar mCalendar;
```

```
private final static String m12 = "h:mm aa";  //h:mm:ss aa
private final static String m24 = "k:mm";     //k:mm:ss
private FormatChangeObserver mFormatChangeObserver;
private Runnable mTicker;
private Handler mHandler;
private boolean mTickerStopped = false;
String mFormat;

public DigitalClock(Context context) {
    super(context);
    initClock(context);
}
public DigitalClock(Context context, AttributeSet attrs) {
    super(context, attrs);
    initClock(context);
}
private void initClock(Context context) {
    if (mCalendar == null) {
        mCalendar = Calendar.getInstance();
        }
        mFormatChangeObserver = new FormatChangeObserver();
        getContext().getContentResolver().registerContentObserver(
                    Settings.System.CONTENT_URI, true, mFormatChangeObserver);
        setFormat();
}

@Override
protected void onAttachedToWindow() {
    mTickerStopped = false;
    super.onAttachedToWindow();
    mHandler = new Handler();
    /**
     * onAttachedToWindow 是在第一次 onDraw 前调用的。所写的 view 是在没有绘制出来时
调用的，但只会调用一次
     */
    mTicker = new Runnable() {

        public void run() {
            if (mTickerStopped)
                return;
            mCalendar.setTimeInMillis(System.currentTimeMillis());
            setText(DateFormat.format(mFormat, mCalendar));
            invalidate();
            long now = SystemClock.uptimeMillis();
            long next = now + (1000 - now % 1000);
            mHandler.postAtTime(mTicker, next);
        }
    };
    mTicker.run();
}

@Override
protected void onDctachedFromWindow() {
    super.onDetachedFromWindow();
```

```
            mTickerStopped = true;
        }
        /**
         * Pulls 12/24 mode from system settings
         */
        private boolean get24HourMode() {
            return android.text.format.DateFormat.is24HourFormat(getContext());
        }
        private void setFormat() {
            if (get24HourMode()) {
                mFormat = m24;
            } else {
                mFormat = m12;
            }
        }
        private class FormatChangeObserver extends ContentObserver {
            public FormatChangeObserver() {
                super(new Handler());
            }
            @Override
            public void onChange(boolean selfChange) {
                setFormat();
            }
        }
    }
```

5. 设置界面设计

在设置界面中使用了一组 CheckBox 来选择浇水、松土和施肥等操作设置，两组 Spinner 来进行植物种类和天气城市的设置，效果如图 10-10 所示。

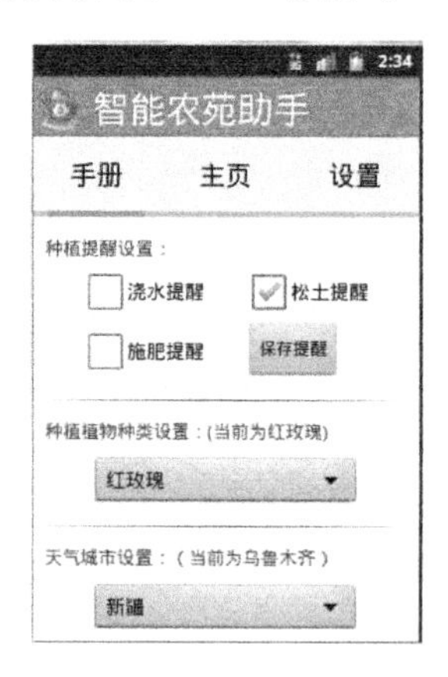

图 10-10　设置界面——CheckBox 和 Spinner

种植提醒设置代码如下：

```
<CheckBox
    android:id = "@ + id/checkBox1"
    android:layout_width = "wrap_content"
    android:layout_height = "wrap_content"
    android:text = "@ string/lay3_set1" />
<CheckBox
    android:id = "@ + id/checkBox2"
```

```
        android:layout_width = "wrap_content"
        android:layout_height = "wrap_content"
        android:layout_alignTop = "@ id/checkBox1"
        android:layout_marginLeft = "35dip"
        android:layout_toRightOf = "@ id/checkBox1"
        android:text = "@ string/lay3_set2" />
    <CheckBox
        android:id = "@ +id/checkBox3"
        android:layout_width = "wrap_content"
        android:layout_height = "wrap_content"
        android:layout_alignLeft = "@ id/checkBox1"
        android:layout_below = "@ id/checkBox1"
        android:text = "@ string/lay3_set3" />
    <Button
        android:id = "@ +id/save"
        android:layout_width = "wrap_content"
        android:layout_height = "wrap_content"
        android:layout_alignLeft = "@ id/checkBox2"
        android:layout_below = "@ id/checkBox2"
        android:layout_toRightOf = "@ id/checkBox3"
        android:text = "@ string/lay3_set4" />
```

植物种类设置代码如下：

```
                <!--植物种类设置 -->
    <ImageView
        android:id = "@ +id/fenge1"
        android:layout_width = "fill_parent"
        android:layout_height = "1dip"
        android:layout_marginTop = "15dip"
        android:contentDescription = "@ string/TODO"
        android:scaleType = "matrix"
        android:src = "@ layout/rectangular" />
    <TextView
        android:id = "@ +id/text111"
        android:layout_width = "fill_parent"
        android:layout_height = "wrap_content"
        android:layout_marginLeft = "10dip"
        android:layout_marginTop = "30dip"
        android:textColor = "#5E5E5E"
        android:textSize = "15sp" />
    <Spinner
        android:id = "@ +id/setzhiwu"
        android:layout_width = "220dip"
        android:layout_height = "41dip"
        android:layout_below = "@ id/text111"
        android:layout_centerHorizontal = "true"
        android:layout_marginTop = "10dip" />
```

天气城市设置代码如下：

```
    <!-- 天气城市设置 -->
    <ImageView
        android:id = "@ +id/fenge2"
        android:layout_width = "fill_parent"
```

```
        android:layout_height = "1dip"
        android:layout_marginTop = "15dip"
        android:contentDescription = "@ string/TODO"
        android:scaleType = "matrix"
        android:src = "@ layout/rectangular" />
    <TextView
        android:id = "@ + id/w_settext"
        android:layout_width = "fill_parent"
        android:layout_height = "wrap_content"
        android:layout_marginLeft = "10dip"
        android:layout_marginTop = "30dip"
        android:textColor = "#5E5E5E"
        android:textSize = "15sp" />
    <!--省级城市设置-->

    <Spinner
        android:id = "@ + id/provinces"
        android:layout_width = "220dip"
        android:layout_height = "41dip"
        android:layout_below = "@ id/w_settext"
        android:layout_centerHorizontal = "true"
        android:layout_marginTop = "10dip" />
    <!--市级城市设置-->
    <Spinner
        android:id = "@ + id/city"
        android:layout_width = "220dip"
        android:layout_height = "41dip"
        android:layout_below = "@ id/provinces"
        android:layout_centerHorizontal = "true"
        android:layout_marginTop = "6dip" />
```

10.2.3 天气系统

接下来介绍设置界面中天气和城市设置的具体使用方法。

WebService 是一种基于 SOAP 协议的远程调用标准，通过它可以将不同操作系统平台、不同语言以及不同技术整合到一起。在 Android SDK 中并没有提供调用 WebService 的库，因此需要使用第三方的 SDK 来调用 WebService。PC 版本的 WebService 客户端库非常丰富，例如 Axis2 和 CXF 等，但这些开发包对于 Android 系统过于庞大，也未必能很容易地移植到 Android 系统中。有一些适合手机 WebService 客户端的 SDK，项目中选用的是 Ksoap2。开发者可以从 http://code. google. com/p/ksoap2 - android/ downloads/list 中下载。

将下载的 ksoap2 - android - assembly - 2. 4 - jar - with - dependencies. jar 包复制到 Eclipse 工程的 lib 目录中。在 Eclipse 工程中引用这个 jar 包，就可以使用 Ksoap2 来支持 SOAP 远程调用。具体使用 WebService 有以下几个步骤。

1）指定 WebService 的命名空间和调用的方法名，例如：

```
SoapObject request = new SoapObject(http://service,"getName");
```

SoapObject 类的第一个参数表示 WebService 的命名空间，可以从 WSDL 文档中找到。第二个参数表示要调用的 WebService 方法名。

2）设置调用方法的参数值，如果没有参数，可以省略。设置方法的参数值的代码如下：

```
Request. addProperty( " param1" , " value" ) ;
Request. addProperty( " param2" , " value" ) ;
```

addProperty 方法的第一个参数虽然表示调用方法的参数名，但该参数值并不一定与服务器端的 WebService 类中的方法参数名一致。这里只要设置参数的顺序一致即可。

3）生成调用 WebService 方法的 SOAP 请求信息。该信息由 SoapSerializationEnvelope 对象描述，代码如下：

```
SoapSerializationEnvelope envelope = new
SoapSerializationEnvelope( SoapEnvelope. VER11) ;
Envelope. bodyOut = request;
```

创建 SoapSerializationEnvelope 对象时需要通过 SoapSerializationEnvelope 类的构造方法设置 SOAP 协议的版本号。该版本号需要根据服务器端 WebService 的版本号设置。在创建 SoapSerializationEnvelope 对象后，需要设置 SOAPSoapSerializationEnvelope 类的 bodyOut 属性，该属性的值就是在第一步创建的 SoapObject 对象。

4）创建 HttpTransportsSE 对象。通过 HttpTransportsSE 类的构造方法可以指定 WebService 的 WSDL 文档的 URL，代码如下：

```
HttpTransportSE ht = new HttpTransportSE( "http://192. 168. 18. 17:80
/axis2/service/SearchNewsService?wsdl" ) ;
```

5）使用 call 方法调用 WebService 方法，代码如下：

```
ht. call( null, envelope) ;
```

call 方法的第一个参数一般为 null，第二个参数是在第三步创建的 SoapSerialization Envelope 对象。

6）使用 getResponse 方法获得 WebService 方法的返回结果，代码如下：

```
SoapObject soapObject = ( SoapObject) envelope. getResponse( ) ;
```

“智能农苑助手”项目天气系统的显示效果如图 10-11 所示。

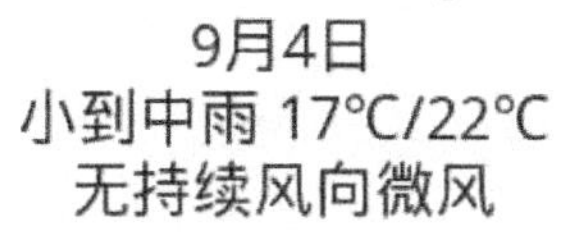

9月4日
小到中雨 17℃/22℃
无持续风向微风

图 10-11　天气系统显示效果

项目中天气城市设置代码如下：

```
w_set = ( TextView) findViewById( R. id. w_settext) ;
w_set. setText( "天气城市设置:(当前为杭州)" ) ;
setsd( ) ;
province = ( Spinner) findViewById( R. id. provinces) ;
ArrayAdapter < String >  pro_adapter = new ArrayAdapter < String > ( this,
                    android. R. layout. simple_spinner_item, getProSet( ) ) ;
province. setAdapter( pro_adapter) ;
city = ( Spinner) findViewById( R. id. city) ;
province. setOnItemSelectedListener( new SelectProvince( ) ) ;
city. setOnItemSelectedListener( new SelectCity( ) ) ;
wp_Selected = select. getString( " mywp" , "北京" ) ;
```

```
if ( !wp_Selected. equals( "北京" ) ) {

    int index;
    int len = proset. size( ) ;
    for (index = 0;index < len;index ++ ) {
        if (proset. get( index). equals( wp_Selected) ) {
            break;
        }
    }
    province. setSelection( index) ;
    pro_id = index;
    city. setAdapter( getAdapter( ) ) ;
} else {
    pro_id = 0;
    city. setAdapter( getAdapter( ) ) ;
}
wc_Selected = select. getString( "mywc" , "北京" ) ;
if ( !wc_Selected. equals( "北京" ) ) {
    int index;
    int len = citset. size( ) ;
    for (index = 0;index < len;index ++ ) {
        if (citset. get( index). equals( wc_Selected) ) {
            break;
        } else if (index  ==  citset. size( ) ) {
            index = 0;
            break;
            }
    }
    city_id = index;
    city. setSelection( index) ;
}
```

在这里需要调用城市数据库包，详细内容请参见 10. 2. 6 节的内容。

10. 2. 4　网络通信服务

在“智能农苑助手”项目中，获取天气数据需要连接网络。因此首先要在配置文件 AndroidManifest. xml 中加入权限，代码如下：

```
< uses - permission android:name = "android. permission. ACCESS_NETWORK_STATE" >
</uses - permission >
```

在获取天气预报数据时是通过借用第三方 SDK 调用 WebService 数据的，代码如下：

```
public void getWeather( String cityName) {
            try {
                SoapObject rpc = new SoapObject( NAMESPACE, METHOD_NAME) ;
                System. out. println( "您好,这里是 " + cityName) ;
                rpc. addProperty( "theCityName" , cityName) ;
                AndroidHttpTransport ht = new AndroidHttpTransport( URL) ;
                ht. debug = true;
                SoapSerializationEnvelope envelope = new SoapSerializationEnvelope(
                            SoapEnvelope. VER11) ;
                envelope. bodyOut = rpc;
                envelope. dotNet = true;
```

```
                envelope.setOutputSoapObject(rpc);
                ht.call(SOAP_ACTION,envelope);
                SoapObject result = (SoapObject) envelope.bodyIn;

                detail = (SoapObject) result
                        .getProperty("getWeatherbyCityNameResult");
                parseWeather(detail);
                return;
        } catch (Exception e) {
                e.printStackTrace();
        }
    }
    //更新 UI
    private void parseWeather(SoapObject detail) throws UnsupportedEncodingException {
        String date = detail.getProperty(6).toString();
        weatherToday = date.split(" ")[0];
        weatherToday = weatherToday + "\n" + date.split(" ")[1];
        weatherToday = weatherToday + " " + detail.getProperty(5).toString();
        weatherToday = weatherToday + "\n" + detail.getProperty(7).toString();
        w1 = weatherToday;
        date = detail.getProperty(13).toString();
        weatherToday = date.split(" ")[0];
        weatherToday = weatherToday + "\n" + date.split(" ")[1] + " "
                    + detail.getProperty(12).toString();
        weatherToday = weatherToday + "\n" + detail.getProperty(14).toString();
        w2 = weatherToday;
        date = detail.getProperty(18).toString();
        weatherToday = date.split(" ")[0];
        weatherToday = weatherToday + "\n" + date.split(" ")[1] + " "
                    + detail.getProperty(17).toString();
        weatherToday = weatherToday + "\n" + detail.getProperty(19).toString();
        w3 = weatherToday;
    }
    private BroadcastReceiver mBroadcastReceiver = new BroadcastReceiver() {
        @Override
        public void onReceive(Context context,Intent intent) {
            updata();
            if (!city1.equals(city)) {
                city = city1;
                text1.setText("加载中……");
                text2.setText("加载中……");
                text3.setText("加载中……");
                newthread();
            }
        }
    };
```

10.2.5　图形图像处理

在界面设计中使用 Tabhost 处理一些图像动画的效果，可以使应用切换界面更加快捷方便。用户可以通过左右滑动的方式来切换界面，以增加交互效果，代码如下。

```
    //ViewPager 是 Google SDK 中自带的一个附加包的一个类,可以用来实现屏幕间的切换
    private ViewPager mPager;                //页卡内容
```

```
private List < View > listViews;              //Tab 页面列表
private ImageView cursor;                     //动画图片
private TextView t1,t2,t3;                    //页卡头标
private int offset = 0;                       //动画图片偏移量
private int currIndex = 1;                    //当前页卡编号
private int bmpW;                             //动画图片宽度
private TabHost mTabHost;
private LocalActivityManager manager = null;
private final Context context = Main.this;
```

具体的动画设置代码如下：

```
/**
 * 初始化动画
 */
private void InitImageView() {
    cursor = (ImageView) findViewById(R.id.cursor);

    bmpW = BitmapFactory.decodeResource(getResources(),R.drawable.a)
            .getWidth();                                    //获取图片宽度
    DisplayMetrics dm = new DisplayMetrics();
    getWindowManager().getDefaultDisplay().getMetrics(dm);
    int screenW = dm.widthPixels;                           //获取分辨率宽度
    offset = (screenW/3 - bmpW)/2;                          //计算偏移量
    Matrix matrix = new Matrix();
    matrix.postTranslate(offset * 3 + bmpW,0);
    cursor.setImageMatrix(matrix);                          //设置动画初始位置
}
/**
 * 页卡切换监听
 */
public class MyOnPageChangeListener implementsOnPageChangeListener {
    //int one = offset * 2 + bmpW;                          //页卡 1→页卡 2 偏移量
    //int two = one * 2;                                    //页卡 1→页卡 3 偏移量
    int one = offset * 2 + bmpW;
    public void onPageSelected(int arg0) {
        Animation animation = null;
        switch (arg0) {
        case 0:
            mTabHost.setCurrentTab(0);
            if (currIndex == 1) {
                animation = new TranslateAnimation(0, -one,0,0);
            } else if (currIndex == 2) {
                animation = new TranslateAnimation(one, -one,0,0);
            }
            break;
        case 1:
            mTabHost.setCurrentTab(1);
            if (currIndex == 0) {
                animation = new TranslateAnimation(-one,0,0,0);
            } else if (currIndex == 2) {
                animation = new TranslateAnimation(one,0,0,0);
            }
            break;
        case 2:
```

```
            mTabHost. setCurrentTab(2);

            if (currIndex == 0) {
                animation = new TranslateAnimation(one, -one,0,0);
            } else if (currIndex == 1) {
                animation = new TranslateAnimation(0,one,0,0);
            }
            break;
            }
        currIndex = arg0;
        animation. setFillAfter(true);          //true:图片停在动画结束位置
        animation. setDuration(400);
        cursor. startAnimation(animation);
    }
```

10.2.6　数据存取

在“智能农苑助手”项目中数据存储主要有 file 文件存储和 SharedPreferences 存储两种方式。

1. file 文件存储

在植物查询界面中有相关植物的介绍内容，用到的是 ExpandableListView 列表的形式，主要保存在本地的数据中。首先需要对 ExpandableListView 继承适配器 BaseExpandableList Adapter。关于继承的部分在这里不作详细介绍，可参考前面章节。

项目是在 Android 中读取 assets 目录下 a. txt 文件实现上述功能的。读取时文件需要将 txt 文字格式转化成 UTF-8 格式，代码如下。

```
protected void onCreate(Bundle savedInstanceState) {
        requestWindowFeature(Window. FEATURE_NO_TITLE);          //设置窗口模式
        //TODO Auto-generated method stub
        super. onCreate(savedInstanceState);
        setContentView(R. layout. shouce_info);                  //加载布局
        child = new ArrayList<List<String>>();                   //数组链表资源
        //子表
        addInfo(this. getResources(). getStringArray(R. array. g1));
        addInfo(this. getResources(). getStringArray(R. array. g2));
        addInfo(this. getResources(). getStringArray(R. array. g3));
        addInfo(this. getResources(). getStringArray(R. array. g4));
        addInfo(this. getResources(). getStringArray(R. array. g5));
        Intent intent = getIntent();
        int groupId = intent. getIntExtra("groupPosition", -1);  //获取当前的一级表名
        int childId = intent. getIntExtra("childPosition", -1);  //获取当前的二级表名
        TextView text = (TextView) findViewById(R. id. infotext);
        TextView title = (TextView) findViewById(R. id. title);
        if (groupId != -1 && childId != -1) {
            title. setText(getName(groupId,childId));
            text. setText(readFromAsset(getFileName(groupId,childId)));
        } else {

            text. setText("数据错误,请返回!");
        }
    }
```

```
    //链表文件名
    public String getName(int a,int b) {
        String res = "";
        res = (String) child.get(a).get(b);
        return res;
    }
    //文件名
    public String getFileName(int a,int b) {
        String FileName = "";
        FileName = a + " - " + b + ".txt";
        return FileName;
    }
    public void addInfo(String[] c) {
        List<String> item = new ArrayList<String>();
        for (int i = 0;i < c.length;i ++) {
            item.add(c[i]);
        }
        child.add(item);
    }
    //读取文件格式转换成 UTF-8
    public StringreadFromAsset(String fileName) {
        String res = "";
        try {
            InputStream in = getResources().getAssets().open(fileName);
            int length = in.available();
            byte[] buffer = new byte[length];
            in.read(buffer);
            res = EncodingUtils.getString(buffer,"UTF-8");
        } catch (Exception e) {
            e.printStackTrace();
        }
        return res;
}
```

读取 assets 文件夹下的资源，需要注意/assets 目录下的资源文件不会在 R.java 自动生成 ID，所以读取/assets 目录下的文件必须指定文件的路径。可以通过 AssetManager 类来访问这些文件。调用的 string 的文件资源代码如下：

```
<string-array name="g1">
        <item>酒瓶兰</item>
        <item>橡皮树</item>
        <item>南洋杉</item>
        <item>发财树</item>

        <item>铁树</item>
        <item>荷兰铁</item>
        <item>巴西木</item>
    </string-array>
    <string-array name="g2">
        <item>散尾葵</item>
        <item>金桔</item>
        <item>朱蕉</item>
        <item>富贵竹</item>
    </string-array>
```

```
<string-array name="g3">
    <item>绿巨人</item>
    <item>波斯顿蕨</item>
    <item>文竹</item>
</string-array>
```

2. SharedPreferences 存储

“智能农苑助手”项目中还用到了 SharedPreferences。实际上 SharedPreferences 处理的就是一个 key-value（键值对）。SharedPreferences 常用来存储一些轻量级的数据。

要使用 SharedPreferences 存储数据，首先要分别实例化一个 SharedPreferences 对象和 SharedPreferences.Editor 对象。用 putString 的方法保存数据，提交当前数据，最后使用 Toast 信息提示框以提示成功写入数据。

项目中提示浇水时间时，利用 SharedPreferences 来保存临时有无浇水的状态，具体代码如下。

```
if (waterStatu) {
    int index = Alarm_Main.getIndex(Alarm_Main.plantSelected);
    setAlertWater(Alarm_Main.waterTime[index]);
    //实例化一个 SharedPreferences 对象
    SharedPreferences select = getSharedPreferences("com.alarm_stab",MODE_PRIVATE);
    //实例化 SharedPreferences.Editor 对象
    SharedPreferences.Editor editor = select.edit();
    //用 putString 的方法保存数据
    editor.putBoolean("waterStatu",false);
    //提交当前数据
editor.commit();
    waterImage.setImageDrawable(getResources().getDrawable(R.drawable.jiaoshuihui));
} else {
    //使用 Toast 信息提示框提示成功写入数据
    Toast.makeText(Activity_Main.this,"目前无需浇水",Toast.LENGTH_SHORT).show();
}
```

3. 数据库存储

数据库存储首先要利用文件存储打开数据库文件，代码如下。

```
private File path = new File("/sdcard/com.alarm.stab");                    //数据库文件目录
private File f = new File("/sdcard/com.alarm.stab/db_weather.db");         //数据库文件
```

然后打开数据库文件。一般数据库文件保存在 SD 卡中，代码如下。

```
//----如要在 SD 卡中创建数据库文件,先做如下的判断和创建相对应的目录和文件----
if (! path.exists()) {                              // 判断目录是否存在
    path.mkdirs();                                  // 创建目录
}
if (! f.exists()) {                                 // 判断文件是否存在
    try {
        // 获得封装 dictionary.db 文件的 InputStream 对象
        InputStream is = getResources().openRawResource(R.raw.db_weather);
        FileOutputStream fos = new FileOutputStream(f);
        byte[] buffer = new byte[8192];
        int count = 0;
        // 开始复制 dictionary.db 文件
        while ((count = is.read(buffer)) > 0) {
```

```
                fos.write(buffer, 0, count);
            }
            fos.close();
            is.close();
            f.createNewFile();                    // 创建文件
        } catch (IOException e) {
            e.printStackTrace();
        }
    }
```

打开数据库并获取城市名，代码如下。

```
//打开数据库
SQLiteDatabase db1 = SQLiteDatabase.openOrCreateDatabase(f, null);
//获取数据库中的城市
//游标
Cursor cursor = db1.query("provinces", null, null, null, null, null, null);
while (cursor.moveToNext()) {
    //读取城市名
    String pro = cursor.getString(cursor.getColumnIndexOrThrow("name"));
    proset.add(pro);
}
//关闭游标
cursor.close();
//关闭数据库
db1.close();
return proset;
```

10.2.7 Service 服务

“智能农苑助手”项目主要采用本地 Service 的闹钟提醒方式来实现植物助手浇水、施肥和松土等提醒功能。采用本地服务，通过 Local Service 以用于应用程序内部实现。在 Service 中可以调用 Context. startService()启动，调用 Context. stopService()结束。在内部也可以调用 Service. stopSelf()或 Service. stopSelfResult()来自己停止。无论调用了多少次 startService()，都只需调用一次 stopService()来停止，代码如下。

```
new AlertDialog.Builder(Alarm_Main.this)
    .setTitle("花卉助手提醒")
    .setMessage("时间间隔选择")
    .setPositiveButton("使用系统建议",new DialogInterface.OnClickListener() {
        public void onClick(DialogInterface dialog, int whichButton) {
            saveSetting();
            Toast.makeText(Alarm_Main.this, "保存设置成功", Toast.LENGTH_LONG)
                .show();
        }}).setNegativeButton("手动设置",new DialogInterface.OnClickListener() {
            public void onClick(DialogInterface dialog, int which) {
                //设置本地服务
                LayoutInflater inflater = (LayoutInflater)
                            getSystemService(LAYOUT_INFLATER_SERVICE);
            final View layout = (View) inflater.inflate(R.layout.setbyself,null);
            new AlertDialog.Builder(Alarm_Main.this).setView(layout)
            .setPositiveButton("设置完毕", new DialogInterface.OnClickListener() {
```

```
                public void onClick(DialogInterface dialog, int which) {
                    //浇水服务响应
                    if (checkWater. isChecked()) {
                        EditText waterTv = (EditText) layout. findViewById(R. id. waterEdit);
        String timeWater = waterTv. getText(). toString(). trim();
                        setAlertWater(timeWater);
                    }
                    //施肥服务响应
                    if (checkRipping. isChecked()) {
                        EditText rippingTv = (EditText)
        layout. findViewById(R. id. rippingEdit);
                    String timeRipping = rippingTv. getText(). toString(). trim();
                    setAlertRipping(timeRipping);
                }
                    //松土服务响应
                    if (checkFertilize. isChecked()) {
                        EditText fertilizeTv = (EditText)
        layout. findViewById(R. id. FertilizeEdit);
                    String timeFertilize = fertilizeTv. getText(). toString(). trim();
                        setAlertFertilize(timeFertilize);
                    }
                    //保存

                    saveCheckAndDate();
                }}). show();                                    //更新状态
            }
        }). show();                                             //设置线程状态更新
```

10.3 应用程序的发布

开发完手机应用后，最终目的是发布到网上以供用户下载使用。为提高手机应用的下载量，通常会将应用发布到手机应用商店。这一节中将首先介绍如何在“智能农苑助手”手机应用中加入广告，然后生成并使用应用的签名文件，最后将应用程序发布到手机应用商店。

10.3.1 添加广告

当开发出了准备面向市场的手机应用“智能农苑助手”后，此时可以考虑怎样用开发的程序来盈利。Android 应用常见的几种盈利模式如下。

- 收费模式

在国内，用户可以通过移动 MM、机锋网的金币、支付宝等各种渠道进行付费。目前也有不少软件可免费下载，然后在部分高级功能中需要付费开通某些功能，通常也可以使用支付宝等进行支付。

- 商业合作模式

这种模式通常需要应用程序具有较大影响力，能让商家为你买单。例如，UC 浏览器首页的导航栏中的几十个链接（如新浪、腾讯、搜狐、各种手机软件网站等）都需要支付大量的广告费。

- “免费 + 广告”模式

“免费 + 广告”模式是目前国内个人开发者最普遍的盈利方式。开发者可以利用嵌入国内外数十家移动广告平台的 SDK，并在各渠道发布开发的应用来展示广告，从而利用用户对广告的单击而获取收入。但需要注意的是，开发者不要以不正当的方式来获得用户点击量，破坏市场环境。

下面将介绍如何在“智能农苑助手”手机应用中使用“免费 + 广告”模式来盈利。这里添加的是“有米”广告，步骤如下所示。

1）进入有米官网，注册用户，设置用户名和密码如图 10-12 所示。

图 10-12　注册有米用户

2）进入邮箱激活注册的账户，如图 10-13 所示。

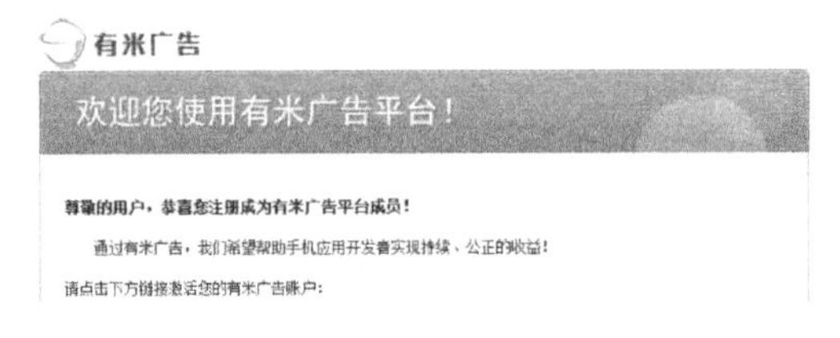

图 10-13　激活账户

3）单击有米官网中“开发者”选项，如图 10-14 所示。

图 10-14　开发者选项

4）进入“插播广告”界面，如图 10-15 所示。

图 10-15　插播广告界面

5）下载所需广告类型。这里以“插播广告条”为例，下载广告条 SDK，如图 10-16 所示。

图 10-16　下载所需广告类型的 SDK

解压后得到如图 10-17 所示的文件。

图 10-17　解压后的文件

6）将 SDK 嵌入到项目中，需要进行下面几步的操作。

步骤一：将 youmi-android. jar 导入到工程中。

- 右击工程根目录，在弹出的快捷菜单中选择“New”→“Folder”，输入 Folder name 为“libs”。
- 将 youmi-android. jar 复制到工程根目录的 libs 文件夹下。
- 右击 youmi-android. jar，在弹出的快捷菜单中选择“Build Path”→“Add to Build Path”。
- 导入成功。

步骤二：在 AndroidManifest. xml 文件中配置用户权限。

注意：务必配置以下权限，否则将可能获取不到广告。

- android. permission. INTERNET，连接网络权限 INTERNET，用于请求广告。
- android. permission. READ_PHONE_STATE，用于精确统计用户手机的系统信息。
- android. ACCESS_NETWORK_STATE，用于精确识别网络接入点等信息。
- android. permission. ACCESS_COARSE_LOCATION，有助于精准投放地域广告以及帮助统计使用应用程序的用户的地区分布情况。
- android. permission. WRITE_EXTERNAL_STORAGE，有助于实现图片资源的缓存，节省流量，并可获得更好的用户体验。
- com. android. launcher. permission. INSTALL_SHORTCUT，用于支持一些新的广告形式，并将下面权限配置代码复制到 AndroidManifest. xml 文件中。

```
<uses-permission android:name="android.permission.INTERNET"></uses-permission>
<uses-permission android:name="android.permission.READ_PHONE_STATE"></uses-permission>
<uses-permission android:name="android.permission.ACCESS_NETWORK_STATE">
</uses-permission>
<uses-permission android:name="android.permission.ACCESS_COARSE_LOCATION">
</uses-permission>
<uses-permission android:name="android.permission.WRITE_EXTERNAL_STORAGE">
</uses-permission>
<uses-permission android:name="com.android.launcher.permission.INSTALL_SHORTCUT">
</uses-permission>
```

步骤三：在 AndroidManifest. xml 中添加 AdActivity 和 YoumiReceiver。

AdActivity 是广告详情展示的载体，需要在 AndroidManifest. xml 中添加 AdActivity。

```
<activity android:name = "net.youmi.android.AdActivity" android:configChanges = "keyboard | keyboard
Hidden | orientation"/>
```

YoumiReceiver 是广告效果的接收器，需要在 AndroidManifest. xml 中添加 YoumiReceiver。

```
<receiver android:name = "net.youmi.android.YoumiReceiver" > <intent-filter>
        <action android:name = "android.intent.action.PACKAGE_ADDED"/>
        <action android:name = "android.intent.action.PACKAGE_INSTALL"/>
        <data android:scheme = "package"/>
    </intent-filter>
</receiver>
```

步骤四：初始化账号信息。

在主 Activity 的 onCreate 中调用 AdManager. init( )来初始化 App ID、App Secret、请求广告间隔和测试模式等参数（请务必在任意 AdView 初始化前调用一次）。

```
//第一个参数为应用发布 ID
//第二个参数为应用密码
//第三个参数是请求广告的间隔,有效的设置值为 30 ~ 200,单位为秒
//第四个参数是设置测试模式,设置为 true 时,可以获取测试广告,正式发布请设置此参数为
//false
AdManager.init(Context context,String appid, String appsec, int intervalSecond, booleanisTestMode);
```

注意：未上传应用安装包、未通过审核的应用和模拟器运行的应用，都只能获得测试广告。审核通过后，模拟器上依旧是测试广告，只有真机才会获取到正常的广告。

步骤五：修改 proguard. cfg。

将以下代码添加到 proguard. cfg 文件。

```
-keep class net.youmi.android.** {
*;
}
```

步骤六：设置发布渠道号。

该设置为可选，当没有设置发布渠道号时，将采用默认渠道号 0。

设置方法是把以下代码复制到 AndroidManifest. xml 文件中。

```
<meta-data android:name = "YOUMI_CHANNEL" android:value = "渠道编号" > </meta-data>
```

注意：需要在 AndroidManifest. xml 配置中加入 meta - data 参数，其中 key 为" YOUMI_CHANNEL"，value 为 int 型的渠道编号，为每个不同渠道号打一个独立的包。详细的渠道编号请参见：http://wiki. youmi. net/wiki/PromotionChannelIDs。

步骤七：在 activity_main 首页界面中使用 xml 布局嵌入广告。

首先在 activity_main. xml 中设置广告条容器，添加如下代码。

```
<LinearLayout
            android:id = "@+id/ad"
            android:layout_width = "fill_parent"

            android:layout_height = "wrap_content"
            android:layout_alignParentBottom = "true"
            android:gravity = "center_horizontal"
            android:orientation = "horizontal"
            >
</LinearLayout>
```

然后在 Main. java 文件中添加如下粗体代码。

```
/*...... import 部分略*/
public class Main extends TabActivity {
   @Override
   protected void onCreate(Bundle savedInstanceState) {
requestWindowFeature(Window.FEATURE_NO_TITLE);
         super.onCreate(savedInstanceState);
         setContentView(R.layout.activity_main);
         mTabHost = getTabHost();
         // 切换卡设置页面跳转
         mTabHost.addTab(mTabHost.newTabSpec("Shouce").setIndicator("")
             .setContent(new Intent(this, Shouce.class)));// 跳转至植物查询界面
         mTabHost.addTab(mTabHost.newTabSpec("Activity_Main").setIndicator("")
             .setContent(new Intent(this, Activity_Main.class)));// 跳转至主界面
         mTabHost.addTab(mTabHost.newTabSpec("Alarm_Main").setIndicator("")
             .setContent(new Intent(this, Alarm_Main.class)));// 跳转至设置界面
         mTabHost.setCurrentTab(0);
         manager = new LocalActivityManager(this, true);
         manager.dispatchCreate(savedInstanceState);
         InitImageView();
         InitTextView();
         InitViewPager();

         AdManager.getInstance(this).init("73057fb81878f2ba",
                 "f2707618edb7c2a4", false);
         LinearLayout adLayout = (LinearLayout) findViewById(R.id.ad);
          AdView adView = new AdView(this, AdSize.FIT_SCREEN);
          adLayout.addView(adView);
     }
}
/*...... 后面部分略*/
```

添加广告后重新运行“智能农苑助手”项目，主页界面底部将出现添加的测试广告，如图 10-18 所示。

图 10-18　测试广告效果

10.3.2　生成签名文件

在 Android 系统中，所有安装到系统中的应用程序都必有一个数字证书，此证书用于标识应用程序的作者，并与应用程序之间建立信任关系。如果一个 Permission（权限）的 protectionLevel 为 signature，则只有那些跟该 Permission 所在的程序拥有相同数字证书的才能取得该权限。Android 使用 Java 数字证书相关机制，用来给 apk 加盖数字证书。要理解 Android 的数字证书，需要先了解以下数字证书的概念和 Java 数字证书机制。

Android 系统要求每一个安装的应用程序都是经过数字证书签名的，数字证书的私钥保存在程序开发者的手中。数字证书用来标识应用程序的作者以及在应用程序之间建立信任关系，而不是用来决定最终用户可以安装哪些应用程序。这个数字证书并不需要权威的数字证书签名机构认证，而只是用来让应用程序包自我认证的。

同一个开发者开发的多个程序尽可能使用相同的数字证书，这可以带来以下好处。

1）有利于程序升级。当新版和旧版程序的数字证书相同时，Android 系统才会认为这两个

程序是同一个程序的不同版本。如果新版和旧版程序的数字证书不相同，则 Android 系统认为它们是不同的程序，并会产生冲突，要求新程序更改包名。

2）有利于程序的模块化设计和开发。Android 系统允许拥有同一个数字签名的程序运行在一个进程中，Android 程序会将它们视为同一个程序。所以，开发者可以将自己的程序分模块开发，而用户在需要的时候下载适当的模块即可。

3）可以通过权限（Permission）的方式在多个程序间共享数据和代码。Android 提供了基于数字证书的权限赋予机制，应用程序可以和其他的程序共享该功能或者数据，给那些与自身拥有相同数字证书的程序赋予权限。如果某个权限的 protectionLevel 是 signature，则这个权限就只能授予那些跟该权限所在包拥有同一个数字证书的程序。

在签名时，需要考虑数字证书的有效期。数字证书的有效期有以下几点要求。

1）数字证书的有效期要包含程序的预计生命周期，一旦数字证书失效，持有该数字证书的程序将不能正常升级。

2）如果多个程序使用同一个数字证书，则该数字证书的有效期要包含所有程序的预计生命周期。

3）Android Market 强制要求所有应用程序数字证书的有效期要持续到 2033 年 10 月 22 日以后。

使用 Android 数字证书要注意以下几个问题。

1）所有的应用程序都必须有数字证书，Android 系统不会安装一个没有数字证书的应用程序。

2）Android 程序包使用的数字证书可以是自签名的，即不需要一个权威的数字证书机构签名认证。

3）如果要正式发布一个 Android 程序，则必须使用一个合适的私钥生成的数字证书来给程序签名，而不能使用 ADT 插件或者 Ant 工具生成的调试证书来发布。

4）数字证书都是有期限的，Android 只是在应用程序安装的时候才会检查证书的有效期。如果程序已经安装在系统中，即使证书过期也不会影响程序运行其正常功能。

5）Android 使用标准的 Java 工具 Keytool and Jarsigner 来生成数字证书，并给应用程序包签名。

6）使用 zipalign 优化程序。

无论是在模拟器还是在实际的物理设备上，Android 系统都不会安装运行任何一款未经数字签名的 apk 程序。Android 的开发工具（ADT 插件和 Ant）都可以协助开发者给 apk 程序签名，它们都有两种模式：调试模式（Debug Mode）和发布模式（Release Mode）。

在调试模式下，Android 的开发工具会在每次编译时使用调试用的数字证书给程序签名。

发布程序时，开发者就需要使用自己的数字证书给 apk 包签名，有以下两种方法。

1）命令行下使用 JDK 中的 Keytool（用于生成数字证书）和 Jarsigner（用于使用数字证书签名）来给 apk 包签名。

2）使用 ADT Export Wizard 进行签名（若没有数字证书可能需要生成数字证书）。

10.3.3 使用签名文件

这里使用 Keytool 和 Jarsigner 给“智能农苑助手”手机应用添加签名，命令如下所示。

```
keytool -genkey -v -keystore android.keystore -alias android -keyalg RSA -validity 20000
```

该命令中，“-keystore ophone.keystore”表示生成的证书，可以加上路径（默认在用户主目录下）；“ －alias ophone”表示证书的别名是 ophone；“ －keyalg RSA”表示采用的是 RSA 算法；“ －validity 20000”表示证书的有效期是 20000 天。

命令输入之后将得到如图 10-19 所示的注册信息。

```
输入keystore密码：
再次输入新密码：
您的名字与姓氏是什么？
  [Unknown]:  androidkevin
您的组织单位名称是什么？
  [Unknown]:  www.androidkevin.com.cn
您的组织名称是什么？
  [Unknown]:  www.androidkevin.com.cn
您所在的城市或区域名称是什么？
  [Unknown]:  beijing
您所在的州或省份名称是什么？
  [Unknown]:  beijing
该单位的两字母国家代码是什么
  [Unknown]:  CN
CN=androidkevin, OU=www.androidkevin.com.cn, O=www.androidkevin.com.cn, L=beijin
g, ST=beijing, C=CN 正确吗？
  [否]:  Y

输入<androidkevin.keystore>的主密码
        （如果和 keystore 密码相同，按回车）：
```

图 10-19　注册信息，获取数字证书

此时，会在应用程序主目录下增加 ophone. keystore 证书文件。

接着对程序进行签名，签名格式如下所示：

```
jarsigner 用法：[选项] jar 文件别名
jarsigner －verify [选项] jar 文件
```

并执行如下命令：

```
jarsigner －verbose －keystore android. keystore －signedjar android123_signed. apk android123. apk android
```

输入文件 android123. apk，最终生成 android123_signed. apk。这就是 Android 签名后的 apk 执行文件。

10. 3. 4　发布应用

“安卓市场”由著名的安卓专业论坛安卓网开发，是中国国内较有影响力的 Android 软件发布平台，原创中文软件涵盖量大，是一个全中文化的市场、本地化的程序应用。依托着安卓网开发者联盟的强大支持，每天不断更新最新的中文 Android 软件。

将“智能农苑助手”应用发布到“安卓市场”应用市场有如下几个步骤。

1）注册“安卓市场”开发者账号，如图 10-20 所示。

2）注册后需要在邮箱中激活，激活后显示提交审核，会在工作日内 3 小时进行审核，如图 10-21 所示。

3）审核完成后，就可以在安卓市场中发布软件了。发布软件需进行上传 apk 文件、上传软件截图以及添加软件信息等步骤，如图 10-22 所示。发布成功后，软件将处于待审核状态，如图 10-23 所示。

图 10-20　注册“安卓市场”开发者账号

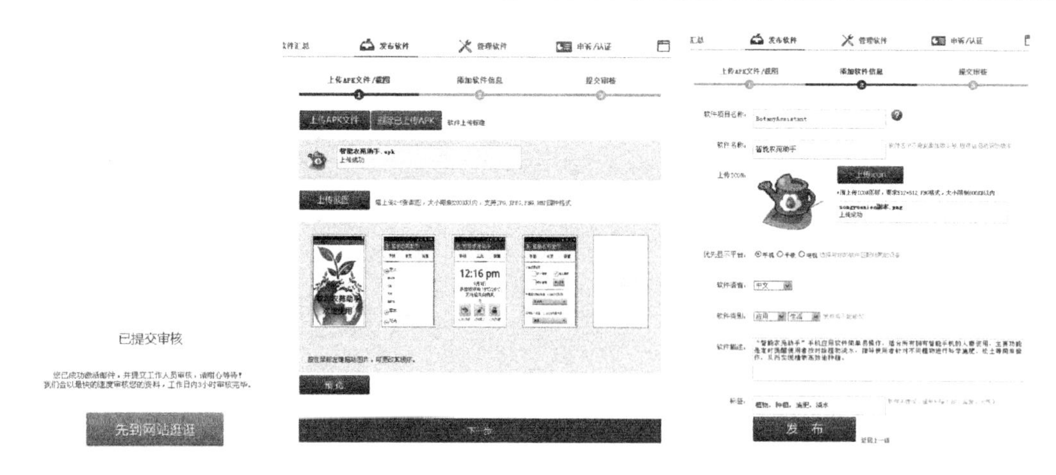

图 10-21　激活后显示提交审核　　　　图 10-22　添加软件信息

4）审核通过后，在系统已发布软件列表中显示审核通过，如图 10-24 所示。

图 10-23　软件待审核状态　　　　图 10-24　已发布软件列表

5）最后在“安卓市场”中搜索“智能农苑助手”，就能够看到已经发布到“安卓市场”中的软件，如图 10-25 所示。

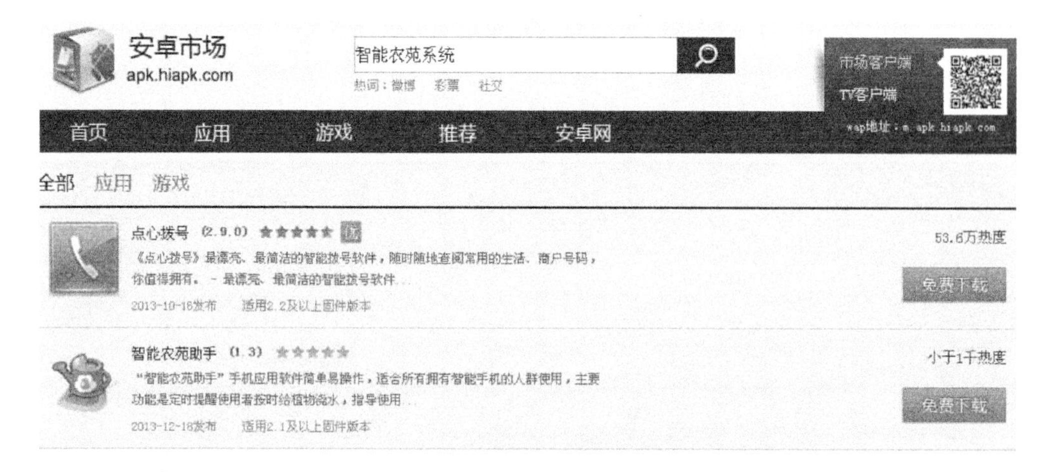

图 10-25　搜索“智能农苑助手”

6）单击“智能农苑助手”图标，进入应用介绍页面，如图 10-26 所示。在此页面中可以看到“智能农苑助手”应用的简介，并且可以下载安装到手机。

图 10-26　“智能农苑助手”应用介绍页面

10.4　思考与练习

1. 如何在应用中添加除“有米”之外的广告？
2. 如何将应用发布到其他手机应用商店？

第 11 章　综合案例二：家庭理财助手

第 10 章介绍的“智能农苑助手”是以业务流程为主的程序开发方式。然而在实际的应用程序开发中遇到更多的是另外一种开发方式，即以数据库为中心的信息管理系统开发。本章将以家庭生活中的日常开支管理为例，介绍在 Android 中进行信息管理系统开发的方法。

微视频

11.1　系统功能

本节将首先介绍系统的开发背景，然后了解“家庭理财助手”的基本功能，使读者熟悉系统的开发背景和系统的使用方法，为下一步的开发做好准备。

11.1.1　概述

家庭理财就是利用企业理财和金融方法对家庭经济（主要指家庭收入和支出）进行计划和管理。从技术的角度看，家庭理财往往通过开源节流的原则，即增加收入、节省支出的方式，达到一个家庭所希望达到的经济目标。

现如今，众多的投资理财项目以及不同种类的开支，往往使人不知所措。因此拥有一款好的个人理财软件变得非常必要。而现有的理财系统，大多是为 PC 系统定制的复杂且专业的系统，但人们往往在想要入账时却又无法使用计算机。所以，本章将开发一款基于 Android 系统的个人理财管理助手软件，以帮助用户弄清楚平时的每一笔开支信息。这款软件相比 PC 端类似软件的最大优势就在于，只要有了收支情况，立刻就可以使用手机将这些收支情况详细地记录下来，而无需事后再登录到系统中进行相同的操作。

正是基于 Android 应用软件的实时性和方便性，本款家庭理财软件的开发从系统的界面设计，到系统功能及数据库的规划设计都充分考虑了手机客户端的软件开发特点。

- 采用 Eclipse 编程软件，其丰富的插件使系统开发变得更高效。
- Google 公司提供了手机开发平台 Android Developer 专属的软件开发工具包 Android SDK。开发者在为其开发程序时可拥有更大的自由度，发挥 Android 手机系统的开放性和服务免费的特点。
- 以轻型的 SQLite 为数据库，遵守 ACID 的关联式数据库管理系统。它的设计目标是嵌入式的，占用的资源非常低，并能够支持 Windows/Linux/UNIX 等主流的操作系统。同时能够与很多程序语言相结合。
- 以 Android 2. 1、Android 2. 2 或者更高版本的 Android 系统为目标平台。

11.1.2　系统功能预览

本节将介绍整个项目要实现的系统功能，该项目的目录结构如图 11-1 所示。整个项目的功能包括家庭理财助手的系统主界面、收入管理、支出管理、收入查询、支出查询、类别管理、统计信息、辅助工具、用户信息和退出管理。

1. 系统主界面

当单击运行“家庭理财助手”项目后，会出现程序的欢迎界面。大约等待 2s 后，就会看到整个系统的主界面，如图 11-2 所示。

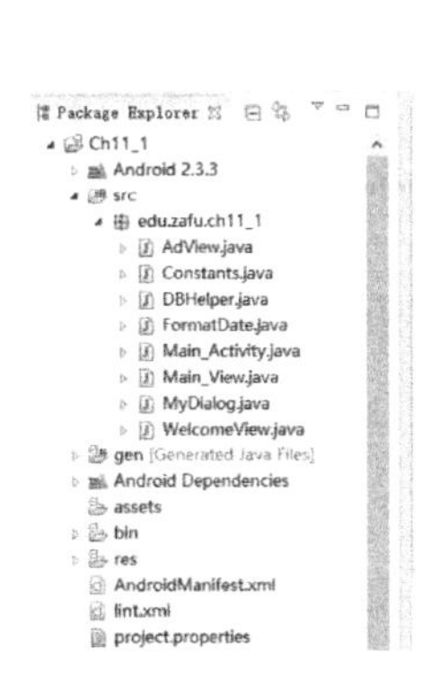

图 11-1　项目目录结构

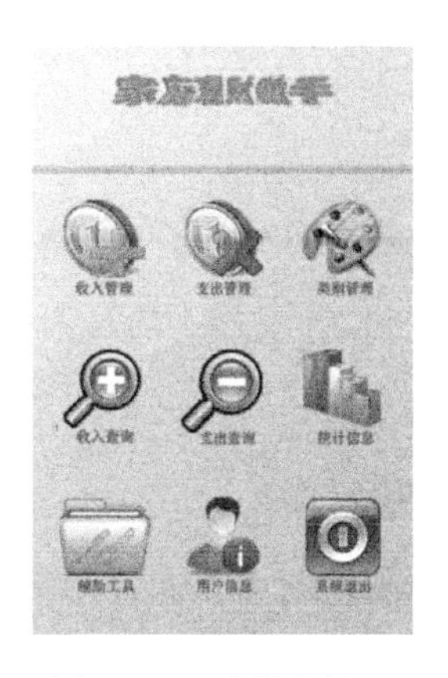

图 11-2　系统主界面

系统主界面是实现所有系统功能的一个中转站，要完成系统的任何一个功能，一般都要返回到这个界面。然后单击相应的图标，以完成相对应的功能。

2. 收入管理

当有新的收入时，需要随时将它录入到系统之中，此时单击图标，会出现“收入管理”界面。选择“插入日期”→“选择日期”→“收入来源”，输入“收入金额”和“备注”后，单击“确认添加”按钮后即可添加该记录。如果成功，则会显示相关信息，如图 11-3 所示。

图 11-3　收入管理

3. 支出管理

当有支出时，同样也需要将它录入到系统之中。单击 图标，出现“支出管理”界面。选择“插入日期”→“支出类别”，输入“支出金额”和“备注”后，单击“确认添加”按钮后即添加该记录。如果成功，则会显示相关信息，如图 11-4 所示。

图 11-4　支出管理

4. 收入查询

如果需要查询之前的收入，则单击图标。这里提供了“收入来源”“收入日期”“收入金额”3 种查询方式，如图 11-5 所示。

用户可以按照某一种方式进行查询，也可以通过组合的方式进行查询，只要单击选中相应的查询方式前的复选框即可，如图 11-5 所示。

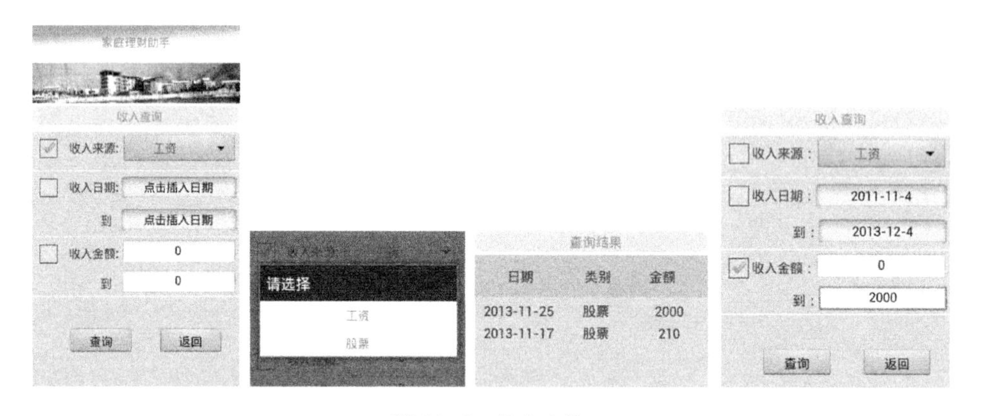

图 11-5　收入查询

5. 支出查询

如果需要查询之前的支出情况，则单击图标。同样也提供了“支出类别”“支出日期”“支出金额”3 种查询方式，如图 11-6 所示。

同样也可以通过组合的方式进行支出查询，方法同收入查询一样，如图 11-6 所示。

6. 类别管理

系统初始化时，收入和支出类别中各默认提供了一个类别（“工资”和“消费”）。如果要对这些类别进行管理，则单击 图标。首先通过 Spinner 控件选择当前进行的是“收入类别”管理还是“支出类别”管理。在中间的列表框中则列出了当前数据库中收入或支出的所有类别（“工资”“股票”“债券”），如图 11-7 所示。通过最下面的两个文本框（“类别名称”和“类别说明”），可以添加新的收入或支出类别（单击“确认添加”按钮来添加）。或者单击已有类别，通过“删除”命令可以删除选择的类别。

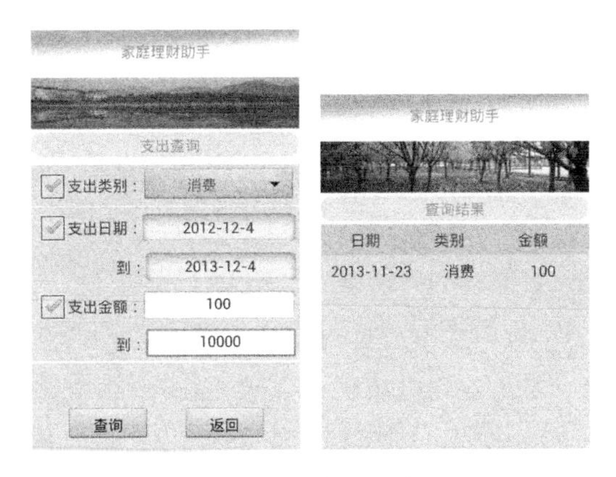

图 11-6　支出查询

图 11-7　类别管理

收入和支出类别是进行其他管理和操作的前提，因此往往需要一开始就设置好所有的类别。

7. 统计信息

为了获得自己在某一方面收入或支出的统计情况，可以单击图标。首先通过 Spinner 控件选择当前进行的是“收入统计”还是“支出统计”。下面的两个复选框提供了统计的两种方式：按照时间还是类别进行统计。例如，要统计所有的“工资”收入时，从收入类别 Spinner 选择好相应的类别后，单击“确定”按钮，出现的对话框中就会列出用户所需要的信息，如图 11-8 所示。如果同时选择了两个复选框，也可以统计满足这两个条件的记录。支出统计的情况和收入统计类似。

图 11-8　统计信息

8. 辅助工具

程序还提供了辅助工具，可以用于计算银行存款的到期金额，通过单击图标进入，如图 11-9 所示。用户在输入自己的存款本金、利率和存款期限后，单击“确定”按钮可以获得到期金额和增加的金额数。

9. 用户信息

单击图标进入用户信息的维护界面。首先在界面的上半部分看到的是目前的用户信息情况。如果要修改用户信息，则可以在文本框输入或 Spinner 中选择正确的选项，但必须输入正确的旧密码。如果同时要修改密码，则可在“新的密码”和“确认密码”文本框中修改。单击“修改”按钮完成设置，如图 11-10 所示。

图 11-9　辅助工具

图 11-10　用户信息

10. 退出管理

单击图标安全退出系统。

11. 项目下载

扫描右侧二维码可获得项目源代码。

11.2　数据库设计

本节对系统的数据存取模块进行介绍。该模块主要负责对理财系统涉及的数据进行存储和读取，主要包括：收入/支出类别、收入/支出管理和用户信息。

系统采用 Android 自带的 SQLite 数据库进行数据的存储和管理。

11.2.1　数据库设计基础

家庭理财助手软件首先需要建立一个数据库 mydb，以及在该数据库中建立 5 张表，用以存放相关数据。

1）打开/创建数据库 mydb。

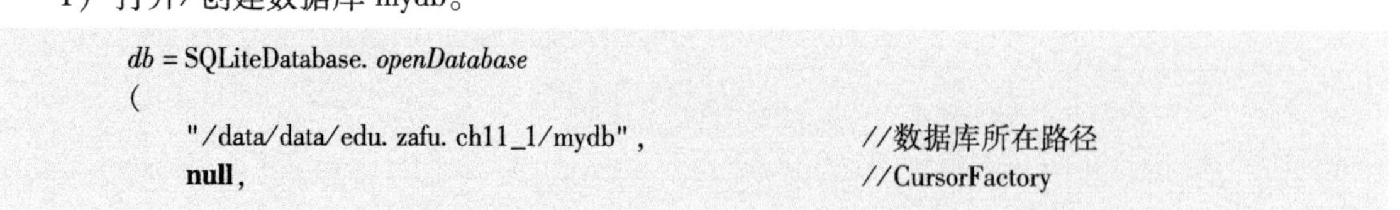

```
db = SQLiteDatabase. openDatabase
(
    "/data/data/edu. zafu. ch11_1/mydb",                //数据库所在路径
    null,                                               //CursorFactory
```

```
        SQLiteDatabase.OPEN_READWRITE | SQLiteDatabase.CREATE_IF_NECESSARY
                                        //以读写方式打开,若不存在则创建
    );
```

2）收入类别表（Icategory）：用于记录收入的类别。其创建的 SQL 代码如下，具体的设计表如表 11-1 所示。

```
create table if not exists Icategory(                   //收入类别
    id INTEGER PRIMARY KEY AUTOINCREMENT,               //自增 id
    icategory Varchar(10),                              //收入类别名称
    explanation Varchar(50)                             //类别说明
);
```

表 11-1　收入类别表

Index	Name	Declared Type	Type	Size	Precision	Not Null
1	id	INTEGER	INTEGER			√
2	icategory	Varchar（10）	Varchar	10	0	
3	explanation	Varchar（50）	Varchar	50	0	

3）支出类别（Scategory）：用于记录支出的类别。其创建的 SQL 代码如下，具体的设计表如表 11-2 所示。

```
create table if not exists Scategory(                   //支出类别
    id INTEGER PRIMARY KEY AUTOINCREMENT,               //自增 id
    scategory Varchar(10),                              //支出类别名称
    explanation Varchar(50)                             //类别说明
);
```

表 11-2　支出类别表

Index	Name	Declared Type	Type	Size	Precision	Not Null
1	id	INTEGER	INTEGER			√
2	scategory	Varchar（10）	Varchar	10	0	
3	explanation	Varchar（50）	Varchar	50	0	

4）收入管理（Income）：用于记录收入数据的具体信息。其创建的 SQL 代码如下，具体的设计表如表 11-3 所示。

```
create table if not exists Income(                      //收入管理
    id INTEGER PRIMARY KEY AUTOINCREMENT,               //自增 id
    indate char(10),                                    //收入日期
    icategory Varchar(20),                              //收入类别
    inmoney Integer,                                    //收入金额
    explanation Varchar(50)                             //说明
);
```

表 11-3　收入管理表

Index	Name	Declared Type	Type	Size	Precision	Not Null
1	id	INTEGER	INTEGER	0	0	√
2	indate	char（10）	char	10	0	
3	icategory	Varchar（20）	Varchar	20	0	
4	inmoney	MONEY	MONEY	0	0	
5	explanation	Varchar（50）	Varchar	50	0	

5）支出管理（Spend）：用于记录支出数据的具体信息。其创建的 SQL 代码如下，具体的设计表如表 11-4 所示。

```
create table if not exists Spend(                          //支出管理
    id INTEGER PRIMARY KEY AUTOINCREMENT,                  //自增 id
    spdate char(10),                                       //支出日期
    scategory Varchar(20),                                 //支出类别
    spmoney Integer,                                       //支出金额
    explanation Varchar(50)                                //说明
);
```

表 11-4　支出管理表

Index	Name	Declared Type	Type	Size	Precision	Not Null
1	id	INTEGER	INTEGER	0	0	√
2	spdate	char（10）	char	10	0	
3	scategory	Varchar（20）	Varchar	20	0	
4	spmoney	INTEGER	INTEGER	0	0	
5	explanation	Varchar（50）	Varchar	50	0	

6）用户信息（UserInfo）：用于记录用户个人信息及系统密码的具体数据信息。其创建的 SQL 代码如下，具体的设计表如表 11-5 所示。

```
create table if not exists UserInfo(              //个人信息
    id INTEGER PRIMARY KEY AUTOINCREMENT,         //用户 id
    uname Varchar(10),                            //用户名
    usex char(1),                                 //性别
    ubirthday Varchar(10),                        //出生日期

    ucity Varchar(10),                            //所在地
    uemail Varchar(20),                           //邮箱
    password Varchar(10)                          //密码
);
```

表 11-5　用户信息表

Index	Name	Declared Type	Type	Size	Precision	Not Null
1	id	INTEGER	INTEGER	0	0	√
2	uname	Varchar（10）	Varchar	10	0	
3	usex	char（1）	char	1	0	
4	ubirthday	Varchar（10）	Varchar	10	0	
5	ucity	Varchar（10）	Varchar	10	0	
6	uemail	Varchar（20）	Varchar	20	0	
7	password	Varchar（10）	Varchar	10	0	

11.2.2　数据库操作类

在家庭理财助手软件开发中，为了方便操作数据库，专门创建了一个名为 DBHelper 的数据库操作类。该类的 UML 如图 11-11 所示。

打开数据库，若不存在，则创建并赋给数据库静态变量（static SQLiteDatabase）db。通过

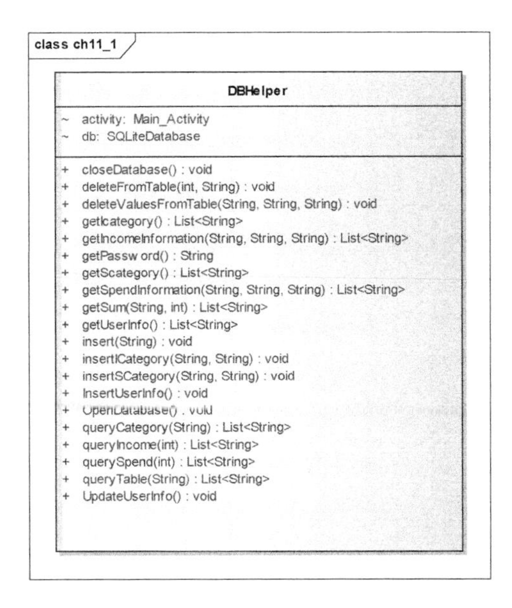

图 11-11　DBHelper 数据库操作类

该静态变量，系统其他部分可以访问数据库。具体代码如下。

```
public static void OpenDatabase()
{
    try
    {
        db = SQLiteDatabase.openDatabase
        (
        "/data/data/edu.zafu.ch11_1/mydb",                    //数据库所在路径
        null,                                                  //CursorFactory
SQLiteDatabase.OPEN_READWRITE | SQLiteDatabase.CREATE_IF_NECESSARY
//以读写方式打开,若不存在则创建
        );
        String sql;
        sql = "create table if not exists Icategory" +          //收入类别

        "(" +"id INTEGER PRIMARY KEY AUTOINCREMENT," +
        "icategory Varchar(10)," + "explanation Varchar(50)" +")";
        db.execSQL(sql);
        sql = "create table if not exists Scategory" +          //支出类别
        "(" +"id INTEGER PRIMARY KEY AUTOINCREMENT," +
        "scategory Varchar(10)," +"explanation Varchar(50)" +")";
        db.execSQL(sql);
        sql = "create table if not exists Income" +             //收入管理
        "(" +"id INTEGER PRIMARY KEY AUTOINCREMENT," +"indate char(10)," +
        "icategory Varchar(20)," +"inmoney INTEGER," +
        "explanation Varchar(50)" +")";
        db.execSQL(sql);
        sql = "create table if not exists Spend" +              //支出管理
        "(" +"id INTEGER PRIMARY KEY AUTOINCREMENT," +
        "spdate char(10)," +"scategory Varchar(20)," +
        "spmoney INTEGER," +"explanation Varchar(50)" +")";
        db.execSQL(sql);
        sql = "create table if not exists UserInfo" +           //用户信息
```

```
            "(" +"id INTEGER PRIMARY KEY AUTOINCREMENT," +"uname Varchar(10)," +
            "usex char(1)," +"ubirthday Varchar(10)," +"ucity Varchar(10)," +
            "uemail Varchar(20)," +"password Varchar(10)" + ")";
            db.execSQL(sql);

        }
        catch(Exception e)
        {
        e.printStackTrace();
        }
    }
```

11.3 主界面设计

系统的主界面设计包括主界面布局、主控类的整体框架和主控类方法。由于主界面是系统功能的控制中心，也是用户接触最多的界面之一，因此主界面设计的合理性非常重要。该程序的设计将遵循重用性和可扩展性等多方面的考虑，以使系统的设计更加合理。

11.3.1 主界面布局

本系统通过代码来生成主界面，即在主控类中调用函数 dumpMain_View()生成。其中变量 mainview 为主界面类（Main_View）对象。具体代码如下。

```
    public void dumpMain_View()
    {
        if(mainview == null)                               //第一次加载,生成主界面对象
        {

            mainview = new Main_View(this);                //Main_View 类
        }
        setContentView(mainview);                          //生成主界面布局
        if(pwflag)                                         //是否需要密码
        {
            showDialog(PASSWORD_DIALOG_ID);                //密码对话框的生成和显示
            //其中常量都在 Constant.java 中的 Constant 类中定义
            pwflag = false;
        }
        //创建或打开数据库的方法
        DBHelper.OpenDatabase();
        List<String> slist = DBHelper.queryCategory("Icategory");
        if(slist.size() ==0) //如果没有记录,增加一条默认的类别
        {
            DBHelper.insertICategory("工资","说明信息");
        }
        slist = DBHelper.queryCategory("Scategory");
        if(slist.size() ==0)
        {
            DBHelper.insertSCategory("消费", "说明信息");
        }
        DBHelper.closeDatabase();                          //关闭数据库
        curview = MAIN_VIEW;                               //设置当前屏幕
    }
```

程序中 setContentView（mainview）用来生成主界面布局。主界面视图类 Main_View 定义如下。

```
public class Main_View extends SurfaceView implements SurfaceHolder. Callback
{
    Main_Activity activity;                                           //主 Activity
    Paint paint;
    Bitmap B_back;                                                    //背景
    Bitmap B_user;                                                    //用户信息
    Bitmap B_category;                                                //类别管理
    Bitmap B_income;                                                  //收入管理
    Bitmap B_spent;                                                   //支出管理
    Bitmap B_static;                                                  //统计信息
    Bitmap B_aux;                                                     //辅助工具
    Bitmap B_sincome;                                                 //收入查询
    Bitmap B_sspent;                                                  //支出查询
    Bitmap B_out;                                                     //系统退出
    Bitmap titlel;                                                    //标题
    public Main_View(Main_Activity activity)
    {
        super(activity);

        this. activity = activity; //主 Activity
        this. getHolder(). addCallback(this);

        paint = new Paint();
        paint. setAntiAlias(true);                                    //去锯齿

        initBitmap(activity. getResources());                         //加载图片
    }
    public void initBitmap(Resources r)                               //加载图片
    {
        this. setBackgroundResource(R. drawable. back);               //设置背景
    B_category = BitmapFactory. decodeResource(r,R. drawable. category);   //类别管理
        B_user = BitmapFactory. decodeResource(r, R. drawable. user);      //用户信息
        B_out = BitmapFactory. decodeResource(r, R. drawable. out);        //系统退出
        titlel = BitmapFactory. decodeResource(r, R. drawable. titlel);    //标题
        B_aux = BitmapFactory. decodeResource(r, R. drawable. auxi);       //辅助工具
        B_sincome = BitmapFactory. decodeResource(r, R. drawable. sincome); //收入查询
    B_sspent = BitmapFactory. decodeResource(r, R. drawable. sspent);      //支出查询
    B_income = BitmapFactory. decodeResource(r, R. drawable. income);      //收入管理
    B_spent = BitmapFactory. decodeResource(r, R. drawable. spent);        //支出管理
    B_static = BitmapFactory. decodeResource(r, R. drawable. statics);     //统计信息
    }
    public void onDraw(Canvas canvas)                                 //绘制图标
    {
        canvas. drawBitmap(titlel, TITL_XOFFSET,TITL_YOFFSET, paint);  //标题
    canvas. drawBitmap(B_user,USER_XOFFSET,USER_YOFFSET, paint);      //个人信息
        canvas. drawBitmap(B_out, OUT_XOFFSET,OUT_YOFFSET, paint);    //退出系统
canvas. drawBitmap(B_category,CATE_XOFFSET,CATE_YOFFSET, paint);      //类别管理
        canvas. drawBitmap(B_income,IM_XOFFSET,IM_YOFFSET,paint);     //收入管理
        canvas. drawBitmap(B_spent, SM_XOFFSET,SM_YOFFSET, paint);    //支出管理
        canvas. drawBitmap(B_static,ST_XOFFSET,ST_YOFFSET, paint);    //统计信息
        canvas. drawBitmap(B_aux, AUX_XOFFSET,AUX_YOFFSET, paint);    //辅助工具
```

```
        canvas.drawBitmap(B_sincome,IS_XOFFSET,IS_YOFFSET, paint);              //收入查询
        canvas.drawBitmap(B_sspent,SS_XOFFSET ,SS_YOFFSET, paint);              //支出查询
    }
    @Override
    public boolean onTouchEvent(MotionEvent e)                                  //触屏
    {
        int x = (int)(e.getX());                                                //获取当前触点位置
        int y = (int)(e.getY());
        switch(e.getAction())                                                   //获取触屏动作
        {
            case MotionEvent.ACTION_DOWN:if(x > CATE_XOFFSET&&x < CATE_XOFFSET +
PWIDTH&&y > CATE_YOFFSET&&y < CATE_YOFFSET + PHEIGHT)
                {

                    activity.hd.sendEmptyMessage(0);
                }if(x > IM_XOFFSET&&x < IM_XOFFSET + PWIDTH&&y > IM_YOFFSET&&y < IM
_YOFFSET + PHEIGHT)
                {
                    activity.hd.sendEmptyMessage(1);
                }if(x > SM_XOFFSET&&x < SM_XOFFSET + PWIDTH&&y > SM_YOFFSET&&y <
SM_YOFFSET + PHEIGHT)
                {
                    activity.hd.sendEmptyMessage(2);
                }if(x > ST_XOFFSET&&x < ST_XOFFSET + PWIDTH&&y > ST_YOFFSET&&y < ST
_YOFFSET + PHEIGHT)
                {
                    activity.hd.sendEmptyMessage(3);
                }if(x > AUX_XOFFSET&&x < AUX_XOFFSET + PWIDTH&&y > AUX_YOFFSET&&y
< AUX_YOFFSET + PHEIGHT)
                {
                    activity.hd.sendEmptyMessage(4);
                }if(x > IS_XOFFSET&&x < IS_XOFFSET + PWIDTH&&y > IS_YOFFSET&&y < IS_
YOFFSET + PHEIGHT)
                {
                    activity.hd.sendEmptyMessage(5);
                }if(x > SS_XOFFSET&&x < SS_XOFFSET + PWIDTH&&y > SS_YOFFSET&&y < SS_
YOFFSET + PHEIGHT)
                {
                    activity.hd.sendEmptyMessage(6);
                }if(x > USER_XOFFSET&&x < USER_XOFFSET + PWIDTH&&y > USER_YOFF-
SET&&y < USER_YOFFSET + PHEIGHT)
                {
                    activity.hd.sendEmptyMessage(7);
                }if(x > OUT_XOFFSET&&x < OUT_XOFFSET + PWIDTH&&y > OUT_YOFFSET&&y
< OUT_YOFFSET + PHEIGHT)
                {
                    System.exit(0);
                }
                break;
        }
        return true;
    }
    public void repaint()                                                       //重绘方法
```

```
    {
        SurfaceHolder surfaceholder = this. getHolder( ) ;
        Canvas canvas = surfaceholder. lockCanvas( ) ;
        try

        {
            synchronized( surfaceholder)
            {
                onDraw( canvas) ;
            }
        }
        catch( Exception e)
        {
            e. printStackTrace( ) ;
        }
        finally
        {
            if( canvas! = null)
            {
                surfaceholder. unlockCanvasAndPost( canvas) ;
            }
        }
    }
}
```

以上代码中，主界面视图在手机屏幕的相应位置上画出各个功能模块的图标。其中每个图标的位置常量在 Constants 类中定义。然后捕获触屏事件：boolean onTouchEvent (MotionEvent e)，以获得触点的坐标。判断触点对应的图标位置后，发送对应的消息代码，从而能够在主控类中执行相关功能函数。

11.3.2　主控类的整体框架

主控类 Main_Activity 是一个 Activity 在 Main_Acitivity. java 中的定义。主 Activity 的作用是对各个界面进行管理、切换以及对欢迎界面和主界面中线程发送来的请求做出响应。其代码整体框架如下。

```
public class Main_Activity extends Activity                    //主 Activity
{
    Main_View mainview;                                        // 主界面对象
    int curview;                                               //用于表示当前处于哪个界面
//此处省略其他类数据成员,详情可扫描二维码查看源代码

    Handler hd = new Handler( )                                //接受信息界面跳转
    {
        @ Override
        public void handleMessage( Message msg)                //重写方法
        {
            switch( msg. what)
            {
                case 0:
                dumpCategoryView( ) ;                          //类别维护界面

                break;
```

```
                case 1:
                 dumpIncomeView();                          //收入管理
                 break;
                case 2:
                 dumpSpendView();                           //支出管理
                 break;
                case 3:
                 dumpStaticsView();                         //统计信息
                 break;
                case 4:
                 dumpauxView();                             //辅助工具
                  break;
                case 5:
                 dumpIncomeSearch();                        //收入查询
                 break;
                case 6:
                 dumpSpendSearchView();                     //支出查询
                 break;
                case 7:
                 dumpUserView();                            //用户信息
                 break;
                case 8:
                 dumpMain_View();                           //主界面
                  break;
            }
        }
    };
```

其中 Android. os. Handler 负责接收，并按计划发送和处理消息。Handler 本质上是一个工具类，其内部有 Looper 成员。而 Looper 中有一个 MessageQueue 成员和 loop 函数，用来对消息队列进行循环。Handler 中的消息队列就是 Looper 中的消息队列成员，通过 Handler 类完成消息的发送、处理以及制定分发机制等。

```
    @Override
    public void onCreate(Bundle savedInstanceState)                    //初始化界面
    {
        super.onCreate(savedInstanceState);

        requestWindowFeature(Window.FEATURE_NO_TITLE);      //设置全屏显示
        getWindow().setFlags
        (
        WindowManager.LayoutParams.FLAG_FULLSCREEN,
                WindowManager.LayoutParams.FLAG_FULLSCREEN
        );
    this.setRequestedOrientation(ActivityInfo.SCREEN_ORIENTATION_PORTRAIT);

        dumpWelcomeView();                                      //转到欢迎界面
    }
```

首先跳转到欢迎界面，然后通过发送消息加载主界面。另外，在任何一个功能界面中，通过手机上的返回键可以返回到上一次操作的界面。可通过捕获 onKeyDown 事件进行处理，判断当前所处界面，以决定转到哪一个界面上。

```
@ Override
public boolean onKeyDown(int keyCode,KeyEvent e)                    //捕获触屏
{
if(keyCode ==4)                                                      //返回键
{
    if((curview == CATEGORY_VIEW) || (curview == USERINFO_VIEW) ||
        (curview == INCOME_VIEW) || (curview == SPEND_VIEW) ||
        (curview == INCOMESEACH_VIEW) || (curview == SPENDSEACH_VIEW) ||
        (curview == AUX_VIEW))
        {                                                            //跳到主界面
        DBHelper.closeDatabase();
            dumpMain_View();
            return true;
        }
if((curview == AUX_VIEW) || (curview == INCOMESTATIC_VIEW) || (curview == SPENDSTATIC_
VIEW) ||
        (curview == ABOUT_VIEW))
    {
        dumpMain_View();
            return true;
    }
    if(curview == INCOMERESULT_VIEW)
        {                                                            //跳到收入查询界面
        DBHelper.closeDatabase();
            Main_Activity.this.dumpIncomeSearch();
        }
        if(curview == SPENDRESULT_VIEW)
        {                                                            //跳到支出查询界面
            DBHelper.closeDatabase();
            Main_Activity.this.dumpSpendSearchView();
        }
        if (curview == INCOMES_VIEW)                                 //收入查询详细界面
        {
            DBHelper.OpenDatabase();
            data = DBHelper.queryIncome(qust);                       //查看现在的表中数据
            DBHelper.closeDatabase();

            dumpDetailView(data, 1);                                 //跳到收入查询界面的方法
        }
        if (curview == SPENDS_VIEW)                                  //支出查询详细界面

        {
            DBHelper.OpenDatabase();
            data = DBHelper.querySpend(qust);                        //查看现在的表中数据
            DBHelper.closeDatabase();

            dumpDetailView(data, 2);                                 //跳到支出查询界面的方法
        }
}
return false;
}
```

最后在主界面中，单击选项菜单，弹出相应的对话框，代码如下。

```
    @ Override
    public boolean onCreateOptionsMenu( Menu menu)                    //选项菜单
    {
    MenuItem about = menu. add(MAIN_GROUP,MENU_ABOUT,0,R. string. about);
    about. setIcon( R. drawable. about);
    about. setOnMenuItemClickListener
    (
        new OnMenuItemClickListener( )
        {
            @ Override
            public boolean onMenuItemClick( MenuItem item)
            {
                Main_Activity. this. dumpAboutView( );               //跳到关于界面
                return false;
            }
        }
    );
    return true;
    }
    //关于界面
    public void dumpAboutView( )
    {
    setContentView( R. layout. aboutview);
    curview = ABOUT_VIEW;
    }
    //此处省略其他类方法,可扫描二维码查看源代码
}
```

11.3.3　主控类方法

从上一节的主控类整体框架中可以看到，它通过调用以下8个方法跳转并执行相关功能。下面将逐一介绍这些主控类的方法。

```
dumpCategoryView( );                    //类别维护界面
dumpIncomeView( );                      //收入管理
dumpSpendView( );                       //支出管理
dumpStaticsView( );                     //统计信息
dumpauxView( );                         //辅助工具
dumpIncomeSearch( );                    //收入查询
dumpSpendSearchView( );                 //支出查询
dumpUserView( );                        //用户信息
```

🕮 由于每个功能模块的界面已经在11.1.2节中给出，限于篇幅，这里将不再对每个界面的布局文件具体介绍。

---

1. 类别维护 dumpCategoryView( )

打开数据库：DBHelper. *OpenDatabase*( );。

通过调用函数“this. getDataToListView(lv,"Icategory");”将数据库中Icategory表中读取的类别置入列表框对象lv中。

收入类别/支出类别由以下两个单选按钮确定。

```
final RadioButton rb1 = (RadioButton)findViewById(R.id.RadioButton01);
final RadioButton rb2 = (RadioButton)findViewById(R.id.RadioButton02);
```

分别设置 2 个单选按钮的监听，以便在类别列表框中显示正确的收入/支出类别。

```
rb1.setOnCheckedChangeListener(new OnCheckedChangeListener() {
    @Override
    public void onCheckedChanged(CompoundButton buttonView,boolean isChecked)
    {
     ListView lv = (ListView)Main_Activity.this.findViewById(R.id.ListView01);
     Main_Activity.this.getDataToListView(lv,"Scategory");
     }
});
rb2.setOnCheckedChangeListener(new OnCheckedChangeListener() {
    @Override
    public void onCheckedChanged(CompoundButton buttonView,boolean isChecked)
    {
    ListView lv = (ListView)Main_Activity.this.findViewById(R.id.ListView01);
    Main_Activity.this.getDataToListView(lv,"Icategory");
    }
});
```

设置 3 个按钮的监听：增加、删除、返回。

```
Button addbutton = (Button)this.findViewById(R.id.Button01);          //增加按钮
Button delbutton = (Button)this.findViewById(R.id.Button02);          //删除按钮
Button returnbutton = (Button)this.findViewById(R.id.Button03);       //返回按钮
addbutton.setOnClickListener(new OnClickListener()                    //增加按钮监听

{
    @Override
    public void onClick(View v)
    {
        //代码省略,这里仅做说明
        //获得用户输入的类别和说明,存于字符串变量 icategory 和 saytext 中
        //然后根据单选按钮的选择,对收入或支出进行操作。以下面的已收入类别为例进行
        //说明,支出类别情况缺省
        //从数据库中获得收入类别名称,赋值给字符串列表 slist
        slist = DBHelper.queryCategory("Icategory");
        //如果用户输入的类别不在数据库中,则插入,否则给出相应提示
        DBHelper.insertICategory(icategory,saytext); //插入类别
        //更新界面中列表框的收入类别
        ListView lv = (ListView)findViewById(R.id.ListView01);
        Main_Activity.this.getDataToListView(lv,"Icategory");
    }
});

delbutton.setOnClickListener(new OnClickListener()                    //删除按钮监听
{
    @Override
    public void onClick(View v)
    {
        //同样,根据单选按钮的选择,对收入或支出进行操作。以下面的已收入类别为例进
        //行说明,支出类别情况缺省
        //获得用户在列表框中选择的删除类别,将之与数据库获得的串进行比较
```

```
            //从数据库中获得收入类别名称,赋值给字符串列表 slist
            //如果用户输入的类别不在数据库的 Income 表中,则删除,否则给出相应提示
            DBHelper.deleteValuesFromTable("Icategory", "icategory", str);        //删除类别
            //更新界面中列表框的收入类别
            ListView lv = (ListView)findViewById(R.id.ListView01);
            Main_Activity.this.getDataToListView(lv,"Icategory");
        }
    });
    returnButtonClicked(returnbutton);                                            //返回按钮监听
```

设置返回按钮监听，通过调用函数 returnButtonClicked 来完成。

```
public void returnButtonClicked(Button button)
{
    button.setOnClickListener
    (
        new OnClickListener()
        {
            @Override

            public void onClick(View v)
            {
                DBHelper.closeDatabase();
                dumpMain_View();                    //转到主界面中
            }
        }
    );
}
```

2. 收入管理 dumpIncomeView()

从用户那里获取收入日期、收入来源、收入金额和备注，单击按钮后添加。其中日期和类别需要设置监听，这里通过调用相关函数来完成。

```
dateInput1 = (TextView)findViewById(R.id.EditText01);          //日期输入框
setEditTextClick(dateInput1);                                   //日期输入框监听方法
SpinnerListener("Icategory");                                   //下拉表监听器方法
```

获得增加按钮对象：

```
Button addbutton = (Button)this.findViewById(R.id.Button01);            //增加按钮
```

增加按钮监听如下：

```
addbutton.setOnClickListener(new OnClickListener()
{
@Override
    public void onClick(View v)
    {
        EditText moneyInput1 = (EditText)findViewById(R.id.EditText02);       //金额
        EditText memoedit = (EditText)findViewById(R.id.EditText03);          //备注
        SIndate1 = dateInput1.getText().toString().trim();                    //获取日期
        Inputmoney1 = moneyInput1.getText().toString().trim();                //获取金额
        Inputexp = memoedit.getText().toString().trim();                      //获取备注
        //接下来判断输入的日期是否合法,以及该记录是否已经存在
        List<String> slist = DBHelper.queryTable("Income");
```

```
            String smatch = "\\d{1,}";
            boolean flag = Inputmoney1. matches(smatch);
            boolean flag1 = Main_Activity. this. sameOrDif
            ferent(SIndate1, icategory, Inputmoney1, slist);

            //如果都是有效的,则插入该记录,否则提示相关信息
            DBHelper. insert("Income");                              //调用插入数据方法
        }
    }
```

3. 支出管理 dumpSpendView( )

支出管理与收入管理基本类似，只要变换相应的数据库表即可，因此此处省略其内容。

4. 统计信息 dumpStaticsView( )

本函数包括了收入统计和支出统计功能，通过 Spinner 控件进行选择。如果选择的是支出统计功能，则通过调用函数 dumpSpStaticsView( )完成。因为该函数的实现与 dumpStaticsView( )中的收入统计功能实现类似，因此在此处省略了对该函数的介绍。

获取确定按钮对象，并添加监听：

```
Button Incomebutton = (Button)findViewById(R. id. Button01); //确定按钮
Incomebutton. setOnClickListener(new OnClickListener()
{
    @ Override
    public void onClick(View v)
    {
        //有两种统计方式:按照收入日期和收入类别
        //因此,收入获得复选框状态,读取用户统计方式
        CheckBox check01 = (CheckBox)findViewById(R. id. CheckBox01);     //日期
        CheckBox check02 = (CheckBox)findViewById(R. id. CheckBox03);     //类别
        if                                                    //如果按照日期和类别组合查询
        {
            //判断用户输入的日期是否有效
            SIndate1 = dateInput1. getText(). toString(). trim();
            SIndate2 = dateInput2. getText(). toString(). trim();
            //如果有效,则通过数据库的 getSum 进行统计,否则显示相关出错信息
            List < String >  Insum = DBHelper. getSum("Income",3);
            //注意,这里的状态参数为 3,表示按照日期和类别组合查询
        }
        if                                                          //如果按照日期查询
        {
            //判断用户输入的日期是否有效
            SIndate1 = dateInput1. getText(). toString(). trim();
            SIndate2 = dateInput2. getText(). toString(). trim();
            //如果有效,则通过数据库的 getSum 进行统计,否则显示相关出错信息
            List < String >  Insum = DBHelper. getSum("Income",1);
            //注意,这里的状态参数为 1,表示按照日期查询
        }
        if                                                          //如果按照类别查询
        {
            List < String >  Insum = DBHelper. getSum("Income",2);
            //注意:这里的状态参数为 2,表示按照类别查询
```

```
            }
        }
    });
```

获取返回按钮对象，并添加监听。

```
Button returnbutton = (Button)findViewById(R.id.Button02);

returnbutton.setOnClickListener(new OnClickListener()
{
    @Override
    public void onClick(View v)
    {
        DBHelper.closeDatabase();
        dumpMain_View();                          //返回到主界面
    }
}
```

5. 辅助工具 dumpauxView()

本辅助工具是根据用户输入的本金、利率和存款期限，以计算到期应该拿到的金额数和相比原来增加的金额数。

获取确定按钮对象，并添加监听如下。

```
Button button1 = (Button)findViewById(R.id.Button01);            //确定按钮
button1.setOnClickListener(new OnClickListener()
{
    @Override
    public void onClick(View v)
    {
        //计算存款金额
        float[] result = new float[2];                             //存放到期金额和增加金额数
        //得到每个 EditText 的引用
        EditText et1 = (EditText)findViewById(R.id.EditText01);    //本金
        EditText et2 = (EditText)findViewById(R.id.EditText02);    //利率
        EditText et3 = (EditText)findViewById(R.id.EditText03);    //期限
        EditText et4 = (EditText)findViewById(R.id.EditText04);    //到期金额
        EditText et5 = (EditText)findViewById(R.id.EditText05);    //增加金额数
        //然后得到用户的输入数据
        String str1 = et1.getText().toString().trim();             //本金
        String str2 = et2.getText().toString().trim();             //利率
        String str3 = et3.getText().toString().trim();             //期限
        //如果输入的字符串合法,则进行计算,并显示
        float fl1 = Float.parseFloat(str1);                        //转换成数值型
        float fl2 = Float.parseFloat(str2);
        float fl3 = Float.parseFloat(str3);
        float fmoney = fl1 * (1 + fl2 * fl3/100);
        result[0] = fmoney;
        result[1] = fmoney - fl1;
        //将计算结果放入到相应控件上进行显示
        String str = FormatDate.formatData(result[0]);
        et4.setText(str);                                          //到期金额
        str = FormatDate.formatData(result[1]);
        et5.setText(str);                                          //增加金额数
    }
```

```
});
```

6. 收入查询 dumpIncomeSearch()

系统提供3种方式进行查询：收入来源、收入日期和收入金额。用户在复选框中选择后，单击“查询”按钮进行查询。其中日期和类别需要设置监听，通过调用相关函数完成。

```
dateInput1 = (TextView)findViewById(R.id.EditText01);      //第一个日期
this.setEditTextClick(dateInput1);                         //设置监听,单击后弹出日期对话框
dateInput2 = (TextView)findViewById(R.id.EditText02);      //第二个日期
this.setEditTextClick(dateInput2);                         //设置监听,单击后弹出日期对话框
SpinnerListener ("Icategory");                             //下拉表监听
```

然后，获取查询按钮对象，并添加监听如下。

```
final Button selectBut = (Button)findViewById(R.id.Button01);          //查询
selectBut.setOnClickListener(new OnClickListener()
{
    @Override
    public void onClick(View v)
    {
        Income_selected();
    }
});
```

这里可以看到，单击按钮的功能是在函数 Income_selected()中完成的。下面是该函数的介绍。

```
public void Income_selected()
{ //该函数是收入查询按钮的监听方法,对查询条件进行判断,并转入执行对应查询
    //通过给出的3个复选框进行判断
    CheckBox dataCheck01 = (CheckBox)findViewById(R.id.CheckBox01);
    CheckBox dataCheck02 = (CheckBox)findViewById(R.id.CheckBox02);
    CheckBox dataCheck03 = (CheckBox)findViewById(R.id.CheckBox03);
    //查询结果,将数据放入到字符串列表框 IncomeDate 中
    List<String> IncomeDate;
    if //根据来源、日期和金额进行组合查询
    {
        //首先判断用户输入的数据(两个日期、两个金额)是否合法,合法则进行查询,否则
        //给出相应的出错信息
        IncomeDate = DBHelper.queryIncome(1);
        dumpDetailView(IncomeDate,1);                      //显示收入数据的界面
    }
    if //根据日期和金额进行组合查询
    {
        //首先判断用户输入的数据(两个日期、两个金额)是否合法,合法则进行查询,否则
        //给出相应的出错信息
        IncomeDate = DBHelper.queryIncome(2);

        dumpDetailView(IncomeDate,1);                      //1 显示收入数据的界面
    }
    if //根据日期和来源进行组合查询
    {
        //首先判断用户输入的数据(两个日期)是否合法,合法则进行查询,否则给出相应的出
        //错信息
```

```
            IncomeDate = DBHelper. queryIncome(3);
            dumpDetailView(IncomeDate,1);                          //1 显示收入数据的界面
        }
        if //根据金额和来源进行组合查询
        {
            //首先判断用户输入的数据(两个金额)是否合法,合法则进行查询,否则给出相应的出
            //错信息
            IncomeDate = DBHelper. queryIncome(4);
            dumpDetailView(IncomeDate,1);                          //1 显示收入数据的界面
        }
        if //根据日期进行查询
        {
            //首先判断用户输入的数据(两个日期)是否合法,合法则进行查询,否则给出相应的出
            //错信息
            IncomeDate = DBHelper. queryIncome(5);
            dumpDetailView(IncomeDate,1);                          //1 显示收入数据的界面
        }
        if //根据金额进行查询
        {
            //首先判断用户输入的数据(两个金额)是否合法,合法则进行查询,否则给出相应的出
            //错信息
            IncomeDate = DBHelper. queryIncome(6);
            dumpDetailView(IncomeDate,1);                          //1 显示收入数据的界面
        }
        if //根据类别进行查询
        {
            IncomeDate = DBHelper. queryIncome(7);
            dumpDetailView(IncomeDate,1);                          //1 显示收入数据的界面
        }
    }
```

由此可知，查询结果的显示是通过调用 dumpDetailView( ) 函数完成的。

```
    public void dumpDetailView(List < String > IncomeDate, int state)
    {//根据形参 state,分别显示相应的界面
        if(state ==1)                                                  //显示收入数据的界面
        {
            setContentView(R. layout. incomeresult);
            ListView lv = (ListView)findViewById(R. id. ListView01);    //设置显示内容
            //为收入查询数据界面配置数据,gridView 适配器

            SelectBaseAdapter(lv,IncomeDate,1);
             curview = INCOMERESULT_VIEW;                              //设置当前所在视图
        }
        if(state ==2)                                                  //显示支出数据的界面
        {
            setContentView(R. layout. spendresult);
            ListView lv = (ListView)findViewById(R. id. ListView01);    //设置显示内容
            //为收入查询数据界面配置数据,gridView 适配器
            SelectBaseAdapter(lv,IncomeDate,2);
             curview = SPENDRESULT _VIEW;                              //设置当前所在视图
        }
    }
```

📖 在 gridView 适配器函数 SelectBaseAdapter 中，捕获详细数据的 OnItemClick 事件，可以对用户选择的数据进行查看和删除操作。该功能通过 dumpIncomeDetailView 函数实现，可扫描二维码查看源代码。

7. 支出查询 dumpSpendSearchView( )

支出查询与收入查询基本类似，只要变换相应的数据库表即可。

8. 用户信息 dumpUserView( )

从数据库中读取用户信息进行显示。在该界面中同时可以修改这些用户信息，但需要在密码正确的情况下才能操作。

```
//读取数据库中用户信息数据,存入字符串列表中
DBHelper.OpenDatabase();
List<String> result = DBHelper.getUserInfo();
DBHelper.closeDatabase();
```

获取各个用户控件，将 result 中的数据显示在这些控件上。

```
EditText et2 = (EditText)findViewById(R.id.EditText02);        //用户名
et2.setText(result.get(1));
EditText et7 = (EditText)findViewById(R.id.EditText07);        //所在地
et7.setText(result.get(4));
EditText et3 = (EditText)findViewById(R.id.EditText03);        //邮箱
et3.setText(result.get(5));
sexspinner = (Spinner)findViewById(R.id.Spinner01);            //性别下拉列表
if(result.get(2).equals("男"))
    sexspinner.setSelection(0);
else
    sexspinner.setSelection(1);
dateInput1 = (TextView)findViewById(R.id.EditText01);          //出生日期
dateInput1.setText(result.get(3));
```

在用户对信息进行了修改后，可通过获取修改按钮对象，并添加监听。

```
Button addbutton = (Button)findViewById(R.id.Button01);                  //更新用户信息按钮
addbutton.setOnClickListener(new OnClickListener()
{
    @Override
    public void onClick(View v)
    {
        //================获取用户输入内容=====================
        EditText et2 = (EditText)findViewById(R.id.EditText02);          //用户名
        Inuser = et2.getText().toString().trim();
        TextView dateInput1 = (TextView)findViewById(R.id.EditText01);   //出生日期
        Inbirthday = dateInput1.getText().toString().trim();
        EditText et7 = (EditText)findViewById(R.id.EditText07);          //所在地
        Inlocal = et7.getText().toString().trim();
        EditText et3 = (EditText)findViewById(R.id.EditText03);          //邮箱
        Inemail = et3.getText().toString().trim();
        EditText et4 = (EditText)findViewById(R.id.EditText04);          //旧密码
        Inoldpwd = et4.getText().toString().trim();
        EditText et5 = (EditText)findViewById(R.id.EditText05);          //新密码
        Innewpwd = et5.getText().toString().trim();
```

```
            EditText et6 = (EditText)findViewById(R.id.EditText06);              //确认密码
            Incheckpwd = et6.getText().toString().trim();
            findViewById(R.id.Spinner01);                                        //性别
            //检查 Email 输入是否合法,并确定密码是否正确,正确则在数据库中修改用户信
            //息,否则给出相应的出错信息
            //更改个人数据
            String result = DBHelper.getPassword();
            if(result.equals(Inoldpwd))                                          //如果密码正确
            {
                DBHelper.UpdateUserInfo();                                   //修改的数据通过类成员传入
                Toast.makeText(Main_Activity.this, "信息修改成功!",
    Toast.LENGTH_SHORT).show();
            }
    }
```

11.4　辅助工具类

本节将介绍辅助工具类的实现，包括数据格式类、常量类和广告类。这些类是在主程序中进行引用和调用的。

11.4.1　数据格式类

该类用于数据的形式的格式化。主要用于对收入/支出统计的结果进行格式化。这里将金额保留两位小数来显示。

```
public class FormatDate
{
    public static String formatData(double d)
    {
        DecimalFormat myformat = new   DecimalFormat("0.00");
        return myformat.format(d);
    }
}
```

11.4.2　常量类

Constants 常量类的作用是将代码中用到的常量全部集中起来，封装成一个类。这样不仅方便本系统的开发，而且更有利于开发完成后程序的调试和修改等工作。

```
public class Constants                                           //常量类
{
    //主屏幕图标大小及位置
    static int PWIDTH = 80;                                      //图标大小
    static int PHEIGHT = 80;
    static int BACK_XOFFSET = 0;                                 //背景位置
    static int BACK_YOFFSET = 0;
    static int TITL_XOFFSET = 60;                                //标题位置
    static int TITL_YOFFSET = 20;
    static int IM_XOFFSET = 20;                                  //收入管理
    static int IM_YOFFSET = 120;
```

```
    static int SM_XOFFSET = 120;                              //支出管理
    static int SM_YOFFSET = 120;
    static int CATE_XOFFSET = 220;                            //类别管理
    static int CATE_YOFFSET = 120;
    static int IS_XOFFSET = 20;                               //收入查询
    static int IS_YOFFSET = 240;
    static int SS_XOFFSET = 120;                              //支出查询
    static int SS_YOFFSET = 240;
    static int ST_XOFFSET = 220;                              //统计信息
    static int ST_YOFFSET = 240;
    static int AUX_XOFFSET = 20;                              //辅助工具
    static int AUX_YOFFSET = 360;
    static int USER_XOFFSET = 120;                            //用户信息
    static int USER_YOFFSET = 360;
    static int OUT_XOFFSET = 220;                             //系统退出
    static int OUT_YOFFSET = 360;
    ////////////////////////////////////////
    //选项菜单
    final static int MENU_ABOUT = 0;

    final static int MAIN_GROUP = 1;
    //界面编号
    static intMAIN_VIEW = 0;                                  //主界面
    static intCATEGORY_VIEW = 1;                              //类别管理
    static intINCOME_VIEW = 2;                                //收入管理
    static intSPEND_VIEW = 3;                                 //支出管理
    static intABOUT_VIEW = 4;                                 //关于
    static intUSERINFO_VIEW = 5;                              //用户信息
    static intINCOMESTATIC_VIEW = 6;                          //收入统计
    static intSPENDSTATIC_VIEW = 7;                           //支出统计
    static intAUX_VIEW = 8;                                   //辅助工具
    static intINCOMESEACH_VIEW = 10;                          //收入查询
    static intINCOMERESULT_VIEW = 11;                         //收入查询结果
    static intSPENDSEACH_VIEW = 12;                           //支出查询
    static intSPENDRESULT_VIEW = 13;                          //支出查询结果
    static intINCOMES_VIEW = 15;                              //收入查询详细结果
    static intSPENDS_VIEW = 16;                               //支出查询详细结果
    //广告图片大小
    static int ADV_WIDTH = 320;
    static int ADV_HEIGHT = 60;
    //每组广告的数目
    static int ADVNUM = 4;
    static int ADTIME = 3000;                                 //广告切换时间

    public static final int DATE_DIALOG_ID = 0;               //日期对话框 id
    public static final int PASSWORD_DIALOG_ID = 1;           //密码对话框 id

    static String MESSAGE1 = "输入密码不正确,请重新输入!";
    static String MESSAGE2 = "密码不能为空!";
    static int textlength = 15;                               //文本最大的字数
    //下拉列表数组
    static String[] sexIds = {"男","女"};                      //性别下拉列表
}
```

11.4.3　广告类

从盈利的观点来看，在系统中增加广告是一个必然的趋势。但是从用户使用的角度看，不合理的广告将给系统带来很多麻烦。因此，如何设计广告同样十分重要。

本系统将广告设计成一个小的长条，放在项目的标题之下。这样，广告既可以美化应用的界面，又不至于影响用户正常使用系统的功能。

由于在系统的每个界面都有广告，因此将程序的标题和广告做成了公共的布局，供其他布局进行引用。该布局 title. xml 代码如下：

```
<LinearLayout xmlns:android = "http://schemas. android. com/apk/res/android"
    android:layout_width = "match_parent"

    android:layout_height = "wrap_content"
    android:orientation = "vertical"  >
    <TextView//显示应用程序的标题
        android:layout_width = "fill_parent"
        android:layout_height = "wrap_content"
        android:layout_marginTop = "0dp"
        android:background = "@ drawable/title"
        android:gravity = "center"
        android:text = "@ string/app_name"
        android:textColor = "@ color/red"
        android:textSize = "@ dimen/title_fontsize"
        android:textStyle = "bold"  >
    </TextView>
    <edu. zafu. ch11_1. AdView//显示广告,是一个 AdView 控件类
        android:layout_width = "320dip"
        android:layout_height = "60dp"
        android:layout_marginBottom = "0dp"
        android:layout_marginTop = "5dp"  />
</LinearLayout>
```

要引用该布局，只要使用 <include layout = "*@ layout/title*"/ > 即可。

广告控件类 AdView 定义如下：

```
public class AdView extends View
{
    static Bitmap[ ]adbmp;                    //加载的图片数组
    Paint paint;                              //定义画图的刷子
    int[ ] bmpIdx;                            //要加载的图片索引
    int curIdx =0;                            //当前广告索引

    public AdView( Context ct,AttributeSet as)
    {
        super( ct,as) ;
        this. bmpIdx = new int[ ]             //所有的广告图片都加载进来
        {
            R. drawable. ad1 ,R. drawable. ad2 , R. drawable. ad3 , R. drawable. ad4 ,
            R. drawable. ad5 , R. drawable. ad6 , R. drawable. ad7 ,
                R. drawable. ad8 , R. drawable. ad9 , R. drawable. ad10
        } ;
        adbmp = new Bitmap[ ADVNUM] ;      //每组广告 4 个图片
```

```
        initAdBitmaps();                            //初始化,加载广告图片
        paint = new Paint();
        paint.setFlags(Paint.ANTI_ALIAS_FLAG);      //消除锯齿
        new Thread()                                //生成一个线程,循环显示图片
        {
            public void run()
            {
                while(true)
                {
                    curIdx = (curIdx + 1)%4;        //下一幅图片索引
                    AdView.this.postInvalidate();
                    try
                    {
                        Thread.sleep(ADTIME);
                    } catch (InterruptedException e)
                    {
                        e.printStackTrace();
                    }
                }
            }
        }.start();
    }
    public  void initAdBitmaps()                    //初始化,加载广告图片
    {
        Resources res = this.getResources();
        int k = 0;
        int[] ind = new int[ADVNUM - 1];
        for(int i = 0;i < ADVNUM;i + +)             //总共装载 4 个图片
        {
            boolean flag = true;
            while(flag)                             //产生不同的随机数
            {
                k = Integer.valueOf((int) (Math.random() * 10));
//产生随机数 1 ~ 10
                //检查当前产生的数值是否已经出现过,若出现过,则继续循环
            }
            adbmp[i] = BitmapFactory.decodeResource(res, bmpIdx[k]);
//载入图片
        }
    }
    public void onDraw(Canvas canvas)               //在相应的位置画图
    {
        canvas.drawBitmap(adbmp[curIdx], 0, 0, paint);
    }
}
```

11.5　数据操作方法

本节将介绍对 11.2 节中创建的数据库进行查询和操作的函数方法。这些函数是根据系统不同的功能进行设计的。这样，系统的功能层和数据层可以有效分离，从而使系统更具健壮性，有利于对系统进行扩充。

下面将逐个介绍在 DBhelper 类中的主要函数。这些函数也是主函数类中的核心。

1）在收入类别中插入一条记录。两个形参 str 和 str1 分别代表收入类别和备注说明。

```
public static void insertICategory(String str,String str1)
{
    try
    {
    String sql = "insert into Icategory(icategory,explanation) values('" + str + "','" + str1 + "');";
        db.execSQL(sql);
    }
    catch(Exception e)
    {
        e.printStackTrace();
    }
}
```

2）在支出类别中插入一条记录。两个形参 str 和 str1 分别代表支出类别和备注说明。

```
public static void insertSCategory(String str,String str1)
{
    try
    {
    String sql = "insert into Scategory(scategory,explanation) values('" + str + "','" + str1 + "');";
        db.execSQL(sql);
    }
    catch(Exception e)
    {
        e.printStackTrace();
    }
}
```

3）类别查询。其中形参 str 的取值为 Icategory 或 Scategory，用于指定收入类别还是支出类别。该函数返回指定 str 中的所有类别，因此是一个字符串列表。

```
public static List<String> queryCategory(String str)
{
    List<String> addcategory = new ArrayList<String>();
    try
    {
        String sql = "select * from " + str + ";";
        Cursor cur = db.rawQuery(sql, new String[]{});
        while(cur.moveToNext())
        {
            addcategory.add(cur.getString(1));          //第 2 个字段
            addcategory.add(cur.getString(2));          //第 3 个字段
        }
        cur.close();

    }
    catch(Exception e)
    {
        e.printStackTrace();
    }
    return addcategory;
}
```

📖 db. rawQuery 返回 sql 查询的游标 Cursor 类对象。Cursor 是每行的集合，通过 moveToNext 可以取出一行需要的数据。

注意，cur. getString 获取本行记录中的指定字段数据，从 0 开始计数。在程序中是从第 2 个字段开始取数据的，即第 1 个字段 id 被省去了。

4）删除类别信息。从给定的表 tablename 中删除字段 colname 的值为 getstr 的记录。

```
public static void deleteValuesFromTable( String tablename, String colname, String getstr)
{
    try
    {
        String sql = " delete from " + tablename + " where " + colname + " ='" + getstr + "';";
        db. execSQL( sql) ;
    }
    catch( Exception e)
    {
        e. printStackTrace( ) ;
    }
}
```

5）插入收入/支出记录，通过形参 tableName 确定是收入还是支出。Main_ Activity 是主程序中的主 Activity 变量。

```
public static void insert( String tableName)
{
    int money = Integer. parseInt( Main_Activity. Inputmoney1) ;
    try
    {
        String sql = " insert into '" + tableName + "'values( null,'" +
        Main_Activity. SIndate1 + "',"  +  "'" + Main_Activity. icategory +
        "','" + money + "','" + Main_Activity. Inputexp + "')";
        db. execSQL( sql) ;
    }
    catch( Exception e)
    {
        e. printStackTrace( ) ;
    }
}
```

6）收入查询。根据形参 state 给出用户选择结果，按照日期、金额和类别 3 种方式进行组合查询。查询结果以字符串列表的方式返回。

```
public static  List < String >  queryIncome( int state)
{
    List < String >  IncomeSpeedSelect = new ArrayList < String > ( ) ;
    try
    {
        if( state = = 1)
        {  //按 3 种方式进行查询
            String sql1 = " select  *  from 'Income 'where "  +
                " indatc between '" + Main_Activity. SIndate1 + "'AND
            '" + Main_Activity. SIndate2 + "'" + " and inmoney between '" +
            Integer. parseInt( Main_Activity. Inputmoney1) + "'"  + " and '" +
```

```
                Integer.parseInt(Main_Activity.Inputmoney2) + "'" + "and
                    icategory = '" + Main_Activity.icategory + "';";
                Cursor cur = db.rawQuery(sql1, new String[]{});
                while(cur.moveToNext())
                {
                    IncomeSpeedSelect.add(cur.getString(1));
                    IncomeSpeedSelect.add(cur.getString(2));
                    IncomeSpeedSelect.add(cur.getString(3));
                    IncomeSpeedSelect.add(cur.getString(4));
                }
                cur.close();
            }
            if(state == 2)
            {//按照收入日期和金额进行查询
                String sql1 = "select * from 'Income'where " + "indate between '" +
                    Main_Activity.SIndate1 + "'AND '" + Main_Activity.SIndate2 + "'"
                    + "and inmoney between '" + Integer.parseInt(Main_Activity.Inputmoney1) + "'"
                    + "and '" + Integer.parseInt(Main_Activity.Inputmoney2) + "';";
                Cursor cur = db.rawQuery(sql1, new String[]{});
                while(cur.moveToNext())
                {
                    IncomeSpeedSelect.add(cur.getString(1));
                    IncomeSpeedSelect.add(cur.getString(2));
                    IncomeSpeedSelect.add(cur.getString(3));
                    IncomeSpeedSelect.add(cur.getString(4));
                }
                cur.close();
            }
            if(state == 3)
            {//按照收入来源和日期进行查询
                String sql1 = "select * from 'Income'where " + "indate between '" +
                 Main_Activity.SIndate1 + "'AND '" + Main_Activity.SIndate2 + "'"

                  + "and icategory = '" + Main_Activity.icategory + "';";
                Cursor cur = db.rawQuery(sql1, new String[]{});
                while(cur.moveToNext())
                {
                    IncomeSpeedSelect.add(cur.getString(1));
                    IncomeSpeedSelect.add(cur.getString(2));
                    IncomeSpeedSelect.add(cur.getString(3));
                    IncomeSpeedSelect.add(cur.getString(4));
                }
                cur.close();
            }
            if(state == 4)
            {// 按照收入来源和金额进行查询
                String sql1 = "select * from 'Income'" + "where inmoney between
                  '" + Integer.parseInt(Main_Activity.Inputmoney1) + "'" + "and
                  '" + Integer.parseInt(Main_Activity.Inputmoney2) + "'" +
                            "and icategory = '" + Main_Activity.icategory + "';";
                Cursor cur = db.rawQuery(sql1, new String[]{});
                while(cur.moveToNext())
                {
                    IncomeSpeedSelect.add(cur.getString(1));
```

```
                IncomeSpeedSelect.add(cur.getString(2));
                IncomeSpeedSelect.add(cur.getString(3));
                IncomeSpeedSelect.add(cur.getString(4));
            }
        cur.close();
        }
        if(state==5)
        {// 按照收入日期进行查询
            String sql1 = "select * from 'Income 'where " + "indate between '"
             + Main_Activity.SIndate1 + "'AND '" + Main_Activity.SIndate2 + "';";
            Cursor cur = db.rawQuery(sql1, new String[]{});
            while(cur.moveToNext())
            {
                IncomeSpeedSelect.add(cur.getString(1));
                IncomeSpeedSelect.add(cur.getString(2));
                IncomeSpeedSelect.add(cur.getString(3));
                IncomeSpeedSelect.add(cur.getString(4));
            }
            cur.close();
        }
        if(state==6)
        {// 按照收入金额进行查询
            String sql1 = "select * from 'Income 'where "  + "inmoney between
                '" + Integer.parseInt(Main_Activity.Inputmoney1) + "'"  +
                " and '" + Integer.parseInt(Main_Activity.Inputmoney2) + "';";

            Cursor cur = db.rawQuery(sql1, new String[]{});
            while(cur.moveToNext())
            {
                IncomeSpeedSelect.add(cur.getString(1));
                IncomeSpeedSelect.add(cur.getString(2));
                IncomeSpeedSelect.add(cur.getString(3));
                IncomeSpeedSelect.add(cur.getString(4));
            }
            cur.close();

        }
        if(state==7)
        {// 按照收入来源进行查询
            String sql1 = "select * from 'Income 'where icategory = '" +
            Main_Activity.icategory + "';";
            Cursor cur = db.rawQuery(sql1, new String[]{});
            while(cur.moveToNext())
            {
                IncomeSpeedSelect.add(cur.getString(1));
                IncomeSpeedSelect.add(cur.getString(2));
                IncomeSpeedSelect.add(cur.getString(3));
                IncomeSpeedSelect.add(cur.getString(4));
            }
            cur.close();
        }
    }
    catch(Exception e)
    {
```

```
            e. printStackTrace( ) ;
        }
        return IncomeSpeedSelect;
    }
```

7）支出查询。

```
public static  List < String >  querySpend( int state)
```

该函数与 queryIncome（**int** state）相类似，限于篇幅，此处省略相关内容。

8）收入/支出统计求和。对给定的 tableName，统计满足 state 指定条件的记录。

```
public static List < String >  getSum( String tableName, int state)
{
    List < String >  sumSelect = new ArrayList < String > ( ) ;
    if( state = = 1)//通过日期进行统计
    {
        try
        {

            String sql;
            if ( tableName = = " Income" )
                sql = " select sum( inmoney)  from Income where indate between '" + Main_Activity.
SIndate1 + "'AND '" + Main_Activity. SIndate2 + "';" ;
            else
                sql = " select sum( spmoney)  from Spend where spdate between '" + Main_Activity.
SIndate1 + "'AND '" + Main_Activity. SIndate2 + "';" ;
            Cursor cur = db. rawQuery( sql, new String[ ] { } ) ;
            while( cur. moveToNext( ) )
            {
                sumSelect. add( cur. getString(0) ) ;
            }
        }
    catch( Exception e)
    {
        e. printStackTrace( ) ;
    }
    return sumSelect;
    }
    if( state = = 2)//通过类别进行统计
    {
        try
        {
            String sql;
            if ( tableName = = " Income" )
                sql = " select sum( inmoney)  from Income where icategory = '" + Main_Activity. icate-
gory + "';" ;
            else
                sql = " select sum( spmoney)  from Spend where scategory = '" + Main_Activity. icate-
gory + "';" ;
            Cursor cur = db. rawQuery( sql, new String[ ] { } ) ;
            while( cur. moveToNext( ) )
            {
                sumSelect. add( cur. getString(0) ) ;
```

```
            }
        }
        catch(Exception e)
        {
            e.printStackTrace();
        }
        return sumSelect;
    }
    if(state == 3)                  //通过日期和类别进行统计
    {
        try
        {

            String sql;
            if (tableName == "Income")
                sql = "select sum(inmoney) from Income where (icategory = '" + Main_Activity.icat-
egory + "') " + "and indate between '" + Main_Activity.SIndate1 + "'AND '" + Main_Activity.SIndate2
+ "';";
            else
                sql = "select sum(spmoney) from Spend where (scategory = '" + Main_Activity.icat-
egory + "') " + "and spdate between '" + Main_Activity.SIndate1 + "'AND '" + Main_Activ ity.SIndate2
+ "';";
            Cursor cur = db.rawQuery(sql, new String[]{});
            while(cur.moveToNext())
            {
                sumSelect.add(cur.getString(0));
            }
        }
        catch(Exception e)
        {
            e.printStackTrace();
        }
        return sumSelect;
    }
    return sumSelect;
}
```

9）获得用户密码。

```
public static String getPassword()
{
    String result = null;
    try
    {
        String sql = "select password from UserInfo;";
        Cursor cur = db.rawQuery(sql, new String[]{});
        while(cur.moveToNext())

        {
            result = cur.getString(0);
            System.out.println(result);
        }
        cur.close();
    }
```

```
    catch(Exception e)
    {
        e.printStackTrace();
    }
    return result;
}
```

10）获得用户信息，以字符串列表返回。

```
public static List<String> getUserInfo()
{
    List<String> sumSelect = new ArrayList<String>();
    try
    {
        String sql;
        sql = "select * from UserInfo;";
        Cursor cur = db.rawQuery(sql, new String[]{});
        while(cur.moveToNext())
        {
            sumSelect.add(cur.getString(0));          //用户 id
            sumSelect.add(cur.getString(1));          //用户名
            sumSelect.add(cur.getString(2));          //性别
            sumSelect.add(cur.getString(3));          //出生日期
            sumSelect.add(cur.getString(4));          //所在地
            sumSelect.add(cur.getString(5));          //邮箱
        }
    }
    catch(Exception e)
    {
        e.printStackTrace();
    }
    return sumSelect;
}
```

11）插入一条用户信息记录。该函数在系统初始化时被调用，得到一个默认的用户记录。

```
public static void InsertUserInfo()
{
    try//////////////初始值
    {
        String sql = "insert into UserInfo(uname,usex,ubirthday,ucity,uemail,password) " +
        "values('默认用户名','男','2000-1-1','杭州','abc@abc.com','abc');";
        db.execSQL(sql);
    }
    catch(Exception e)
    {
        e.printStackTrace();
    }
}
```

12）打开数据库，若不存在，则创建。赋给数据库静态变量（static SQLiteDatabase）db。通过该静态变量，系统其他部分可以访问数据库。

```
public static void UpdateUserInfo()

{
```

```
try
{
    String sql = "update UserInfo set uname = '" + Main_Activity.Inuser + "'," +
  "usex = '" + Main_Activity.Insex + "',ubirthday = '" + Main_Activity.Inbirthday
  + "'," + "ucity = '" + Main_Activity.Inlocal + "'," + "uemail = '" +
    Main_Activity.Inemail + "',password = '" + Main_Activity.Innewpwd + "'where id = 1;";
  db.execSQL(sql);
}
catch(Exception e)
{
    e.printStackTrace();
}
}
```

本章开发了一个精简版的家庭理财助手软件。通过对本章的学习，读者可对以数据库为中心的系统的开发过程有一个全面了解。这里，对开发过程中的重点及技巧做一个小结。

1）主界面的设计。通过自定义视图类生成主界面，控制不同功能图标的位置以及用户的单击位置去执行对应的功能，从而使系统易于扩展。不同的系统功能对应一个消息代码，通过 Android. os. Handler 负责发送和处理这些消息，并在主界面中对线程发送来的请求做出响应。

2）布局重用技术。首先定义好需要重用的布局，然后在要引用该布局的相应位置插入 <include layout = " @*layout/* ** * " /> 即可。从而可以反复使用该定义好的布局文件，既减少了系统的代码量，又使得程序易于修改和调试。

3）广告控件类的实现。通过定义广告控件类 AdView，可以在布局文件中进行引用。而广告的设计应该从系统和用户的角度进行多方位的考虑，包括广告的位置、大小和配色等因素。一个好的广告设计是系统进行成功推广的关键。

4）下拉列表框的使用。系统中很多界面需要对收入/支出进行操作，而其中类别是最关键的一个因素。设计成下拉式列表框可供用户进行选择。为了代码的重用性，可以动态生成类别的下拉列表框，以及设置其监听代码。

11.6　思考与练习

习题答案

1. 如果在欢迎界面中有多个图片进行切换，应如何修改？

2. 如果在每个界面中要随机显示 10 幅广告，系统将如何修改？

附　　录

附录 A　Android 课程及开发资源

1. 课程资源

http://www.google.cn/university/curriculum/index.html

http://www.sdlvtc.cn/jpkcAndroid/5dg.html

http://www.gururu.tw/

http://embedded.zju.edu.cn/elite-course.htm

2. Android 开发

Google Android 开发者中心：http://developer.android.com/

APKBUS:http://www.apkbus.com/

中国移动开发者社区：http://dev.10086.cn/

EOE Android 社区：http://www.eoeandroid.com/

开源中国：http://www.oschina.net/android/

Android 中国：http://developers.androidcn.com/

Android 学习网：http://www.android-study.net/

博客园：http://www.cnblogs.com/cate/android/

Android 技术交流：http://www.eyeandroid.com/forum.php

Juapk：http://www.juapk.com/

安致迷：http://www.androidmi.com/Androidkaifa/

安卓航班：http://www.apkway.com/portal.php

3. Android 竞赛

Google Android 应用开发中国大学生挑战赛：

http://www.google.cn/university/androidchallenge/index.html

全国信息技术应用水平大赛：http://www.mitt.org.cn/

TCL 安卓开发者大赛：http://developer.tcl.com/

Intel 凌动智能手机及平板应用开发有奖竞赛：

http://intel.testin.cn/activity.action?op=Intel.index

4. 广告/推广

爱盈利：http://developers.androidcn.com/

APP 营：http://www.appying.com.cn/

APP5A 应用联盟：http://5aapp.com/forum.php

5. Android 应用网站

安卓中文网：http://android.tgbus.com/

木蚂蚁安卓论坛：http://bbs.mumayi.com/

深度：http://www. shendu. com/

6. Android 市场

官方市场 GooglePlay：https://play. google. com/store

百度移动应用中心：http://as. baidu. com/

腾讯应用宝：http://android. myapp. com/

搜狐应用中心：http://app. sohu. com/

网易应用中心：http://m. 163. com/android/

安智市场：http://www. anzhi. com/

安卓市场：http://apk. hiapk. com/

91 手机助手：http://apk. 91. com/

附录 B AndroidManifest 文件说明

AndroidManifest. xml 文件是 Android 应用程序中最重要的文件之一，是每个 Android 应用程序中必需的文件。它位于应用程序的根目录下，描述了 Package 包中的全局数据，包括 Package 中暴露的组件（activities 和 services 等），以及它们各自的实现类、各种能被处理的数据和启动位置等重要信息。因此，该文件提供了 Android 系统所需要的关于该应用程序的必要信息，即在该应用程序的任何代码运行之前，系统所必须拥有的信息。

AndroidManifest 文件由元素、属性和类声明等部分组成。下面是按照字母顺序排列的所有可以出现在 manifest 文件里的元素。它们是唯一合法的元素，开发者不能加入自己的元素或属性。

```
<action>
<activity>
<activity-alias>
<application>
<category>
<data>
<grant-uri-permission>
<instrumentation>
<intent-filter>
<manifest>
<meta-data>
<permission>
<permission-group>
<permission-tree>
<provider>
<receiver>
<service>
<uses-configuration>
<uses-library>
<uses-permission>
<uses-sdk>
```

AndroidManifest. xml 文件的结构、元素以及元素的属性，可以在 Android SDK 文档中查看详细说明。首先需要了解一下这些元素在命名、结构等方面的规则。

1）元素：在所有的元素中只有 <manifest> 和 <application> 是必需的，且只能出现一次。如果一个元素包含有其他子元素，则必须通过子元素的属性来设置其值。处于同一层次的元素，它们的说明是没有顺序的。

2）属性：通常，所有的属性都是可选的，但是有些属性是必须设置的。那些真正可选的属性，即使不存在，其也有默认的数值项说明。除了根元素 <manifest> 的属性，所有其他元素属性的名字都是以 android 为前缀的。

3）定义类名：所有的元素名都对应其在 SDK 中的类名，如果自定义类名，必须包含类的数据包名。如果类与 Application 处于同一数据包中，可以直接简写为“.”。

4）多数值项：如果某个元素有超过一个的数值，这个元素必须通过重复的方式来说明其某个属性具有多个数值项，且不能将多个数值项一次性说明在一个属性中。

5）资源项说明：当需要引用某个资源时，其采用如下格式：@[package:]type:name，例如 <activity android:icon="@drawable/icon" . . . >。

6）字符串值：类似于其他语言，如果字符中包含有字符“\”，则必须使用转义字符“\\”。

下面列出了一些主要属性情况以供参考（见表 B－1）。

表 B－1　属性情况说明

属　性	说　明
Manifest 属性	
xmlns：android	定义 Android 命名空间，一般是 http://schemas.android.com/apk/res/android，这样使得 Android 中各种标准属性能在文件中使用
package	指定本应用内 Java 主程序包的包名，它也是一个应用进程的默认包名
sharedUserId	表明数据权限。默认情况下，Android 给每个 apk 分配一个唯一的 UserID，所以是默认禁止不同 apk 访问共享数据的。若要共享数据，则第一可以采用 Share Preference 方法，第二可以采用 sharedUserId。将不同 apk 的 sharedUserId 都设为一样，则这些 apk 之间就可以互相共享数据了
versionCode	是给设备程序识别版本（升级）用的，必须是一个整数，代表 App 更新过多少次，比如第 1 版一般为 1，之后若要更新版本就设置为 2、3 等
versionName	这个名称是给用户看的，可以将 App 版本号设置为 1.1 版，后续更新版本设置为 1.2、2.0 版本等
installLocation	安装参数，是 Android 2.2 中的一个新特性。installLocation 有 3 个值可以选择：internalOnly、auto、preferExternal。 选择 preferExternal，系统会优先考虑将 apk 安装到 SD 卡上（当然最终用户可以选择为内部 ROM 存储上，如果 SD 卡存储已满，也会安装到内部存储上）。选择 auto，系统将会根据存储空间自己去适应，选择 internalOnly 是指必须安装到内部才能运行。（注：需要进行后台类监控的 App 最好安装在内部，而一些较大的游戏 App 最好安装在 SD 卡上。现默认为安装在内部，如果把 App 安装在 SD 卡上，首先得将 level 设置为 8，并且要配置 android:installLocation 这个参数的属性为 preferExternal）
Application 属性	
android:allowClearUserData	用户是否能选择自行清除数据，默认为 true，程序管理器包含一个选择，允许用户清除数据。当为 true 时，用户可自己清理用户数据，反之亦然
android:allowTaskReparenting	是否允许 Activity 更换从属的任务，比如从短信息任务切换到浏览器任务
android:debuggable	当设置为 true 时，表明该 App 在手机上可以被调试。默认为 false。在 false 的情况下调试该 App，就会报以下错误： Device XXX requires that applications explicitely declare themselves as debuggable in their manifest. Application XXX does not have the attribute 'debuggable' set to TRUE in its manifest and cannot be debugged.
android:description/android:label	两个属性都是为许可提供的，均为字符串资源。当用户去看许可列表（android:label）或者某个许可的详细信息（android:description）时，这些字符串资源就可以显示给用户。label 应当尽量简短，只需传达用户该许可是在保护什么功能即可。而 description 可以用于具体描述获取该许可的程序可以做哪些事情。实际上是让用户可以知道如果同意程序获取该权限的话，该程序可以做什么。通常用两句话来描述许可，第一句描述该许可，第二句警告用户如果批准该权限可能会有什么不好的事情发生

（续）

属　性	说　明
android:enabled	Android 系统是否能够实例化该应用程序的组件，如果为 true，每个组件的 enabled 属性决定那个组件是否可以被 enabled；如果为 false，它覆盖组件指定的值，所有组件都是 disabled
android:icon	声明整个 App 的图标，图片一般放在 drawable 文件夹下
android:name	为应用程序所实现的 Application 子类的全名。当应用程序进程开始时，该类在所有应用程序组件之前被实例化。 若该类（比如 androidMai 类）是在声明 package 下，则可以直接声明 android:name = "androidMain"，但若此类是在 package 下面的子包的话，就必须声明为全路径或 android:name = "package 名称 . 子包名称 . androidMain"
android: permission	设置许可名，这个属性若在 <application> 上定义，则是一个给应用程序的所有组件设置许可的便捷方式，当然它是被各组件设置的许可名所覆盖的
android: presistent	该应用程序是否应该在任何时候都保持运行状态，默认为 false。应用程序通常不应该设置本标识，持续模式仅应该设置给某些系统应用程序才有意义
android: process	应用程序运行的进程名，它的默认值为 <manifest> 元素里设置的包名，每个组件都可以通过设置该属性来覆盖默认值。如果想让两个应用程序共用一个进程，则可以设置其 android: process 相同，但前提条件是它们共享一个用户 ID 及被赋予了相同证书
android: theme	它是一个资源的风格，定义了一个默认的主题风格给所有的 Activity，当然也可以在 theme 里面去设置它，类似于 style
	Activity 属性
android: alwaysRetainTaskState	是否保留状态不变，比如切换回 Home，再重新打开，Activity 处于最后的状态。比如一个浏览器拥有很多状态（当打开了多个 tab 的时候），用户并不希望丢失这些状态，此时可将此属性设置为 true
android: clearTaskOnLaunch	比如 P 是 Activity，Q 是被 P 触发的 Activity，然后返回 Home。重新启动 P，是否显示 Q
android: configChanges	当配置 list 发生修改时，是否调用 onConfigurationChanged( ) 方法，比如"locale | navigation | orientation"。正常情况下，如果手机旋转了，则当前 Activity 被杀掉，然后根据方向重新加载这个 Activity，就会从 onCreate 开始重新加载。但是，如果设置了这个选项，当手机旋转后，当前 Activity 调用 onConfigurationChanged( ) 方法，而不是 onCreate 方法
android: excludeFromRecents	是否可被显示在最近打开的 Activity 列表里，默认是 false
android: launchMode	在多 Activity 开发中，有可能是自己应用之间的 Activity 跳转，或者夹带其他应用的可复用 Activity。可能会希望跳转到原来某个 Activity 实例，而不是产生大量重复的 Activity。这需要为 Activity 配置特定的加载模式，而不是使用默认的加载模式。 Activity 有 4 种加载模式：standard、singleTop、singleTask、singleInstance（其中前两个是一组、后两个是一组），默认为 standard。 standard：intent 将发送给新的实例，所以每次跳转都会生成新的 Activity。 singleTop：也是发送新的实例，但不同于 standard 的是，在请求的 Activity 正好位于栈顶时（配置成 singleTop 的 Activity），将不会构造新的实例。 singleTask：只创建一个实例，当 intent 到来，需要创建设置为 singleTask 的 Activity 时，确定系统检查栈里是否已有该 Activity 实例。若有，直接将 intent 发送给它。 singleInstance：Task 可以认为是一个栈，可放入多个 Activity。比如启动一个应用，Android 就会创建了一个 Task，然后启动这个应用的入口 Activity。则在它的界面上调用其他的 Activity 也只是在这个 Task 里面。singleInstance 模式能将 Activity 单独放入一个栈中，不同应用的 intent 都由这个 Activity 接收和展示，这样就做到了共享。当然前提是这些应用都没有被销毁（刚才按下的是〈Home〉键），如果按下了返回键，则无效

（续）

属　性	说　明
android：multiprocess	是否允许多进程，默认是 false
android：noHistory	当用户从 Activity 上离开并且在屏幕上不再可见时，Activity 是否从 Activity stack 中清除并结束。默认是 false，即 Activity 不会留下历史痕迹
android：screenOrientation	Activity 显示的模式。 默认为 unspecified：由系统自动判断显示方向。 landscape 横屏模式：宽度比高度大。 portrait 竖屏模式：高度比宽度大。 user 模式：用户当前首选的方向。 behind 模式：和该 Activity 下面的那个 Activity 的方向一致（在 Activity 堆栈中的）。 sensor 模式：由物理的感应器来决定。如果用户旋转设备，则屏幕会横竖屏切换。 nosensor 模式：忽略物理感应器，这样就不会随着用户旋转设备而更改了
Activity 属性	
android：stateNotNeeded	Activity 被销毁或者成功重启时是否保存状态
android：windowSoftInputMode	Activity 主窗口与软键盘的交互模式，可以用来避免输入法面板遮挡问题。这是 Android1. 5 后的一个新特性。 这个属性影响两件事情： 1）当有焦点产生时，软键盘是隐藏还是显示。 2）是否减少活动主窗口大小，以便释放空间存放软键盘。 各个值的含义如下。 stateUnspecified：软键盘的状态并没有指定，系统将选择一个合适的状态或依赖于主题的设置。 stateUnchanged：当这个 Activity 出现时，软键盘将一直保持在上一个 Activity 里的状态，无论是隐藏还是显示。 stateHidden：用户选择 Activity 时，软键盘总是被隐藏。 stateAlwaysHidden：当该 Activity 主窗口获取焦点时，软键盘也总是被隐藏的。 stateVisible：软键盘通常是可见的。 stateAlwaysVisible：用户选择 Activity 时，软键盘总是显示的状态。 adjustUnspecified：默认设置，通常由系统自行决定是隐藏还是显示。 adjustResize：该 Activity 总是调整屏幕的大小以便留出软键盘的空间。 adjustPan：当前窗口的内容将自动移动以便当前焦点可一直不被键盘覆盖，且用户总能看到输入内容的部分
intent - filter 属性	
android：priority	有序广播主要是按照声明的优先级别来进行的。优先级别用设置 priority 属性来确定，范围是 -1000 ~ 1000，数越大优先级别越高 intent filter 内会设定的资料包括 action、data 与 category 三种，即 filter 只会与 intent 里的这 3 种资料做对比动作
action 属性	
android：name	常见的 android：name 值为 android. intent. action. MAIN，表明此 Activity 是作为应用程序的入口
category 属性	
android：name	常见的 android：name 值为 android. intent. category. LAUNCHER（决定应用程序是否显示在程序列表里）

（续）

属　性	说　明
其他属性	
uses - library	用户库，可自定义。所有 Android 的包都可以引用
android：smallScreens	是否支持小屏
android：normalScreens	是否支持中屏
android：largeScreens	是否支持大屏
android：anyDensity	是否支持多种不同密度
android：minSdkVersion	指定支持的最小版本
targetSdkVersion	指定支持的目标版本
android：maxSdkVersion	指定支持的最大版本

参 考 文 献

[1] 姜美芝．手机操作系统大点兵 [J]. 互联网天地，2012 (2)：36 -37.

[2] 胡维华．Java 语言程序设计 [M]. 杭州：浙江科学技术出版社，2006.

[3] 李刚．疯狂 Android 讲义 [M]. 北京：电子工业出版社，2011.

[4] 杨丰盛．Android 应用开发揭秘 [M]. 北京：机械工业出版社，2011.

[5] Meier R. Android 4 高级编程 [M]. 北京：清华大学出版社，2013.

[6] 吴亚峰，等．Android 应用案例开发大全 [M]. 北京：人民邮电出版社，2011.

[7] Google. Google 管理团队[OL]. http://www. google. com/about/company/facts/management/#andyrubin.

[8] 永辉．Google 的野心 Android 未来方向分析[OL]. http://news. mydrivers. com/1/193/193151. htm.

[9] 维基百科．Android [OL]. http://zh. wikipedia. org/wiki/Android.

[10] Mobile Statistics. Quarterly Device Sales in 2011[OL]. http://www. mobilestatistics. com/mobile - statistics.

[11] 百度百科．android[OL]. http://baike. baidu. com/view/1241829. htm.

[12] Google. Android Developers[OL]. http://developer. android. com/index. html.

[13] 周周．CSDN 博客 [OL]. http://blog. csdn. net/deaboway/.

[14] Icansoft. Android Resource 介绍和使用 [OL]. http://android. blog. 51cto. com/268543/302529.

[15] 吴秦．Android 开发之旅：HelloWorld 项目的目录结构 [OL]. http://www. cnblogs. com/skynet/archive/2010/04/13/1711479. html.

[16] 百度百科．OpenGL ES [OL]. http://baike. baidu. com/view/2013442. htm.

[17] 引路蜂．Android OpenGL ES 简明开发教程小结[OL]. http://www. imobilebbs. com/wordpress/ archives/1583.

[18] Feisky. Android Drawable 绘图学习笔记 [OL]. http://www. cnblogs. com/feisky/archive/2010/01/08/1642567. html.

[19] Jenmhdn. Content Provider 基础知识 [OL]. http://www. iteye. com/topic/1125803.

[20] Wtmax. Android SQLite [OL]. http://wtmax. iteye. com/blog/1188690.

[21] 有米．帮助中心 [OL]. http://www. youmi. net/page/help/faq_developer.

[22] 安卓市场．移动开发者社区 [OL]. http://dev. apk. hiapk. com/faq.